高等学校计算机基础教育系列教材

大学计算机基础

（第3版）

祝群喜 主编

刘福来 李飞 胡曦 盛娟 苑迎 高齐新 张斌 编著

清华大学出版社
北京

内 容 简 介

本书主要章节包括计算机文化、计算机基础知识、操作系统、Office办公软件基础应用、算法与程序设计基础、计算机网络基础、网站的设计与开发等。每章开篇有教学重点，章末有习题，用以帮助读者掌握学习重点。

本书有配套教辅《大学计算机基础上机实验指导》，主要内容包括各类实验、综合实验、习题及参考答案等。

本书是作者多年教学改革和成果的体现，面向网络，视角新颖，既注重基础理论的教学，又注重操作的讲解，使两者有机地结合。本书图文并茂，由浅入深、通俗易懂，适合作为高等院校"计算机基础"课程的教材，亦可作为计算机基础知识和操作技能的自学与培训教材。

作者开发有适合本教材的实验自动评分与管理系统和无纸化考试系统，使用本书的读者或教学单位可向出版社或作者索取。

图书在版编目(CIP)数据

大学计算机基础/祝群喜主编. —3版. —北京：清华大学出版社，2022.8(2024.10重印)
高等学校计算机基础教育系列教材
ISBN 978-7-302-61180-6

Ⅰ.①大… Ⅱ.①祝… Ⅲ.①电子计算机－高等学校－教材 Ⅳ.①TP3

中国版本图书馆 CIP 数据核字(2022)第 110404 号

责任编辑：龙启铭
封面设计：何凤霞
责任校对：韩天竹
责任印制：曹婉颖

出版发行：清华大学出版社
　　　网　　　址：https://www.tup.com.cn，https://www.wqxuetang.com
　　　地　　　址：北京清华大学学研大厦 A 座　　　　　邮　　编：100084
　　　社　总　机：010-83470000　　　　　　　　　　　邮　　购：010-62786544
　　　投稿与读者服务：010-62776969，c-service@tup.tsinghua.edu.cn
　　　质量反馈：010-62772015，zhiliang@tup.tsinghua.edu.cn
　　　课件下载：https://www.tup.com.cn，010-83470236
印　装　者：三河市人民印务有限公司
经　　　销：全国新华书店
开　　　本：185mm×260mm　　印　　张：16.75　　字　　数：387 千字
版　　　次：2014 年 9 月第 1 版　2022 年 8 月第 3 版　印　　次：2024 年 10 月第 2 次印刷
定　　　价：49.00 元

产品编号：092256-01

随着社会信息化不断向纵深发展，各行各业的信息化进程不断加速。计算机已经广泛应用于电子商务、电子政务、数字化管理、科学计算、自动控制、辅助设计以及人们的日常生活。学习计算机科学与技术是大学培养高素质人才的最基本教学环节。在计算机基础教学及学生学习过程中，应该掌握最基本、最重要的计算机基础知识和基本概念，以及相关的计算机文化的内涵。计算机基础知识及基本操作技能是当代大学生必备的知识和能力。本书是根据教育部高等学校大学计算机课程教学指导委员会关于推进新时代高校计算机基础教学改革的有关精神，同时根据多所普通高校的实际教学情况编写的，主要目的是使学生能获得计算机的基本知识，并具备计算机的应用能力，同时为培养学生在计算机方面的开发能力打下基础，以适应 21 世纪对人才的要求。

计算机应用基础课程是学生进入计算机学科的第一门课程，占有极其重要的地位。它的教学效果一方面直接影响学生学习计算机的兴趣，另一方面也直接影响后续课程的教学。笔者在多年的教学过程中发现，部分学生甚至是教师对该门课程的教学存在着认识上的偏差，没有给予足够的重视，将其与基本操作练习等同，忽略了其所包含的各种基本概念、基本理论及基本思想的学习和掌握，从而导致了严重的知识缺陷，难以面对快速发展的信息时代。本书作为计算机基础教学改革的一部分，是我们在计算机基础教学过程中多年有效经验的积累。本书力图以一种全新的视角构建教材体系，并采用新颖的教学方法组织计算机基础教学，以现代计算机基础（系统）软件和应用软件的功能及其使用方法为主线，穿插介绍计算机的一些基本概念、基本理论以及最新动向，帮助学生建立起计算机系统观和整体观，掌握不断变化的表层下所蕴含的永恒规律，培养学生触类旁通的应用能力。随着计算机网络技术的发展，互联网及多媒体已逐步渗透到人们的生活中，因此，本书的另一个特色是面向网络，介绍网络及应用方面的基本知识及操作与设计。

在整个教材的组织上，我们力图使计算机的理论性与实用性更好地结合，力求由浅入深、循序渐进，将一些基础性的知识（如程序设计）等组织到教材中。

为知识新时代的教学需要，在本书第 3 版中，大多数章节均增加了与课程思政相关的教学内容与教学案例，第 7 章增加了 CSS 相关知识。

本书主要内容包括计算机文化、计算机基础、操作系统、Office 办公软件的应用、算法与程序设计基础、计算机网络基础、网站的设计与开发等。

本书由祝群喜主编，第 1～3 章主要由李飞编写，第 4 章主要由胡曦编写，第 5 章和第 7 章主要由祝群喜编写，第 6 章主要由盛娟编写，最后由祝群喜统稿。本书参与编写还有刘福来、宋欣、苑迎、高齐新、张斌、王岩、朱世敏、张重阳、王全海、陈芳、么强、杨文莲等，全书最后由祝群喜统稿。本书作者还编写了与之配套的实验指导教程。

为了提高使用本书及实验指导书的读者的实践能力,作者同时研发了与本书相适应的无纸化考试系统与实验自动批改(管理)系统,需要这两套软件的教学单位可与作者本人或出版社联系。

本书力求成为一本兼具基础性、新颖性和前瞻性的教材。在编写过程中作者做了许多努力,但由于水平有限,成书时间仓促,疏漏之处在所难免,敬请读者批评指正。

编　者

2022 年 5 月

目录

第 1 章 计算机文化

计算机是一种能够存储程序,并能按程序自动、高速、精确地进行大量计算和信息处理的电子设备。它的产生是科学技术和生产力高速发展的必然产物,是人类智慧的高度结晶。计算机技术作为一种生产力,推动社会的各个领域更加快速地向前发展。计算机是一种信息处理工具,在信息获取、存储、处理、交流传播方面充当着核心的角色。因此,学习和掌握计算机的基本知识,对每一个学生、科学技术工作者和管理工作者乃至任何一名社会成员,都是非常必要的。

1.1 计算机的发展、特点和应用

1.1.1 计算机的发展史

计算机的产生和迅速发展是当代科学技术最伟大成就之一。自 1946 年美国研制的第一台电子数字计算机 ENIAC 问世以来,在半个多世纪的时间里,计算机的发展取得了令人瞩目的成就。今天,计算机技术和通信技术已经成为信息化社会的两大支撑技术之一,它在科学研究、工农业生产、国防建设以及社会各个领域中的应用已成为国家现代化的重要标志。

1. 第一台电子数字计算机的产生

计算机孕育于英国,诞生于美国,现在遍布于全世界。第一台计算机的产生是在二次世界大战期间,美国宾夕法尼亚大学物理学家约翰·莫克利(John Mauchly)参与了马里兰州阿伯丁试验基地的火力射程表的编制工作,使用了一台微分分析机,并且雇用了 100 名年青助手做辅助人工计算,但是速度很慢,而且错误百出。形势促使莫克利与工程师普雷斯伯·埃克特(J. Presper Eckert)一起加快了研究新的计算工具的步伐。他们第一次采用电子管作为计算机的基本部件,研制成功了世界上第一台全自动电子计算机 ENIAC(Electronic Numerical Integrator And Calculator,电子数值积分计算机),并于 1946 年 2 月正式通过验收。ENIAC 的出现宣告了人类第一台电子计算机的诞生。这台计算机重30 多吨,功率 150 千瓦,用了约 18000 只电子管,10000 多只电容器,70000 只电阻,1500 多个继电器,占地 170 平方米,每秒可以完成 5000 次加法运算。这在当时来说已是件了不起的事情。ENIAC 的问世具有划时代的意义,它代表着计算机时代的到来。在其出现

以后的半个多世纪里,计算机技术以惊人的速度发展。在人类的科技史上,没有任何一个学科可以与它的发展速度相比。

2. 近代计算机发展史

人类在对大自然的适应、协调与共处的过程中,不断创造、改进并发展了计算工具。我国唐末出现的算盘,是人类经过加工后,制造出来的第一种计算工具。

随着社会生产力的不断发展,计算工具也得到相应的发展。尤其是在近 300 多年中,最值得一提的一些事件有:1642 年法国物理学家帕斯卡(Blaise Pascal,1623-1662)发明了齿轮式加减法器;1673 年德国数学家莱布尼兹(G.N.Won Leibniz,1646—1716)在帕斯卡的基础上增加乘除法器,制成能进行四则运算的机械式计算器。此外,人们还研究机械逻辑器及机械式输入和输出装置,为完整的机械式计算机的出现打下基础。

在近代的计算机发展中,起奠基作用的是英国数学家查尔斯·巴贝奇(Charles Babbage,1791-1871)。他于 1822 年和 1834 年先后设计了差分机和分析机,试图以蒸汽机为动力来实现,但受当时技术和工艺的限制而失败。这种分析机具有输入、处理、存储、输出及控制等 5 个基本装置,成为后来电子计算机硬件系统组成的基本构架。所以,国际计算机界称巴贝奇为"计算机之父"。1936 年美国霍华德·艾肯(Howard Aiken,1900—1973)提出用机电方法而不是纯机械方法来实现巴贝奇分析机的想法,并在 1944 年制造成功 Mark I 计算机,使巴贝奇的梦想变成现实。

3. 现代计算机的发展史

现代计算机称为电脑或电子计算机(Computer,以下简称为计算机),是指一种能存储程序和数据、自动执行程序、快速而高效地自动完成对各种数字化信息处理的电子设备。

1946 年,第一台电子计算机 ENIAC 研制成功并投入运行,运算速度得到了极大提高。但是,ENIAC 在计算题目时,需事先根据计算步骤,用几天时间连接好外部线路。换一个题目就要重新连线,所以,只有少数专家才能使用,且连线时间比计算时间还长。

在现代计算机的发展中,最杰出的代表人物是英国的图灵(Alan Mathison Turing,1912—1954)和美籍匈牙利人冯·诺依曼(John von Neumann,1903—1957)。图灵的主要贡献,一是建立了图灵机(Turing Machine,TM)的理论模型,对数字计算机的一般结构、可实现性和局限性产生了意义深远的影响;二是提出了定义机器智能的图灵测试,奠定了人工智能的理论基础。为纪念图灵的理论成就,美国计算机协会在 1966 年开始设立了目前世界上计算机学术界最高成就的图灵奖。冯·诺依曼是在纯粹数学、应用数学、量子物理学、逻辑学、气象学、军事学、计算机理论及应用、对策论和经济学等诸多领域都有重要建树和贡献的伟大学者,是他首先提出了在计算机中存储程序的概念,并使用单一处理部件来完成计算、存储及通信工作。有存储程序的计算机成了现代计算机的重要标志。

事实上,实现存储程序的世界第一台电子计算机是英国剑桥大学的威尔克斯(M.V. Wilkes),他根据冯·诺依曼设计思想领导设计的 EDSAC(Electronic Delay Storage

Automatic Calculator,电子延迟存储自动计算器),于 1949 年 5 月制成并投入运行。冯·诺依曼提出的存储程序的思想和计算机硬件的基本结构沿袭至今。计算机通过存储程序进行工作的原理,也称为冯·诺依曼原理。因此,常把发展至今的整个四代计算机,习惯地统称为冯型计算机或冯·诺依曼型计算机。

4. 电子计算机发展阶段

根据计算机所采用的逻辑元件,电子计算机的发展被划分为 4 个阶段,一个阶段称为一代。表 1.1 概括了前四代计算机的主要特征。

从表 1.1 可以看出,计算机的换代不仅表现为主机器件的改进、外部设备的增加,而且有丰富的配套软件,进而表现为性价比的提高,从而促进了计算机应用范围的扩大。

1971 年英特尔公司制成了第一批微处理器 4004,这一芯片集成了 2250 个晶体管,其功能相当于 ENIAC,个人计算机由此应运而生,并迅猛地发展。目前英特尔公司的 Intel Core i7-3700K 芯片集成了 14.8 亿个晶体管。随着性能的不断提高,计算机体积大大缩小,价格不断下降,使得计算机普及到寻常百姓家成为可能。自 1995 年开始,计算机网络也逐步进入普通家庭。

与前一代相比,新一代计算机体积更小,寿命更长,能耗和价格进一步下降,而速度和可靠性进一步提高,应用范围进一步扩大。

在计算机领域有一个人所共知的"摩尔定律",它是英特尔公司创始人之一戈登·摩尔(Gordon Moore)于 1965 年在总结存储器芯片的增长规律而提出的,即当价格不变时,集成电路上可容纳的晶体管数目大约每隔 18 个月便会增加一倍,性能也将提升一倍。换言之,每一美元所能买到的计算机性能,每隔 18 个月将增加一倍以上。这一定律揭示了信息技术进步的速度。当然这种表述没有经过什么论证,只是一种现象的归纳。但后来的发展很好地验证了这一说法,使其享有了"定律"的荣誉。后来,该定律表述为"集成电路的集成度每 18 个月翻一番",或者说"三年翻两番"。这些表述并不完全一致,但表明半导体技术是以一个较高的指数规律发展的。

表 1.1　第一至第四代计算机主要特征

特征　　时代	第一代 (1946—1957)	第二代 (1958—1964)	第三代 (1965—1970)	第四代 (1971—至今)
逻辑元件	电子管	晶体管	中小规模集成电路	大规模/超大规模集成电路
内存储器	汞延迟线	磁芯存储器	半导体存储器	半导体存储器
外存储器	磁鼓	磁鼓、磁带	磁带、磁盘	磁盘、光盘、闪存等
外部设备	读卡机、纸带机	读卡机、纸带机电传打字机	读卡机、打印机、绘图机	键盘、显示器、打印机、绘图仪等
处理速度(指令数/秒)	几千条	几百万条	几千万条	数亿条
内存容量	数千字节	几十千字节	几十千字节～数兆字节	几十兆字节～数吉字节

时代\特征	第一代 (1946—1957)	第二代 (1958—1964)	第三代 (1965—1970)	第四代 (1971—至今)
编程语言	机器语言	汇编程语、高级语言	汇编程语、高级语言	高级语言、第四代语言
系统软件	无系统软件	操作系统	操作系统、实用程序	操作系统、数据库管理系统
应用范围	科学计算	科学计算、数据处理、工业控制	应用于各个领域	广泛地应用于各个领域

总之,近几十年来计算机出现了超乎人们预想的、奇迹般的发展,特别是微型计算机以其排山倒海之势形成了当今科技发展的潮流。近些年来,多媒体、网络都如火如荼地发展着,可以说如今计算机的发展已进入了网络、微型计算机、多媒体的时代,或者简单地说进入了计算机网络时代。

1.1.2 计算机的特点

计算机作为人脑的延伸,具有很多特点,这些特点决定了计算机在各个领域中的应用。其主要特点如下。

1. 运算速度快

计算机的运算速度已从每秒几千次发展到现在高达每秒亿次以上,超级计算机每秒能运算亿亿次以上。计算机运算速度快,不仅极大地提高了工作效率,而且使许多极复杂的科学问题得以解决。

2. 计算精度高

科学技术的发展,特别是尖端科学技术的发展,需要具有高度准确的计算,只要计算机内用以表示数值的位数足够多,就能提高运算精度。一般的计算工具只有几位有效数字,而计算机的有效数字可以准确到几十位,甚至上百位,这样就能精确地进行数据计算和表示数据计算结果。

3. 存储功能强

计算机具有存储信息的存储装置,可以存储大量的数据,当需要时,又能准确无误地取出来。计算机这种存储信息的"记忆"能力,使它能成为信息处理的有力工具。

4. 具有逻辑判断能力

人是有思维能力的,思维能力的本质上是一种逻辑判断能力,也可以说是因果关系分析能力。计算机可以进行逻辑判断,并可以根据判断结果自动确定下一步该做什么,从而使计算机能解决各种不同的问题,具有很强的通用性。计算机可以对文字或符号进行判断和比较;进行逻辑推理和证明,这是其他任何计算工具无法相比的。

5. 具有自动控制能力

计算机不仅能存储数据,还能存储程序。由于计算机内部操作是按照人们事先编制的程序自动进行的,不需要人工操作和干预。这是计算机与其他计算工具最本质的区别。

可以说,计算机的上述几方面特点,是促使计算机迅速发展并得到极其广泛应用的最根本原因。

1.1.3 现代计算机的分类

在时间轴上"分代"可以表示计算机的纵向发展,而"分类"可用来表示横向的发展。国内计算机界常有以下几种分类方法:按照用途分为通用计算机和专用计算机;按照原理分为电子模拟计算机和电子数字计算机;按照运算速度和价格分为巨型机、大型机、中型机、小型机、微型机等 5 类。

而目前在国际上沿用的分类方法是,根据美国电气和电子工程师协会于 1989 年 11 月提出的标准来划分,即把计算机划分为巨型机、小巨型机、大型机、小型机、工作站和个人计算机等 6 类。本书重点介绍这种分类方法。

1. 巨型机

巨型机(Supercomputer),也称为超级计算机。在所有计算机类型中,它占地最大、价格最贵、功能最强、浮点运算速度最快(可达到每秒亿亿次运算),只有少数几个国家的少数几个公司能够生产,目前多用于战略武器(如核武器和反导弹武器)的设计、空间技术、石油勘探、中长期大范围天气预报以及社会模拟等领域。其研制水平、生产能力及应用程度,已成为衡量一个国家经济实力与科技水平的重要标志之一。

2. 小巨型机

小巨型机(Mini Supercomputer)是小型超级计算机或桌上型超级计算机,出现于 20 世纪 80 年代中期。其功能略低于巨型机,浮点运算速度为每秒 10 亿次以上,而价格只有巨型机的十分之一,可满足一些用户的需求。

3. 大型机

大型机(Mainframe),或称大型计算机(覆盖国内常说的大、中型机)。其特点是大型、通用,内存可达 TB 级,整机处理速度高达 300MIPS,即每秒 3 亿次,具有很强的处理和管理能力。在今日来说,大型主机在 MIPS(每秒百万指令数)已经不及微型计算机,但是它的 I/O 能力、非数值计算能力、稳定性和安全性却是微型计算机所望尘莫及的。大型机主要用于大银行、大公司、规模较大的高校和科研院所,在计算机向网络迈进的时代仍有其生存空间。

4. 小型机

小型机(Minicomputer 或 Minis)结构简单,可靠性高,成本较低,不需要经长期培训即可维护和使用,这对广大中、小用户具有更大的吸引力。

5. 工作站

工作站(Workstation)是介于个人计算机与小型机之间的一种高档计算机,其运算速度比个人计算机快,且有较强的联网功能,主要用于特殊的专业领域,如图像处理、辅助设计等。它与网络上的工作站虽然名称一样,但含义不同。网络上的"工作站"一词常用来泛指联网用户的结点,以区别于网络服务器,它往往只是一般的个人计算机。

6. 个人计算机

个人计算机(Personal Computer,PC)就是平常所说的微型计算机。这是 20 世纪 70 年代出现的新机种,以其设计先进(总是率先采用高性能微处理器)、软件丰富、功能齐全、价格便宜等优势而拥有广大的用户,大大推动了计算机的普及应用。PC 的主流是 IBM 公司在 1981 年推出的 PC 系列及其众多的兼容机(IBM 公司目前已淡出 PC 市场)。从台式机(或称台式计算机、桌面计算机)、笔记本电脑到上网本和平板电脑以及超级本等都属于个人计算机的范畴。台式机从 20 世纪 90 年代末的 Pentium 系列到现代的酷睿(Core)系列为代表的微型计算机,具有更强的多媒体效果和更贴近现实的体验,其主频为 450MHz~3GHz。总体说来,微型计算机技术发展得更加迅速,平均每两三个月就有新产品出现,平均每 18 个月芯片集成度提高一倍,性能提高一倍,价格进一步下降。这就是说,微型计算机将向着体积更小、重量更轻、携带更方便、运算速度更快、功能更强、更易用、价格更便宜的方向发展。

1.1.4 计算机的应用

计算机技术发展到今天,其应用领域已渗透到社会的各行各业,正在改变着传统的工作、学习和生活方式,推动着社会的发展。总体来说,计算机的主要应用领域如下。

1. 科学计算

科学计算也称数值计算,是指利用计算机来完成科学研究和工程技术中的数学问题的计算。在现代科学技术工作中,科学计算问题是大量的和复杂的。利用计算机的高速计算、大存储容量和连续运算的能力,可以实现人工无法解决的各种科学计算问题。例如,建筑设计中为了确定构件尺寸,通过弹性力学导出一系列复杂方程,过去由于计算方法跟不上而一直无法求解,而计算机不但能求解这类方程,并且引起了弹性理论上的一次突破,出现了有限单元法。

2. 数据处理

数据处理也称信息处理,是指对各种数据进行收集、存储、整理、分类、统计、加工、利用、传播等一系列活动的统称。据统计,80％以上的计算机应用主要用于数据处理。这类工作量大、面宽,决定了计算机应用的主导方向。数据处理从简单到复杂已经历了如下三个发展阶段:

① 电子数据处理(Electronic Data Processing,EDP),它是以文件系统为手段,实现一个部门内的单项管理。

② 管理信息系统(Management Information System,MIS),它是以数据库技术为工具,实现一个部门的全面管理,以提高工作效率。

③ 决策支持系统(Decision Support System,DSS),它是以数据库、模型库和方法库为基础,帮助管理决策者提高决策水平,改善运营策略的正确性与有效性。

目前,数据处理已广泛地应用于办公自动化、企事业计算机辅助管理与决策、情报检索、图书管理、电影电视动画设计、会计电算化等等各行各业。信息正在形成独立的产业,多媒体技术使信息展现在人们面前的不仅是数字和文字,也有声情并茂的声音、图像和视频等信息。

3. 辅助技术

计算机辅助技术包括 CAD、CAM 和 CAI 等。计算机辅助设计(Computer Aided Design,CAD)是利用计算机系统辅助设计人员进行工程或产品设计,以实现最佳设计效果的一种技术。它已广泛应用于飞机、汽车、机械、电子、建筑和轻工等领域。例如,在电子计算机的设计过程中,利用 CAD 技术进行体系结构模拟、逻辑模拟、插件划分、自动布线等,从而大大提高了设计工作的自动化程度。又如,在建筑设计过程中,可以利用 CAD 技术进行力学计算、结构计算、绘制建筑图纸等,不但提高了设计速度,而且可以大大提高设计质量。计算机辅助制造(Computer Aided Manufacturing,CAM)是利用计算机系统进行生产设备的管理、控制和操作的过程。例如,在产品的制造过程中,用计算机控制机器的运行,处理生产过程中所需的数据,控制和处理材料的流动以及对产品进行检测等。使用 CAM 技术可以提高产品质量,降低成本,缩短生产周期,提高生产效率和改善劳动条件。将 CAD 和 CAM 技术集成,实现设计生产自动化,这种技术称为计算机集成制造系统(CIMS)。它的实现将真正做到无人化工厂(或车间)。计算机辅助教学(Computer Aided Instruction,CAI)是利用计算机系统使用课件来进行教学。这些课件可以用著作工具或高级语言来开发制作,可以通过网站、演示文稿来展现,引导学生循序渐进地学习,使学生轻松自如地从课件中学到所需的知识。CAI 的主要特色是交互教育、个别指导和因人施教。

4. 过程控制

过程控制也称实时控制,是利用计算机及时采集检测数据,按最优值迅速地对控制对象进行自动调节或自动控制。采用计算机进行过程控制,不仅可以大大提高控制的自动化水平,而且可以提高控制的及时性和准确性,从而改善劳动条件、提高产品质量和合格率。因此,计算机过程控制已在机械、冶金、石油、化工、纺织、水电、航天等领域得到广泛的应用。例如,在汽车工业领域,利用计算机控制机床、控制整个装配流水线,不仅可以实现精度要求高、形状复杂的零件加工自动化,而且可以使整个车间或工厂实现自动化。

5. 人工智能

人工智能(Artificial Intelligence)是计算机模拟人类的智能活动,诸如感知、判断、理解、学习、问题求解和图像识别等。现在,人工智能的研究已取得不少成果,有些已开始走向实用阶段。例如,能模拟高水平医学专家进行疾病诊疗的专家系统,具有一定思维能力的智能机器人等。

6. 网络应用

计算机技术与现代通信技术的结合出现了计算机网络。随着网络的快速发展,网络应用软件逐渐占据了计算机应用软件市场的半壁江山。越来越多的人在使用网络应用软件,如网络游戏、Web 服务、电子商务、网络论坛和网络教学等。

7. 大数据技术

大数据又称巨量资料,指的是所涉及的资料规模巨大,以至于无法通过目前主流软件工具在合理时间内达到撷取、管理、处理并整理成对经营决策有用的资讯。大数据具有 4 大特点:Volume(大量)、Variety(多样)、Value(价值)、Velocity(高速),业界内称为 4V 特点,具体地说,就是:

① 数据体量巨大,从 TB 级别,跃升到 PB 级别。

② 数据类型繁多,如网络日志、视频、图片、地理位置信息等。

③ 价值密度低,商业价值高,以视频为例,连续不间断监控过程中,有用的数据可能仅仅是一两秒。

④ 处理速度快,要求符合 1 秒定律。

在大数据处理技术中,常用的有数据仓库、数据安全、数据分析、数据挖掘等。大数据处理的目的是通过对大数据的处理,使计算机应用系统具有更强的决策力和洞察力,或者更高的流程优化能力,再或者是在海量数据高增长的状态下获得多样化的信息资产。大数据技术的意义不在于掌握庞大的数据信息,而在于对这些含有意义的数据进行专业化处理。换言之,如果把大数据比作一种产业,那么这种产业实现盈利的关键,在于提高对数据的加工能力,通过加工实现数据的增值。

8. 云计算

云计算(Cloud Computing)是分布式计算(Distributed Computing)、并行计算(Parallel Computing)、效用计算(Utility Computing)、网络存储技术(Network Storage Technologies)、虚拟化(Virtualization)、负载均衡(Load Balance)等传统计算机和网络技术发展融合的产物。美国国家标准与技术研究院(NIST)对云计算的定义是:"云计算是

一种按使用量付费的模式,这种模式提供可用的、便捷的、按需的网络访问,进入可配置的计算资源共享池(资源包括网络、服务器、存储、应用软件和服务),这些资源能够被快速提供,只需投入很少的管理工作,或与服务供应商进行很少的交互。"典型的云计算应用有云数据库、网络云盘和云杀毒服务等。云计算可以认为包括以下几个层次的服务:基础设施即服务(IaaS)、平台即服务(PaaS)和软件即服务(SaaS)。基础设施即服务(Infrastructure-as-a-Service,IaaS)是指消费者通过 Internet 可以从完善的计算机基础设施获得服务。平台即服务(Platform as a Service,PaaS)是指将软件研发的平台作为一种服务,以 SaaS 的模式提交给用户。因此,PaaS 也是 SaaS 模式的一种应用。但是,PaaS 的出现可以加快 SaaS 的发展,尤其是加快 SaaS 应用的开发速度。软件即服务(Software as a Service,SaaS)是一种通过 Internet 提供软件的模式,用户无须购买软件,而是向提供商租用基于 Web 的软件,来管理企业经营活动。

9. 移动互联网

移动互联网,就是将移动通信和互联网二者结合起来,成为一体,是指互联网技术、平台、商业模式和应用与移动通信技术结合并实践的活动总称。4G 和 5G 时代的开启以及智能移动终端设备的出现,为移动互联网的发展注入了巨大的能量。网站显示:截至 2020 年 10 月末,我国移动电话用户总数达 16 亿户,4G 用户数为 12.96 亿户。应用也日益广泛,据 CNNIC(中国互联网络信息中心)数据显示,截至 2020 年 6 月,我国手机即时通信用户规模达 9.30 亿,占手机网民的 99.8%。

移动互联网是一个全国性的、以宽带 IP 为技术核心的、可同时提供语音、数据、图像、多媒体等高品质电信服务的新一代开放的电信基础网络,是国家信息化建设的重要组成部分。移动互联网的应用特点是小巧轻便与通信便捷,它已经渗透到人们的生活、工作与学习等各个领域。移动环境下的网页浏览、文件下载、定位、在线游戏、电子商务、在线学习等丰富多彩的互联网应用迅猛发展,正在深刻改变信息时代的社会生活。

10. 物联网

物联网称为继计算机和互联网之后,全球信息产业的第三次浪潮,代表着当前和今后相当长一段时间内信息网络的发展方向。从一般的计算机网络到互联网,从互联网到物联网,信息网络已经从人与人之间的沟通,发展到人与物、物与物之间的沟通,其功能和作用日益强大,对社会的影响也越发深远。

物联网的英文名称是 Internet of Things(IoT)。顾名思义,物联网就是物物相连的互联网。这有两层意思:其一,物联网的核心和基础仍然是互联网,是在互联网基础上的延伸和扩展的网络;其二,其用户端延伸和扩展到了任何物品与物品之间的信息交换和通信。因此,物联网是一个基于互联网、让所有能够被独立寻址的普通物理对象实现互联互通的网络,可实现对物品的智能化识别、定位、跟踪、监控和管理等。

在物联网应用中有如下三项关键技术。

① 传感器技术:这也是计算机应用中的关键技术。大家都知道,到目前为止,绝大部分计算机处理的都是数字信号。自从有计算机以来,只有传感器把模拟信号转换成数

字信号,计算机才能处理。

② RFID标签:这是一种传感器技术。RFID技术是融合了无线射频技术和嵌入式技术为一体的综合技术,RFID在自动识别、物品物流管理有着广阔的应用前景。

③ 嵌入式系统技术:这是综合了计算机软硬件、传感器技术、集成电路技术、电子应用技术为一体的复杂技术。

1.2 计算机发展的趋向与信息化社会

1.2.1 计算机发展的趋向

现代计算机的发展表现为两方面:一是深化冯·诺依曼结构模式发展,即巨型化、微型化、多媒体化、网络化和智能化5种趋向发展;二是发展非冯·诺依曼结构模式。

1. 深化冯·诺依曼结构模式发展

① 巨型化:是指高速、大存储容量和强功能的超大型计算机。现在的超级计算机运算速度高达每秒亿亿次。

② 微型化:微型计算机可渗透到诸如仪表、家用电器、导弹弹头等小型计算机无法进入的领域,所以发展异常迅速。当前微型计算机的标志是运算器和控制器集成在一起,今后将逐步发展到对存储器、通道处理机、高速运算部件、图形卡、声卡的集成,进一步将系统的软件固化,达到整个微型计算机系统的集成。

③ 多媒体化:多媒体是指以数字技术为核心的图像、声音与计算机、通信等融为一体的信息环境。多媒体技术的目标是无论在何地,只需要简单的设备,就能自由自在地以交互和对话方式收发所需要的信息。其实质就是使人们利用计算机以更接近自然方式交换信息。

④ 网络化:计算机网络是现代通信技术与计算机技术结合的产物。从单机走向联网,是计算机应用发展的必然结果。把国家、地区、单位和个人联成一体,甚至对普通人家的生活产生一定的影响。

⑤ 智能化:是建立在现代化科学基础之上、综合性很强的边缘学科。它是让计算机来模拟人的感觉、行为、思维过程的机理,使它具备视觉、听觉、语言、行为、思维、逻辑推理、学习、证明等能力,形成智能型、超智能型计算机。智能化的研究包括模式识别、物形分析、自然语言的生成和理解、定理的自动证明、自动程序设计、专家系统、学习系统、智能机器人等。其基本方法和技术是通过对知识的组织和推理求得问题的解答,它需要对数学、信息论、控制论、计算机逻辑、神经心理学、生理学、教育学、哲学、法律等多方面知识进行综合。人工智能的研究更使计算机突破了"计算"这一初级含义,从本质上拓宽了计算机的能力,可以越来越多地代替或超越人类某些方面的脑力劳动。

2. 发展非冯·诺依曼结构模式

从第一台电子计算机诞生到现在,各种类型计算机都以存储程序方式进行工作,属于冯·诺依曼型计算机。

随着计算机应用领域的开拓更新,冯·诺依曼型的工作方式已不能满足需要,所以提出了制造非冯·诺依曼式计算机的想法。自 20 世纪 60 年代开始从两个大方向努力,一是创建新的程序设计语言,即所谓的"非冯·诺依曼语言";二是从计算机元件方面,比如提出与人脑神经网络相类似的新型超大规模集成电路的设想,即"分子芯片"。

20 世纪 80 年代初,人们提出了生物芯片的构想,着手研究由蛋白质分子或传导化合物元件组成的生物计算机。研制中的生物计算机的存储能力巨大,处理速度极快,能量消耗极微,并且具有模拟部分人脑的能力。

与此同时,人们也开始研制光子计算机和量子计算机。光子计算机是用光子代替电子来传递信息。由于光子的速度是 $3 \times 10^8 \mathrm{m/s}$,是电子定向移动速度的 300 多倍,所以理论上光子计算机运算速度比目前的计算机快 300 倍。1984 年 5 月,欧洲研制出世界上第一台光子计算机。量子计算机是由美国阿贡国家实验室提出来的,基于量子力学的基本原理,利用质子、电子等亚原子微粒的某些特性(从一种能态到另一种能态转变中,出现类似数学上的二进制。在实验上已经证明了量子逻辑门的存在),从而在理论上可以进行运算。第一代至第四代计算机代表了它的过去和现在,从新一代计算机身上则可以展望到计算机的未来,虽然目前光子计算机和量子计算机都还远没有到实用阶段。到目前为止,人们也还只是搭建出以人脑神经系统处理信息的原理为基础设计的非冯·诺依曼式计算机的模型,但有理由相信,就像查尔斯·巴贝奇 100 多年前的分析机模型和图灵 60 年前的图灵机都先后变成现实一样,今天还在研制中的非冯·诺依曼型计算机,将来也必将成为现实。

1.2.2　信息化社会与计算机

人类在认识世界的过程中,逐步认识到信息、物质材料和能源是构成世界的三大要素。信息交流在人类社会文明发展过程中发挥着重要的作用,计算机作为当今信息处理工具,在信息获取、存储、处理、交流传播方面充当着核心的角色。能源、材料资源是有限的,而信息则几乎是不依赖自然资源的资源。人类历史上曾经历了四次信息革命。第一次是语言的使用,第二次是文字的使用,第三次是印刷术的发明,第四次是电话、广播、电视的使用。而从 20 世纪 60 年代开始第五次信息革命新产生的信息技术,则是计算机与电子通信技术相结合的技术,从此人类开始迈入信息化社会。1993 年美国提出"国家信息基础设施(National Information Infrastructure,NII)",俗称"信息高速公路"。这实际上是一个交互式多媒体网络,是一个由通信网、计算机、数据库及日用电子产品组成的完备网络,是一个具有大容量、高速度的电子数据传递系统。其他发达国家相继仿效,掀起了信息高速公路建设的热潮。作为 21 世纪社会信息化的基础工程,信息高速公路将融合现有的计算机联网服务、电视功能,能传递数据、图像、声音、文字等各种信息,其服务范围包括教育、金融、科研、卫生、商业和娱乐等极其广阔的领域,对全球经济及各国政治和文化都带来重大而深刻的影响。

高速率、多媒体的全球性的信息网络时代正大踏步地向我们走来。以前人类思维只是依靠大脑,而现在计算机(电脑)作为人脑的延伸,成为支持人脑进行逻辑思维的现代化工具。信息技术影响着人类的思维,影响着记忆与交流。信息技术革命将把受制于键盘和显示器的计算机解放出来,使之成为我们能够与之交谈、随身相伴的对象。这些发展将改变我们的学习、工作、娱乐方式(也就是我们的生活方式)。信息技术对人类社会全方位的渗透,使许多领域面目焕然一新,正在形成一种新的文化形态——信息时代的文化。

1.2.3　计算思维与计算机

计算思维(Computational Thinking)又称构造思维,是指从具体的算法设计规范入手,通过算法过程的构造与实施来解决给定问题的一种思维方法。它以设计和构造为特征,以计算机科学为代表,能借助现代和将来的计算机,逐步实现人工智能的较高目标。诸如模式识别、决策、优化和自动控制等算法都属于计算思维范畴。

目前国际上广泛使用的计算思维概念是由美国卡内基·梅隆大学周以真教授提出的定义:即计算思维是运用计算机科学的基础概念去求解问题、设计系统和理解人类行为,涵盖了计算机科学的一系列思维活动。

周以真教授的计算思维理念强调了以下 3 点。

① 求解问题中的计算思维。利用计算手段求解问题的过程是:首先要把实际的应用问题转换为数学问题,可能是一组偏微分方程,其次将偏微分方程离散为一组代数方程组,然后建立模型、设计算法和编程实现,最后在实际的计算机中运行并求解。前两步是计算思维中的抽象,后两步是计算思维中的自动化。

② 设计系统中的计算思维。任何自然系统和社会系统都可视为一个动态演化系统,演化伴随着物质、能量和信息的交换,这种交换可以映射为符号变换,使之能用计算机实现离散的符号处理。当动态演化系统抽象为离散符号系统后,就可以采用形式化的规范来描述,通过建立模型、设计算法和开发软件来揭示演化的规律,实时控制系统的演化并自动执行。

③ 理解人类行为中的计算思维。计算思维是基于可计算的手段,以定量化的方式进行的思维过程。计算思维就是能满足信息时代新的社会动力学和人类动力学要求的思维。在人类的物理世界、精神世界和人工世界等三个世界中,计算思维是建设人工世界所需要的主要思维方式。利用计算手段来研究人类的行为,可视为信息社会计算(Cyber-Society Computing),即通过各种信息技术手段,设计、实施和评估人与环境之间的交互。社会计算涉及人们的交互方式、社会群体的形态及其演化规律等问题。研究生命的起源与繁衍、理解人类的认识能力、了解人类与环境的交互以及国家的福利与安全等,都属于社会计算的范畴,这些都与计算思维密切相关。

计算思维的详细描述是:计算思维就是通过化简、嵌入、转化和仿真等方法,把一个看来困难的问题重新阐释成一个人们已知其解决方案的问题。计算思维是一种递归思维,是一种并行处理,既能把代码译成数据又能把数据译成代码,是一种多维分析推广的类型检查方法。计算思维是一种采用抽象和分解来控制庞杂的任务或进行巨大、复杂系统设计的方法,是一种基于关注点分离的方法。计算思维是一种选择合适的方式去陈述一个问题,或对一个问题的相关方面建模并使其易于处理的思维方法。计算思维是按照预防、保护及通过冗余、容错和纠错方式,从最坏情况进行系统恢复的一种思维方法。计算思维是利用启发式推理寻求解答,也即在不确定情况下的规划、学习和调度的思维方法。计算思维是利用海量数据来加快计算,在时间和空间之间、在处理能力和存储容量之间进行折中的思维方法。

通常意义上,计算思维具备如下 5 个主要特征。

① 概念化,不是程序化。计算机科学不是计算机编程。像计算机科学家那样去思考意味着远远不仅限于计算机编程,还要求能够在抽象的多个层面上思考。为了便于理解其含义,可以进一步说,计算机科学不只是关注计算机,就像音乐产业不只是关注话筒或麦克风一样。

② 根本的,不是刻板的技能。根本技能是每一个人为了在现代社会中发挥职能所必须掌握的。刻板技能意味着机械地重复。具有讽刺意味的是,只有当计算机科学解决了人工智能的大挑战——使计算机像人类一样思考之后,思维才真正可以变成机械的。所有已经发生的智力,其过程都是确定的;因此,智力也是一种计算,人们应当将精力集中在"好的"计算上,即采用计算思维来造福人类。

③ 是人的,不是计算机的思维方式。计算思维是人类求解问题的一条途径,但决非要使人类像计算机那样去思考。计算机枯燥且沉闷,人类聪颖且富有想象力。人类赋予了计算机激情,配置了计算设备,就能用自己的智慧去解决那些计算时代之前不敢尝试的问题,达到"只有想不到,没有做不到"的境界。计算机赋予人类强大的计算能力,人类应该更好地利用这种力量去解决各种需要大量计算的问题。

④ 数学和工程思维的互补与融合。计算机科学在本质上源自数学思维,因为像所有的科学一样,其形式化基础是建筑在数学之上的。计算机科学又从本质上源自工程思维,因为人们建造的是能够与实际世界互动的系统,基本计算设备的限制迫使计算机科学家必须计算性地思考,而不能只是数学性地思考。构建虚拟世界的自由使人们能够超越物理世界的各种系统。数学和工程思维的互补与融合很好地体现在抽象、理论和设计三个学科形态上。

⑤ 是思想,不是人造物。不只是生产出的计算机硬件和软件等人造物将以物理形式呈现并时时刻刻触及人们的生活,更重要的是计算的概念,这种概念被人们用于问题求解、日常生活的管理以及与他人进行交流。

总之,计算机只是一种计算设备。计算机领域中的理论是人们通过计算机这种设备解决问题的方法和理论,这就意味着与计算机相关的理论和方法都具有明显的计算机特征,如程序化、步骤清晰、描述准确等。计算思维是人们看待问题、思考问题的一种思维方式,是一种方法论。计算思维并不要求运用计算思维的人像计算机那样去处理问题,但它需要运用计算思维的人把计算机领域中的一些方法论、分析问题的方法和角度运用到解决其他领域的问题之中,从而达到另辟蹊径找到解决问题的方法。

1.3　计算机基础课的学习目标与方法

1.3.1　计算机基础课的学习目标与定位

随着社会信息化不断向纵深发展,各行各业的信息化进程不断加速。电子商务、电子政务、数字化校园、数字化图书馆等具有高度信息化特征的典型应用已经被大家广泛接受。在这样的大环境下,学习计算机科学与技术知识成为大学培养高素质人才的最基本教学环节。在学习的过程中,大家应该掌握最基本最重要的计算机基础知识和基本概念,以及相关的计算机文化内涵,重点掌握计算机硬件结构和操作系统的基础知识以及基本应用技能;了解程序设计基本原理;了解网络应用、多媒体开发、网站开发等方面的基础知识;了解计算机主要应用领域,熟悉重要领域的典型案例和典型应用,进而理解信息系统开发涉及的技术、概念和软件开发过程,为学习后续课程打下基础。

学生在掌握计算机知识与应用能力方面应该达到以下水平。

① 掌握计算机软硬件基础知识;具备使用计算机实用工具处理日常事务的基本能力;具备通过网络获取信息、分析信息、利用信息,以及与他人交流的能力;了解并能自觉遵守信息化社会中的相关法律与道德规范。

② 具备使用典型的通用软件和工具来解决问题的能力。

③ 具备熟练的键盘操作能力和计算机设备的操作与维护能力。

④ 具备通过建模编程,具备在本专业领域中进行科学计算的基本能力(对理工科专业而言)。

⑤ 掌握计算机硬件的基本技术与分析方法,具备利用计算机硬件及接口技术解决本专业领域中问题的基本能力(对工科类专业而言)。

⑥ 具备专业领域中计算机应用系统的集成与开发能力(较高要求,对部分学生而言)。

在上述要求中,前三条是对每一个大学生的基本要求,其他要求则是针对某些学校、某些专业或部分学生的。

1.3.2　计算机基础课学习中的方法和注意的问题

计算机基础课程,是一门计算机知识的入门课程,其内容主要是计算机的基础知识、基本概念和基本操作技能,并兼顾实用软件的使用和计算机应用领域的前沿知识,为学生熟练使用计算机以及进一步学习计算机有关知识打下基础。因此,在学习计算机基础课时,要注意以下几方面。

1. 要注重学习内容的全面性

越来越多的学生在中学就已经学习或使用过计算机,但应注意,中学学习的内容与大学计算机基础课程有很大区别。这主要体现在三方面:中学学习的内容的表面性与大学的深入性的差别;局部性和全面性的差别;趣味性和基础性的差别。大学的计算机课程更全面地讲解计算机的基础知识和使用方法。对于有过使用计算机经验的学生,通过大学计算机基础课程的学习,应进一步全面掌握所学知识内容,除了对中学所学内容查漏补缺、加强系统性学习外,更重要的是培养学生利用计算机分析问题、解决实际问题的应用能力,为今后的学习和工作打下良好的基础。有些学生把主要精力放在了网络或游戏上,偏离学习重心,错过了全面的学习机会,导致后续课程学习困难。

2. 要注重学习内容的深入性

学习计算基础课程是为今后进一步学习计算机其他方面的相关知识做准备。目前高校计算机基础教育分三个层次:计算机文化基础、计算机技术基础、计算机应用基础。由此可见计算机基础是一门非常重要的基础课,它是学习后续计算机课程的根本保证。

3. 要重视实验,全面提高实际操作能力

计算机课程是实践性很强的课程,计算机知识与能力的培养在很大程度上有赖于上机的实践与钻研。通常在学习的过程中不可能只靠看书就能学好计算机基础课程。实验是一个非常重要的学习环节。实验的目的是提高上机动手能力、知识的综合运用能力、独立分析问题和解决问题能力、创新能力和团队精神等。因此学校在课程安排中也应该为学生们提供较多的上机时间,课堂讲授学时、实验课与课下自己上机练习之比应不低于1:1:1。另外在做实验时主要应注意两方面:一方面带着问题去做实验;另一方面注重不容易掌握的知识内容和操作方法。总之要多实验,上机实验时多请教他人,观察要仔细,解决的问题要清楚,具体操作要大胆,这样才能学好这门课程。

4. 重视网络资源的应用

由于目前各高校校园网建设日趋完善,家庭(宿舍)宽带、移动互联网已经普及,教师与学生、学生与学生之间可以方便地利用网络平台实现交流。教师将教学大纲、讲义、多媒体课件和微视频等教学资源在网络平台上发布;教师通过网络平台布置和收缴作业,为学生答疑解惑;学生通过网络平台展开讨论,开展协作学习,在网上做上机考试模拟考试题等,在现在的校园网上基本都可实现,我们要充分利用网络化教学平台。

1.4 思政篇——我国的超级计算机

我国在超级计算机方面发展迅速,已跃升到国际先进水平国家行列。我国是第一个以发展中国家的身份制造了超级计算机的国家。我国在 1983 年就研制出第一台超级计算机"银河一号",使我国成为继美国、日本之后第三个能独立设计和研制超级计算机的国家。我国以国产微处理器为基础制造出第一台名为"神威蓝光"的超级计算机。在 2019年 11 月 TOP500 组织发布的最新一期世界超级计算机 500 强榜单中,我国占据了 227个,"神威·太湖之光"超级计算机位居榜单第三位,"天河二号"超级计算机位居第四位。

1958 年 8 月 1 日我国第一台数字电子计算机——103 机诞生。进入 20 世纪 70 年代,我国对于超级计算机的需求日益激增,中长期天气预报、模拟风洞实验、三维地震数据处理以至于新武器的开发和航天事业都对计算能力提出了新的要求。为此我国开始了对超级计算机的研发,并于 1983 年 12 月 4 日研制成功"银河一号"超级计算机。并继续成功研发了"银河二号","银河三号","银河四号"为系列的银河超级计算机,使我国成为世界上少数几个能发布 5 至 7 天中期数值天气预报的国家之一。1992 年研制成功"曙光一号"超级计算机,在发展银河和曙光系列同时,我国发现由于向量型计算机自身的缺陷很难继续发展,因此需要发展并行型计算机,于是我国开始研发神威超级计算机,并在神威超级计算机基础上研制了"神威蓝光"超级计算机。

2010 年研制的"天河一号 A"让我国第一次拥有了全球最快的超级计算机。

2016 年 6 月,我国已经研发出了世界上最快的超级计算机"神威·太湖之光",目前落户在位于无锡市的中国国家超级计算机中心。该超级计算机的浮点运算速度是世界第二快超级计算机"天河二号"(同样由我国研发)的 2 倍,达 9.3 亿亿次每秒。

在 2020 年 11 月超级计算机 TOP500 榜单中,我国占 217 台(含我国台湾地区 3 台和我国香港地区 1 台),美国 113 台,日本 34 台,德国 18 台,法国 18 台,荷兰 15 台,爱尔兰 14 台,英国 12 台,加拿大 12 台,其他国家或地区 47 台。

习　题

1.1 第一台电子计算机是哪年产生的?英文缩写 ENIAC 是什么意思?

1.2 计算机的主要应用领域有哪些?试分别举例说明。

1.3 计算机的主要特点是什么?举例说明。

1.4 计算机的主要分类有几种?常见的分类类型有哪些?

1.5 电子计算机划分为哪几个时代?各个时代的计算机是什么特点?

1.6 冯·诺依曼结构的计算机是什么特点?什么是非冯·诺依曼结构计算机?

1.7 大数据的四大特点是什么?

1.8 物联网主要涉及哪些关键技术?

1.9 计算机基础课的学习目标是什么?怎样学习好这门课?

第2章 计算机基础知识

本章介绍了信息的表示,计算机系统的组成,计算机信息系统安全,通用计算机有关的基本概念和常识等,为深入探讨计算机领域搭建一个基本的学习平台。

2.1 信息的表示、存储及运算

2.1.1 关于信息表示的基本概念

在计算机中,信息和数据的含义是广义的,从利用计算机进行信息处理的意义来说,数据不只是我们通常熟悉的由 0～9 个阿拉伯数字组成的数,还可以是输入到计算机中进行存储、处理、传输和输出的各种符号,包括数字、文字、图像、声音和各种专用符号等。

人们学习是为了获得知识和技术。知识是指人们在改造世界的实践中所获得的认识和经验的总和。人们通常是通过接收、加工和处理不同的信息来获得知识的。这里的信息是人们用来表示具有一定意义的符号的集合,即信号。它可以是数字、文字、图形、图像、动画、声音等,是人们用以对客观世界的直接描述。它可以在人们之间进行传递,是抽象的、与设备和载体无关的概念。

数据是指人们看到的形象和听到的事实,是信息的具体表现形式。它通过各种各样的符号表现和反映信息的内容。数据的形式随着不同的物理载体而不同,并且可以在不同的介质之间传输和转化。比如,文字数据可以记录在纸张上,声音数据可以记录在磁带或唱片上等。在计算机领域,数据是指能够被计算机识别、存储、处理和传输的符号的集合。它通常包括数字、文字、图形、图像、声音,视频、动画等多种形式。

对于知识、信息、数据这三个概念来说,知识是信息的综合,信息是数据的综合,而数据是信息和知识的表示方法。这样就有了一个概念,那就是信息处理。信息处理是指对数据进行组织、存储、加工、分类、抽象等操作使之成为有用的信息,然后再对信息进行更高一级的加工处理,使之成为能够指导或帮助我们工作及生活的知识的过程。对任何信息和数据的处理都有一个前提条件,就是首先要把数据表示出来。

2.1.2 常用数制的表示

在任何计算机上对信息和数据的处理都有一个前提条件,就是对数据的表示问题。

这就涉及一个数学概念：数制。下面介绍几个与数制相关的概念。

数制：用一组固定的数字(数码符号)和一套统一的规则来表示数值的方法称为数制(Number System)，也称为进制。通常，R 进制的规则是逢 R 进 1 或借 1 为 R。比如十进制、二十四进制(二十四小时为一天)、十二进制(十二个月为一年)、二进制(两只手套为一幅)等。

权(位权)：指数位上的数字乘上一个固定的数值。十进制是逢十进一，所以对每一位数可以分别赋以权值 10^0、10^1、10^2 等。有这样的权，可以使每一位上的数字代表不同的意义。

基数：指某一数制中数字的个数。它的值为最大的数字加一。比如，十进制数中最大的数字是 9，那么十进制的基数就是 10，而二进制的基数是 2。

以上有关数制的名词可以通过以下表达式来说明。

任何一个数值，在任何一种数制中表达都可以表达成如下公式：

$$N = a_{-m} \times B^{-m} + a_{-m+1} \times B^{-m+1} + \cdots a_{-1} \times B^{-1} + a_0 \times B^0 + \cdots a_n \times B^n$$

即

$$N = \sum_{i=-m}^{n} a_i \times B^i$$

其中，N 代表绝对数值，a 代表在某一数制下的某一位的数字，m、n 代表该数字所在的位的位权，B 表示基数。

【例 2.1】 把十进制的 105.4 和二进制的 1011 表示成位权的形式。

$$105.4 = 4 \times 10^{-1} + 5 \times 10^0 + 0 \times 10^1 + 1 \times 10^2$$
$$1011 = 1 \times 2^0 + 1 \times 2^1 + 0 \times 2^2 + 1 \times 2^3$$

在上面第一个式子中，10 是基数，4、5、0、1 分别表示数的十分位、个位、十位和百位的数字，−1、0、1、2 分别表示每个数字所在的位权。当然，对于二进制数也是类似的。

了解了通用的数制表示法后，应很容易理解其任一数制对数值的表示方法。在计算机领域中经常用到的数制，除了十进制和二进制外，还有八进制和十六进制。在计算机中对它们的定义如下。

二进制：根据晶体管导通和截止的规律采用数字 0 和 1 表示两种状态，逢 2 进 1，即基数为 2 的数值表示法。

八进制：八进制的基数是 8，分别用 0、1、2、3、4、5、6、7 表示 8 种状态，运算时采用逢 8 进位的数值表示法。

十六进制：十六进制的基数是 16，分别用 0、1、2、3、4、5、6、7、8、9、A、B、C、D、E、F 表示 16 种状态，运算时采用逢 16 进位的数值表示法。

十进制：十进制表示法的基数为 10，分别用 0、1、2、3、4、5、6、7、8、9 表示 10 种状态，运算时采用逢 10 进位的数值表示法。

在一般的计算机文献和计算机语言中，对于十进制数，通常在数的末尾加字母 D 来标识或不加标识，例如 235D 和 235 都表示十进制数 235。对于二进制数是在数的末尾加字母 B 来标识，例如 1011B 表示二进制的 1011，即十进制的 11。对于八进制数是在数的末尾加 O 来标识，对于十六进制数是在数的末尾加 H 来标识。例如，11O 代表八进制的

11(即十进制的 9);1DH 代表十六进制的 1D(即十进制的 29)。

另外还有一种常用的数值表示方法,就是用小括号把数值括起来,并在括号后加脚标来区分不同数制的数值,如(1001)$_2$ 表示二进制的 1001;(13)$_8$ 表示八进制的 13;(1A5)$_{16}$ 表示十六进制的 1A5 等。

2.1.3　不同进制数据的转换

在计算机内部普遍使用的是二进制数制,原因一是计算简单,原因二是物理上容易实现。例如,任何事物都有正反两方面:带电和不带电,反光和不反光,磁体的南极和北极等。但是,同样大小的数,用二进制表示需要的位数较多,为了编程和书写的方便,经常用十进制、十六进制和八进制来表示。这样就会经常遇到进制转换的问题。以下是各种进制的转换方法。

1. 任意进制转换为十进制

任意进制转换为十进制的方法都一样。它们都是通过进制的通用定义式来转换。也就是说,只要把任意进制的数根据定义按其位权分解展开,然后求出各项的和,就是该数的十进制表示。

【例 2.2】　分别将二进制数(101101.101)$_2$、八进制数(345)$_8$ 和十六进制数(2D)$_{16}$ 转换为十进制数。

$$(1011011.11)_2 = 1\times2^6 + 0\times2^5 + 1\times2^4 + 1\times2^3 + 0\times2^2 + 1\times2^1 + 1\times2^0 + 1\times2^{-1} + 1\times2^{-2}$$
$$= 64 + 0 + 16 + 8 + 0 + 2 + 1 + 0.5 + 0.25$$
$$= 91.75$$

$$(345)_8 = 3\times8^2 + 4\times8^1 + 5\times8^0$$
$$= 192 + 32 + 5$$
$$= 229$$

$$(2D)_{16} = 2\times16^1 + D\times16^0$$
$$= 2\times16 + 13$$
$$= 45$$

2. 十进制转换为二进制、八进制和十六进制

十进制转换为二进制、八进制和十六进制时,整数部分和小数部分的转换方法是不同的。其转换规则如下:

① 整数部分采用"除基数、取余数、逆排"的长除法。

② 小数部分采用"乘基数、取其整、顺排"的方法。

③ 对含有整数和小数部分的混合数,先对其整数部分和小数部分分别转换再相加,即可得到转换后的数值。

下面通过几个例子来说明以上方法。

【例2.3】 将十进制数58.75转换为二进制数。

具体操作步骤如下。

① 先把58.75分解为58和0.75两个数。

② 对58采用"除基数、取余数、逆排"法,如图2.1所示。从下向上取得余数即为 $(58)_{10}=(111010)_2$。

③ 0.75采用"乘基数、取其整、顺排"的方法求小数部分,如图2.2所示。当小数部分为零或已达到要求精度后,从上向下取得整数部分,即 $(0.75)_{10}=(0.11)_2$。

提示:当相乘的结果大于1时应取出整数部分,在计算时只对纯小数部分计算。

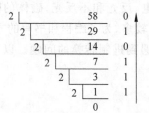

图2.1 十进制整数转换为二进制数　　图2.2 十进制小数转换为二进制数

④ 把两部分相连得到转换后的结果,即 $(58.75)_{10}=(111010.11)_2$。

【例2.4】 把十进制数124.365转换为八进制数。

具体操作步骤如下。

① 转换整数部分,转换过程如图2.3所示,从下向上取得余数,即为 $(124)_{10}=(174)_8$。

② 转换小数部分,转换过程如图2.4所示。从上向下取得整数部分,即 $(0.365)_{10}=(0.2727)_8$(保留4位小数)。

③ 根据转换规则③得出 $(124.365)_{10}\approx(174.2727)_8$。

图2.3 十进制整数转换为八进制数　　图2.4 十进制小数转换为八进制数

3. 二进制与八进制、二进制与十六进制之间的互相转换

由于8正好是 2^3,所以每一个八进制数的数字可以用3位二进制数来表示,并且是一一对应的。因此二进制与八进制之间的转换可以采用查表法。具体操作办法就是熟记表2.1,然后按下面的方法转换。

二进制转换八进制时以小数点为起点,整数部分从右向左、小数部分从左向右每3位二进制数为一组,不足 3 位时补 0,再用 1 位八进制数表示 3 位二进制数即可。反过来八进制数转换为二进制数时,将八进制数的每一位数字转换成 3 位二进制数就可以。

表 2.1　二进制数与八进制数对照表

二 进 制 数	八 进 制 数	二 进 制 数	八 进 制 数
000	0	100	4
001	1	101	5
010	2	110	6
011	3	111	7

【例 2.5】　将二进制数 111100101011.10011101 转换为八进制数。将八进制数 56.31 转换为二进制数。

二进制数:　111　100　101　011　.　100　111　010
八进制数:　 7　 4　 5　 3　 .　 4　 7　 2
即 $(111100101011.10011101)_2 = (7453.472)_8$
八进制数:　 5　 6　 .　 3　 1
二进制数:　101　110　.　011　001
即 $(56.31)_8 = (101110.011001)_2$

同理,对于二进制与十六进制的转换,可以参考二进制与八进制的转换方法,采用四分位法和 4 位展开法把每一位十六进制数与 4 位二进制数相对应即可,对照表如表 2.2 所示。

表 2.2　二进制与十六进制数字对应表

二 进 制 数	十六进制数	二 进 制 数	十六进制数
0000	0	1000	8
0001	1	1001	9
0010	2	1010	A
0011	3	1011	B
0100	4	1100	C
0101	5	1101	D
0110	6	1110	E
0111	7	1111	F

【例 2.6】　将十六进制数 15DF.A8B 转换为二进制数。
十六进制数:　 1　 5　 D　 F　 .　 A　 8　 B
 二进制数:　0001　0101　1101　1111　.　1010　1000　1011
即 $(15DF.A8B)_{16} = (1010111011111.101010001011)_2$

2.1.4 二进制的算术与逻辑代数基础

1. 二进制的算术运算

① 二进制加法运算。

$0+0=0$　　　　　$0+1=1$　　　　$1+0=1$　　　　$1+1=10$(向高位进 1)

② 二进制减法运算。

$0-0=0$　　　　　$1-0=1$　　　　$1-1=0$　　　　$0-1=-1$(向高位借 1)

③ 二进制乘法运算。

$0×0=0$　　　　　$0×1=0$　　　　$1×0=0$　　　　$1×1=1$

④ 二进制除法运算。

$0÷0$ 没有意义　　　　　　　　　$0÷1=0$

$1÷0$ 没有意义　　　　　　　　　$1÷1=1$

2. 二进制的逻辑运算

① 与运算(AND)。逻辑与运算的运算符一般为"·"或"∧"。逻辑表达式一般写作
$A·B=C$ 或 $A∧B=C$,也可以写作 $AB=C$。其运算规则如表 2.3 所示。

表 2.3　与运算真值表

A	B	A·B=C
0	0	0
0	1	0
1	0	0
1	1	1

　　与运算可以用一个电路来说明,如图 2.5 所示。由图可见,A、B 两个开关必须同时闭
合,电灯才亮。假如定义开关闭合为 1,开关打开为
0,电灯亮为 1,电灯灭为 0。这也就是说,与运算只有
在给定变量都为 1 时,其结果才是 1。

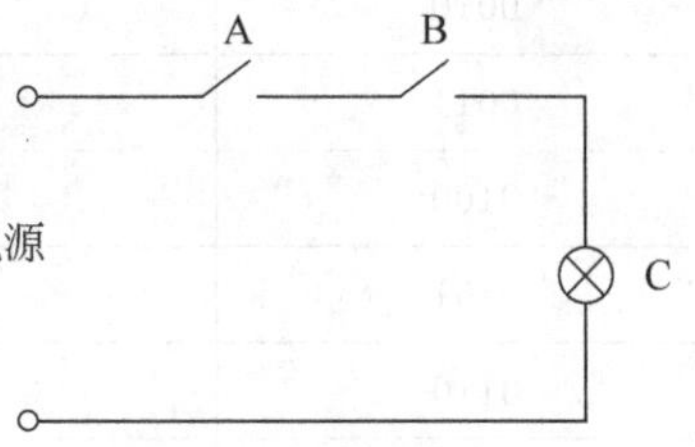

　　② 或运算(OR)。或运算的运算符一般用"+"或
"∨"来表示。逻辑表达式一般写作 $A+B=C$ 或 $A∨$
$B=C$。

　　也就是说,只要给定表达式的变量中有一个值为
1,则表达式值为 1。这也可以用一个电路来说明。假
如定义开关闭合为 1,开关打开为 0,电灯亮为 1,电灯灭为 0。由图 2.6 可以看出,只要有
一个开关闭合,电灯 C 就能亮。这也就是说,或运算只要有一个给定变量为 1 时,其结果
就是 1。其运算规则如表 2.4 所示。

图 2.5　与逻辑关系示意图

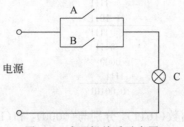

图 2.6 或逻辑关系示意图

表 2.4 或运算真值表

A	B	A+B=C
0	0	0
0	1	1
1	0	1
1	1	1

③ 非运算(NOT)。非运算也称为逻辑否定。就是当输入为 1 时,其结果就为 0,输入为 0 时,其结果为 1,表示为 ¬A=C。其运算规则如表 2.5 所示。

表 2.5 非运算真值表

A	¬A=C
0	1
1	0

④ 异或运算(EOR)。当两个变量同时为 0 或 1 时,异或运算结果为 0,相反,只要两个变量不同时为 0 或 1,异或运算结果就为 1。其运算符为"⊕",逻辑表达式为 A⊕B=C。异或操作的运算规则可以用表 2.6 说明。

表 2.6 异或运算真值表

A	B	A⊕B=C
0	0	0
0	1	1
1	0	1
1	1	0

【例 2.7】 求二进制数 1111 与 1011 的和、差与积。
具体计算如下。

$$
\begin{array}{r}
1111 \\
\times\ 1011 \\
\hline
1111 \\
1111 \\
0000 \\
+\ 1111 \\
\hline
10100101
\end{array}
$$

$$
\begin{array}{r}
1111 \\
+\ 1011 \\
\hline
11010
\end{array}
\qquad
\begin{array}{r}
1111 \\
-\ 1011 \\
\hline
0100
\end{array}
$$

【例 2.8】 请求出二进制数 $(1011)_2$ 分别与 $(0000)_2$ 和 $(1111)_2$ 相与运算、相或运算的结果。

具体计算如下。

$$
\begin{array}{r}
1011 \\
\wedge\ 0000 \\
\hline
0000
\end{array}
\qquad
\begin{array}{r}
1011 \\
\vee\ 0000 \\
\hline
1011
\end{array}
\qquad
\begin{array}{r}
1011 \\
\wedge\ 1111 \\
\hline
1011
\end{array}
\qquad
\begin{array}{r}
1011 \\
\vee\ 1111 \\
\hline
1111
\end{array}
$$

从上面的结果可以看出,0 和任何数相与运算都等于 0,任何数和 0 相或运算都不变。全是 1 的二进制数和任何数相或运算都会变成全是 1,任何数和全是 1 的二进制数相与运算都不变。

【例 2.9】 请求出 1011 与自己相异或运算的结果。

具体计算如下。

$$
\begin{array}{r}
1011 \\
\oplus\ 1011 \\
\hline
0000
\end{array}
$$

从例 2.9 可以看出,任何数与自己相异或运算结果都为 0。

2.1.5　数据的存储单位

计算机内部使用的是二进制,二进制的最小单位是 1 位。为了方便存储和管理计算机中的数据,规定了数据的存储单位,数据的存储与运算单位有位和字节等。

位:也称比特,记为 bit 或 b,它是计算机中表示数据的最小单位,是用 0 或 1 表示的一个二进制位。

字节:记为 Byte 或 B,是数据存储中最常用的基本单位。在计算机中,1B＝8b,从最小的 00000000 到最大的 11111111,即一个字节可以有 256 个值,也可表示由 8 个二进制位构成其他信息,比如,1 字节可以存放一个半角英文字符的编码(ASCII 码),两个或四个字节可以用来存储一个汉字编码等。

由于字节是计算机中表示数据的基本单位,为了计量计算机中存储的数据量,通常按如下方式计量计算机的存储容量。其中最小单位是 b,基本单位是 B,由于 B 的值太小,还有其他单位,如 MB(兆字节)。按顺序给出所有单位是 b、B、KB、MB、GB、TB、PB、EB、ZB、YB、BB、NB、DB,它们按照进率 1024(2 的 10 次方)来计算。

1B＝8b

1KB＝1024B＝2^{10}B

1MB＝1024KB＝2^{20}B

$1GB=1024MB=2^{30}B$

$1TB=1024GB=2^{40}B$

$1PB=1024TB=2^{50}B$

$1EB=1024PB=2^{60}B$

$1ZB=1024EB=2^{70}B$

$1YB=1024ZB=2^{80}B$

$1BB=1024YB=2^{90}B$

$1NB=1024BB=2^{100}B$

$1DB=1024NB=2^{110}B$

字：记为 word 或 w，是多个字节的组合，是信息交换、加工、存储的基本单元（也称为独立信息单位）。一个字由一个或多个字节构成，它可以代表数据代码、字符编码、操作码、地址编码等不同的意义。不同型号和类型的计算机中，一个字由几字节组成一般是不同的。比如，80286 计算机中的一个字有 2 字节，奔腾Ⅲ代计算机中的一个字有 4 字节，英特尔酷睿 i7 CUP 中的一个字有 8 字节，所以我们有时也把字称为计算机字。

字长：在计算机中的主要部件中央处理器（CPU）内，每个字所包含的二进制数码位数（能直接处理、参与运算寄存器所包含的二进制位数）称为计算机的字长，简称字长。它代表计算机的精度与性能水平。一般为了简便，我们常常把一个字由多少位来组成说成字长是多少。比如，奔腾Ⅲ代计算机的字长是 32 位，酷睿 i7 计算机的字长是 64 位。一般情况下，字长越大，代表计算机的运算精度与性能越高，处理信息和数据也越快。

2.1.6　计算机中的数据编码

在计算机中的数据一般可以分成两类，一类是数值型数据，一类是非数值型数据。在计算机中对数据的表示方法称为数据编码。对应于数值型数据，常用的编码有原码、反码、补码等。对应于非数值型的数据，通常使用的有 ASCII 码、扩展 ASCII 码、国标码等。下面分别介绍各种不同的数据编码。

1. 数值型数据的编码

在计算机中，数值型数据的正、负采用符号数字化的方法，指定最左边一位表示数的符号，用 0 代表正数，用 1 代表负数。我们把这种符号化的数值称为"机器数"，而把机器数对应的原来用正负号和绝对值来表示的数值称为机器数的"真值"。

例如，有一个十进制数−53，它对应的二进制数（假设用 8 位表示）真值为−0110101，其机器数表示形式如图 2.7 所示。

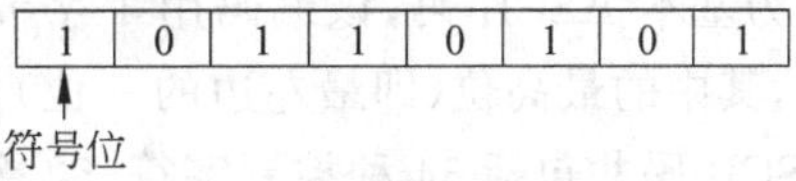

1	0	1	1	0	1	0	1

符号位

图 2.7　机器数的表示形式

因为有了符号位参与运算，所以给计算机的计算带来了很多麻烦，例如＋0 与−0 是相等的，但其机器数的表示形式是不一样的，＋0 是 00000000，−0 是 10000000。为了解决这些问题，带符号机器数通常采用原码、反码和补码三种表示方法。正数的原码、反码和补码形式完全相同,即机器数的表示方法,负数则有各自的表示形式。

原码:整数 X 的原码表示,即整数的符号位用 0 表示正,1 表示负,其数值部分是该数的绝对值的二进制表示。通常用[X]$_原$表示 X 的原码。

反码:正数 X 的反码和原码相同,负数的反码是对该数的原码除符号位外的每位取反,即 0 变 1,1 变 0。负数的符号位为 1,不取反。通常用[X]$_反$来表示 X 的反码。

补码:正数 X 的补码和原码相同,负数的补码是其原码除符号位外的每位取反再加 1。通常用[X]$_补$来表示 X 的补码。

【例 2.10】 求十进制数 51、−51、0 的二进制原码、反码和补码,这里假设用 8 位二进制来表示。

先求出它们的机器码表示:

$(51)_{10} = (00110011)_2$ $(-51)_{10} = -(00110011)_2$

$(+0)_{10} = (00000000)_2$ $(-0)_{10} = -(00000000)_2$

则根据定义,它们的原码表示为:

$(51)_{10} = [00110011]_原$ $(-51)_{10} = [10110011]_原$

$(+0)_{10} = [00000000]_原$ $(-0)_{10} = [10000000]_原$

反码表示为:

$(51)_{10} = [00110011]_反$ $(-51)_{10} = [11001100]_反$

$(+0)_{10} = [00000000]_反$ $(-0)_{10} = [11111111]_反$

补码表示为:

$(51)_{10} = [00110011]_补$ $(-51)_{10} = [11001101]_补$

$(+0)_{10} = [00000000]_补$ $(-0)_{10} = [00000000]_补$

从这个示例可以看出,+0 与−0 的补码表示是唯一的,而 0 的其他编码表示都有两种形式。0 的反码加 1 后,实际的值为 100000000,注意这里是 9 位,但由于是用 8 位来表示的,最高位的 1 溢出,因此实际结果是 00000000,与+0 的补码是相同的。

2. 非数值型数据的编码

计算机中不但要表示数值型数据,而且还要表示大量的非数值信息,这就需要有一些非数值型数据的表示方法。非数值型数据通常指的是中英文文字。英文文字和符号在计算机中通常用 ASCII(American Standard Code for Information Interchange,美国标准信息交换码)表示。ASCII 码通常有 7 位 ASCII 码和 8 位 ASCII 码两种。7 位 ASCII 码又称为基本 ASCII 码,该编码用 1 字节(即 8 位二进制位的一个组合)表示一个字母或符号,其中的最高位(即最左边的一位)没有使用而设为 0,因此共有 128 种组合,所以基本 ASCII 码共包括 34 种控制字符、52 个大小写英文字符、10 个数字、32 个其他字符和运算符在内的 128 个基本字符。8 位 ASCII 码又称为扩展 ASCII 码,也是用一个字节表示一个字符,只不过最高位也参与表示,所以共有 256 种组合,可以表示包括基本 ASCII 码在内的 256 种符号。

对于汉字编码,在计算机内表示比较复杂。我们通常把一个汉字的表示分成三个编码层次来表示,那就是汉字输入码(外码)、汉字机内码(内码)、汉字的字形码(字库)。下面分别介绍这三种编码。

① 汉字输入码(外码)。汉字输入码,又称为外部码,是指用户从键盘上输入代表汉字的编码。它由拉丁字母(如汉语拼音)、数字或特殊符号(如五笔字型的笔画部件)构成。各种输入方案,就是以不同的符号系统来代表汉字进行输入的,主要分为音码(根据汉字的发音输入,比如全拼输入法等)、形码(根据汉字的字形输入,比如五笔字型输入法等)和混合编码(根据汉字的发音和字形混合输入,比如太极码等)三大类。

② 汉字机内码(内码)。汉字机内码是指计算机内部存储处理加工和传输汉字时所用的由 0 和 1 组成的代码类似于 ASCII 码。人们所输入的外码被计算机接收后,就由汉字系统的"输入转换模块"转换为机内码,不同汉字系统的内码不同。根据国标码的规定,每一个汉字都有了确定的二进制代码,在计算机内部,汉字代码都用机内码,在磁盘上记录汉字代码也使用机内码。

国标码是指中国国家标准总局确定的用于汉字的信息交换码。中国国家标准总局 1980 年发布了中华人民共和国国家标准 GB 2312—1980——《信息交换用汉字编码字符集(基本集)》,即国标码。我们常说的区位码是国标码的另一种表现形式,把国标 GB 2312—1980 中的汉字、图形符号组成一个 94×94 的方阵,分为 94 个区,每区包含 94 个位,其中,区的序号为 01 至 94,位的序号也是从 01 至 94。94 个区的位置总数 $= 94 \times 94 = 8836$ 个,其中 7445 个汉字和图形字符中的每一个占一个位置后,还剩下 1391 个空位,这 1391 个位置空下来保留备用。2001 年 9 月 1 日我国又制定并开始执行 GB 18030—2000——《信息交换用汉字编码字符集基本集的扩充》,在 GB 2312—1980 的基础上扩充收录的汉字,达到 27484 个,并包含藏、蒙、维吾尔等一些少数民族的文字。

③ 汉字字形码。每个汉字的输入和显示都是经用户通过外码输入,由计算机的汉字系统转换为内码,然后再由汉字系统根据内码在字库中找到汉字的字形码,并通过一定的程序把字形码所表示的字形在显示器上显示出来。字形码就是汉字字库中存储的每个汉字的字形信息。

为了将汉字在显示器或打印机上输出,把汉字按图形符号设计成点阵图,就得到了相应的点阵代码(字形码)。字形码有两种编码方式:点阵编码方式和矢量编码方式。对于点阵编码方式,对汉字进行编码后得到的编码集合称为点阵字库。通常的点阵字库根据编码的点阵大小分为 16×16 点阵、24×24 点阵或 48×48 点阵等。已知汉字点阵的大小,可以计算出存储一个汉字所需占用的字节空间,再乘以字库中汉字的个数就可以计算出字库的大小。如用 16×16 点阵表示一个汉字,就是将每个汉字用 16 行、每行 16 个点表示,一个点需要 1 位二进制代码,16 个点需要 16 位二进制代码(即 2 字节),共 16 行,所以需要 16 行×2 字节/行=32 字节,即 16×16 点阵表示一个汉字,字形码需要 32 字节。即:

$$字节数 = 点阵行数 \times (点阵列数/8)$$
$$字库大小 = 字节数 \times 汉字个数$$

全部汉字字形码的集合称为汉字字库。汉字库可分为软字库和硬字库。软字库以文件的形式存放在硬盘上,现基本用这种方式。硬字库则将字库固化在一个单独的存储芯片中,再与其他必要的器件组成接口卡,插接在计算机上,通常称为汉卡。

矢量字库中的汉字字形是通过数学曲线来描述的,它包含了字形边界上的关键点,连线的导数信息等,字体的渲染引擎通过读取这些数学矢量,然后进行一定的数学运算来进行渲染。这类字体的优点是字体实际尺寸可以任意缩放而不会变形变色。矢量字体主要包括 Type1、TrueType 和 OpenType 等几类。

2.2　计算机系统概述

2.2.1　计算机系统构成

任何设备都是由一些基本部件组成的。计算机系统除了由称为硬件的基本部件构成以外,还要靠称为软件的程序去控制。硬件是计算机中"看得见""摸得着"的所有物理设备的总称,软件则是指各种程序与数据的总体。这两部分有机地结合在一起就形成现在的计算机系统,完成各种计算机功能。如图 2.8 所示给出了一个一般意义上的计算机系统的组成结构。

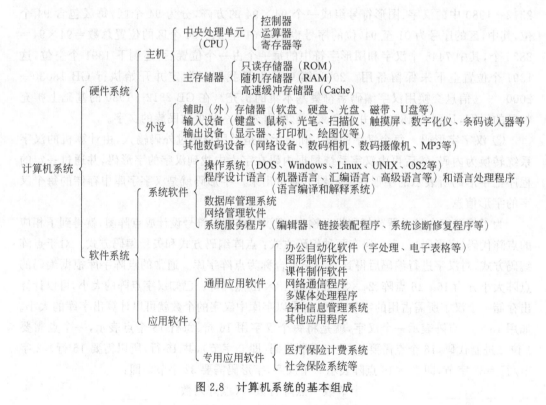

图 2.8　计算机系统的基本组成

2.2.2　计算机硬件系统

计算机的硬件构成遵循着冯·诺依曼提出的存储程序结构,即计算机系统的硬件由运算器、控制器、存储器、输入设备、输出设备 5 部分组成,如图 2.9 所示。

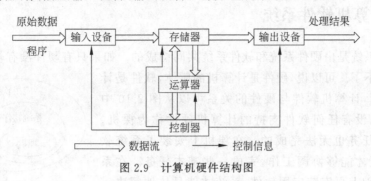

图 2.9　计算机硬件结构图

1. 运算器

运算器是计算机的核心部件,主要由加法器和寄存器组成。计算机中的所有运算最终都要转化为二进制加法运算。在加法运算过程中,加法器从寄存器中得到数据,进行运算后再把运算结果放到对应的寄存器中。通过这样多次的反复计算才能得出最终结果。

2. 控制器

控制器是由一系列控制电路组成,它主要的功能就是根据系统时钟控制运算器的运算过程、协调运算器与存储器的工作、协调存储器与输入输出设备的工作等。

3. 存储器

存储器是计算机用来存放数据和程序的地方,分为主存储器和辅助存储器两大部分。主存储器由很多电子存储单元构成,每个存储单元能够存储一个 0 或 1。主存储器和运算器一起工作,只是暂时存储必要的数据和程序。辅助存储器主要用来长期保存大量的不经常使用的数据和程序。计算机原理图中的存储器一般是指主存储器。

4. 输入和输出设备

输入和输出设备是用户和计算机交换数据的接口,它们一般运行速度较慢,适合人们的使用习惯,它们的主要功能是把用户的数据或程序通过某种方式转换为二进制的 0、1 序列,或把计算机的运行结果从二进制的 0、1 序列转换为用户可以识别的数据或表示形式。

在用户使用计算机的过程中,数据由输入设备输入到存储器中,运算器从存储器中调出数据和程序并进行运算后,把运算结果传回存储器保存,存储器把结果数据输出到输出设备,再由输出设备输出。这一切都由控制器根据存储器中的程序发出控制信号来控制。

输入和输出设备构成人机界面,运算器负责所有计算工作,存储器作为数据和程序的中转场所,控制器统观全局,控制所有设备正常高效地运行。

2.2.3　计算机软件系统

计算机系统是由硬件系统和软件系统共同构成的。如果只有硬件没有软件,计算机将什么也做不了。可以说,硬件是计算机的躯体,软件是计算机的灵魂。计算机软件与硬件的关系可以从图 2.10 中看出。其中,没有任何软件支持的计算机硬件称为裸机。裸机是什么任务也无法完成的。在裸机上安装了系统软件后,计算机才能够协调工作,完成一些基本任务。在系统软件的基础上再安装应用软件,系统才能具体地解决一定的实际问题。软件系统主要分为系统软件和应用软件两类。

图 2.10　计算机软硬件的关系

1. 系统软件

系统软件是为计算机系统配置的、与特定应用领域无关的通用软件。根据功能系统软件可以分为操作系统、程序设计语言、数据库管理系统、网络管理软件和系统服务程序等。

操作系统是计算机系统的管理和指挥中心,是现代计算机不可缺少的一部分。常用的操作系统有 DOS、Windows、Linux、UNIX、OS/2 等。关于操作系统将在第 3 章详细介绍。

程序设计语言是人们编写程序控制计算机完成用户所需功能的工具。

机器语言:也称为机器指令,是直接可以被计算机运行的二进制代码,它是早期计算机使用的语言。机器语言的执行效率高,但存在着编程费时费力、程序难懂的缺点。它是一种面向机器的语言。

汇编语言:是第二代语言,是一种符号化了的机器语言,也称为符号语言。汇编语言虽然现在仍然使用,但主要用在工业控制领域用于控制机械设备。汇编语言仍是一种面向机器的语言。

高级语言:是第三代语言,也称过程语言,它与自然语言和数学语言更接近,可读性强。在编程时方便,使程序员从根本上摆脱了机器的束缚,其编程方式由面向机器编程转换为面向处理过程编程。高级语言是计算机语言大发展的时代,全世界出现了几千种高级语言,其中有很多被广泛使用,比如 C、C++ 、Java、Python 等。

非过程语言:是第四代语言,也就是通常所说的面向对象编程语言。这种计算机语言其实是高级语言的深入发展,虽然语法遵循高级语言的语法,但程序设计思想和语句的功能却完全从面向过程的程序设计改变为面向对象的程序设计。这种语言的设计思想更贴近于生活,其安全性和可靠性更高,常用的有 C++ 、Java 等。

智能型语言:属于正在研究阶段的语言,它除了具有第四代语言的特征外,还具有自动编程的功能,即用户只要告诉计算机所要完成的任务,计算机会自动编写合适的程序来完成。这种语言一般属于人工智能的研究领域,如 Prolog 语言等。

源程序:用户根据程序设计语言的语句和语法编写的能够完成一定任务的程序代码

的集合。

目标程序：用户通过程序设计语言编译程序把源程序翻译成计算机能够识别的二进制代码程序。

解释型语言系统：在程序从开始到结束执行的过程中，系统每次从内存中读出一条语句，把该语句通过解释程序解释为机器语言并执行，然后在此基础之上再读入第二个语句，再通过解释程序解释执行，如此反复直到程序结束。这样，即使程序部分有错，仍可运行前面没错的部分，但整个程序运行速度较慢。其运行过程如图2.11(a)所示。

编译型语言系统：在程序执行过程中，系统先把所有的程序统一编译成目标程序，然后链接成可执行的机器码并优化之，最后再执行优化过的程序。这种方式虽然在编译的时候费一些时间，但执行时速度快，唯一的缺点就是如果程序有一点错误系统都不会编译通过，导致整个程序无法运行。其运行过程如图2.11(b)所示。

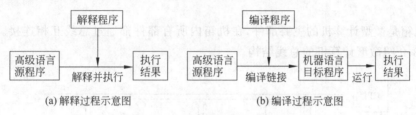

(a) 解释过程示意图   (b) 编译过程示意图

图 2.11   计算机语言工作过程

数据库系统软件：是专门用来处理数据库的一种系统软件，它主要由数据库(DB)、数据库管理系统(DBMS)和数据库应用系统(DBAS)。目前常用的数据库系统软件有Access、MS SQL Server、Oracle、MySQL 等。

网络管理软件：主要指网络操作系统等。

系统服务程序：主要指一些软件开发工具、软件运行和支撑平台、工具软件等，比如磁盘分区软件、个人 Web 服务软件等。

2. 应用软件

应用软件是用户为解决具体的实际问题而开发的各种软件。这些软件可以用各种语言编写，并在系统软件的支持下运行，通常按功能分成专用应用软件和通用应用软件两种。

专用应用软件：指专门为某个项目或某一类特定功能编写的软件，一般无法移植到别的地方使用，如水文管理软件、人口普查软件、电站控制软件等。

通用应用软件：指由一些第三方的公司开发的可以在较广泛领域中使用的软件。比如 Office 系列软件、Photoshop 照片处理软件等。

本书在以后的章节中会逐步介绍一些操作系统和通用软件的使用。

2.2.4　微型计算机硬件系统的构成

计算机按其性能、价格和体积大小虽然可以分成很多类，但应用最广、使用最多的还是微型计算机。随着计算机技术的发展,微型计算机的硬件结构也不断演变。虽然没有突破冯·诺依曼计算机体系结构,但经过不断改进,其性能已经有很大提高。如图 2.12所示,微型计算机的基本硬件配置一般包括主机箱、显示器、键盘、鼠标和音箱以及其他外设。

图 2.12　微型计算机

主机箱是微型计算机的主要部件,在机箱内所有部件都通过总线互相连接。下面结合图 2.13 介绍微型计算机的总线结构。

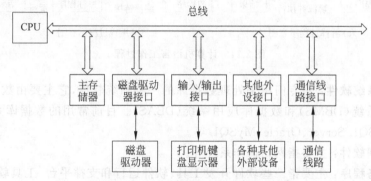

图 2.13　微型计算机硬件体系结构示意图

微型计算机体系结构是一种开放式、积木式的体系结构,因此各厂家都可以开发微型计算机的各个部件,并可在微型计算机上运行各种产品,包括主机板扩展槽中可插的各种扩展卡,以及系统软件、各种应用软件和各种外部设备。这样,用户可以从某公司购买主机板,从其他公司配置自己认为合适的板卡和外部设备。

目前微型计算机多采用总线结构,其结构如图 2.13 所示。由图看出,微型计算机系统由 CPU、主存储器、外存储器以及输入输出设备等组成。在微型计算机中除了 CPU 运算速度极快以外,其他设备的数据处理速度相对较慢。这样当 CPU 有大量数据需要外部设备处理时,由于处理速度的不匹配,很容易导致数据的丢失,而向 CPU 提供数据时,由于存储设备数据处理速度低,就会导致 CPU 为等待被处理的数据而降低 CPU 的利用率。为解决这一问题,所以微型计算机采用总线结构,CPU 把数据传送到高速总线上,并分别通过各种外设和存储器接口与各种外部设备和外存相连。这些接口电路主要负责数据传输速度的匹配。

1. CPU

CPU(中央处理器)主要由运算器、控制器、寄存器等组成。运算器按控制器发出的命令来完成各种操作。控制器控制计算机执行指令的顺序,并根据指令的信息控制计算机各部分协同操作。

CPU 的类型与主频是微型计算机最主要的性能指标,主频越高,则微型计算机的运行速度就越高。

现代微型计算机通常使用的 CPU 主要由两大公司生产,一个是 Intel 公司,另一个是 AMD 公司。目前,CPU 的系列的发展一方面向 CPU 和 GPU 整合的方向发展,如 Intel 公司的 i3、i5 和 i7 系列,另一方面向专业计算(如网站服务器)方面发展,如 Intel 公司的至强系列 CPU。

2. 内存储器

微型计算机的存储器分为内存储器(内存)和外存储器(外存)两种,其中内存又分主存和高速缓存。在计算机中,内存是记忆或用来存放处理程序、待处理数据及运算结果的部件。内存根据基本功能分为只读存储器(Read-Only Memory,ROM)和随机存储器(Random-Access Memory,RAM)两种。对于 386 以上的微型计算机,还有高速缓冲存储器,简称为高速缓存。

(1) 只读存储器 ROM

ROM 是一种只能读出不能写入的存储器,其信息通常是在厂家制造时脱机状态下用特殊设备写入的。ROM 的最大特点是在断电后信息也不会消失,因此常用 ROM 来存放至关重要的且经常要用到的程序和数据,如监控程序等,只要接通电源,需要时就可从中把数据调入 RAM 中,即使发生电源中断也不会破坏存储的程序。目前常用的有 EPROM、EEPROM 等。

(2) 随机存储器 RAM

RAM 可随时进行读出和写入,是对信息进行操作的场所,也就是我们平常所说的内存。RAM 在工作中用来存放用户的程序和数据,也可以存放临时调用的系统程序,一般来说 RAM 的存储容量越大,数据存取时间越短,相应计算机的功能就越强。在掉电后 RAM 中存储数据会自动消失,且不可恢复。如需要长期保存数据,则必须在掉电之前把信息保存到外存。

RAM 分为双极型(TTL)和单极型(MOS)两种。微型计算机使用的主要是单极型(MOS)存储器,它又分静态存储器(SRAM)、动态存储器(DRAM)、超级动态存储器(SDRAM)、双倍动态存储器(DDR)和 DDRII 等多种。

(3) 高速缓存(Cache)

Cache 在逻辑上位于 CPU 和内存之间,其运算速度高于内存而低于 CPU。Cache 一般采用 SRAM,也有内置于 CPU 的。Cache 中保存的是 CPU 经常读写的程序和数据。CPU 读写程序和数据时先访问 Cache,若 Cache 中没有再访问 RAM。Cache 分内部、外部两种。内部 Cache 集成到 CPU 芯片中,称为一级 Cache,容量较小;外部 Cache 在系统板上,称为二级 Cache,其容量比内部 Cache 大一个数量级以上,价格也较前者便宜。从 Pentium Pro 开始,一、二级 Cache 都集成在 CPU 芯片中。

3. 外存储器

外存储器(外存)是外部设备的一部分,用于长期存放当前不需要立即使用的信息。它既是输入设备又是输出设备,是内存的后备和补充。外存只能与内存交换数据。微型计算机常见的外存主要有磁盘、光盘、U 盘等。磁盘又可分为硬磁盘和软磁盘两种,在这里主要介绍硬盘。

(1) 硬盘(Hard Disk)

硬盘存储器简称硬盘。它是微型计算机系统的主要外存储器(或称辅存)。硬盘按盘径大小可分为 3.5 英寸(1 英寸=2.54 厘米)、2.5 英寸、1.8 英寸等;按硬盘的接口可分为 IDE、SCSI、SATA、FC、SAS 和 FATA 接口等;按内部结构可分为机械硬盘和固态硬盘。目前大多数微型计算机上使用的硬盘是 3.5 英寸的。硬盘有一个重要的性能指标是存取速度。影响存取速度的因素有平均寻道时间、数据传输率、盘片的旋转速度和缓冲存储器容量等。一般来说,转速越高的硬磁盘,寻道的时间越短,数据传输率也越高。

硬盘一般由多个盘片组成,盘片的每一面都有一个读写磁头。硬盘在使用前,要对盘片格式化成若干磁道(称为柱面),每个磁道再划分为若干扇区。硬盘的存储容量计算方法如下。

存储容量=磁头数×柱面数×扇区数×每扇区字节数

常见硬盘的存储容量有 120GB、160GB、250GB、500GB、1TB、2TB、3TB 等。

(2) 光盘(Optical Disk)

光盘存储器是一种利用激光技术存储信息的装置。目前用于计算机系统的光盘,按光盘是否可读写,分为只读型光盘、一次写入型光盘和可擦写型光盘等三种;按照光盘的刻录标准可以分为 CD 光盘、DVD 光盘和蓝光光盘等;按照光盘的大小可以分为 3 寸盘和 5 寸盘等。

(3) U 盘存储器

U 盘存储器简称 U 盘,有形状小巧、存储容量大、存取速度快、性能稳定等优点,深受用户的喜爱。目前 U 盘已成为移动存储器的主流。图 2.14 显示了 U 盘的一种外观。由于 U 盘的存储核心是采用 Flash 芯片存储的,所以又称为闪存。在通电以后改变状态,不通电就是固定状态,所以断电以后资料能够保存。也因为这种存储器体积很小,通常是通过 USB 接口和计算机相连,所以大家都把这类存储器称为 U 盘。现在的 U 盘存储容量从 4GB~256GB 不等。

图 2.14　U 盘外观示意图

4. 常用外部设备

(1) 键盘(Keyboard)

键盘是用户与计算机进行交流的主要工具，是计算机最重要的输入设备，也是微型计算机必不可少的外部设备。图 2.15 显示了典型键盘的排列方式。键盘上的键可以根据功能划分为几个组。

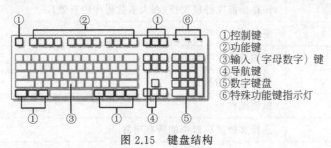

①控制键
②功能键
③输入（字母数字）键
④导航键
⑤数字键盘
⑥特殊功能键指示灯

图 2.15　键盘结构

① 控制键：这些键可单独使用，或与其他键组合使用来执行某些操作。最常用的控制键有 Ctrl 键、Alt 键、Windows 徽标和 Esc 键。

② 功能键：功能键用于执行特定任务。功能键标记为 F1～F12。这些键的功能因程序而有所不同。

③ 输入（字母数字）键：这些键包括与传统打字机上相同的字母、数字、标点符号和符号键。此外，输入键还包括 Shift、Caps Lock、Tab、Enter、空格键和 Backspace。其使用方法如表 2.7 所示。

表 2.7　特殊输入键功能表

键名称	如 何 使 用
Shift	同时按 Shift 键与某个字母将输入该字母的大写字母。同时按 Shift 键与其他键将输入在该键的上部分显示的符号
Caps Lock	按一次 Caps Lock 键，所有字母都将以大写输入，再按一次 Caps Lock 键将关闭此功能。键盘上有一个指示 Caps Lock 键是否处于打开状态的指示灯
Tab	按 Tab 键会使光标向前移动几个空格。还可以按 Tab 键移动到表单上的下一个文本框
Enter	按 Enter 键将光标移动到下一行开始的位置。在对话框中，按 Enter 键将选择突出显示的按钮
空格键	按空格键会使光标向前移动一个空格
Backspace	按 Backspace 键将删除光标前面的字符

键盘操作中同时按下多个键的操作，因为有助于加快工作速度，从而将其称为快捷方式。事实上，使用鼠标执行的绝大多数操作或命令，都可以使用键盘上的一个或多个键更快地执行。在菜单中两个或多个键之间的加号（＋）表示应该一起按这些键。例如，Ctrl＋A 表示按住 Ctrl，然后再按 A。Ctrl＋Shift＋A 表示按住 Ctrl 和 Shift，然后再按 A。常用的快捷键如表 2.8 所示。

表 2.8 快捷键功能表

按 键	功 能
Windows 徽标键 ▦	打开"开始"菜单
Alt＋Tab	在打开的程序或窗口之间切换
Alt＋F4	关闭活动项目或者退出活动程序
Ctrl＋S	保存当前文件或文档(在大多数程序中有效)
Ctrl＋C	复制选择的项目
Ctrl＋X	剪切选择的项目
Ctrl＋V	粘贴选择的项目
Ctrl＋Z	撤销操作
Ctrl＋A	选择文档或窗口中的所有项目
F1	显示程序或 Windows 的帮助
Windows 徽标键 ▦ ＋ F1	显示 Windows"帮助和支持"
Esc	取消当前任务
应用程序键 ▤	在程序中打开与选择相关的命令的菜单。等同于右键单击选择的项目

④ 导航键:这些键用于在文档或网页中移动以及编辑文本。这些键包括箭头键、Home、End、Page Up、Page Down、Delete 和 Insert。表 2.9 列出这些键的部分常用功能。

⑤ 数字键盘:数字键盘便于快速输入数字。这些键位于一方块中,分组放置,有些像常规计算器或加法器。数字键盘上的 10 个键印有上档符(数字 0、1、2、3、4、5、6、7、8、9 及小数点)和相应的下档符(Insert、End、↓、Page Down、←、→、Home、↑、Page Up、Delete)。上档符全为数字,下档符用于控制全屏幕编辑时的光标移动。由于小键盘上的这些数字键相对集中,所以用户需要大量输入数字时,锁定数字键(Num Lock)更方便。Num Lock 键是数字小键盘锁定转换键。当指示灯亮时,上档字符即数字字符起作用,当指示灯灭时,下档字符起作用。

表 2.9 导航键功能表

按 键	功 能
↓、↑、←、→	将光标或选择内容沿箭头方向移动一个空格或一行,或者沿箭头方向滚动网页
Home	将光标移动到行首,或者移动到网页顶端
End	将光标移动到行末,或者移动到网页底端
Ctrl＋Home	将光标移动到文档的顶端
Ctrl＋End	将光标移动到文档的底端
Page Up	将光标或页面向上移动一个屏幕
Page Down	将光标或页面向下移动一个屏幕

按　　键	功　　能
Delete	删除光标后面的字符或选择的文本；在 Windows 中，删除选择的项目，并将其移动到"回收站"
Insert	关闭或打开"插入"模式。当"插入"模式处于打开状态时，在光标处插入键入的文本。当"插入"模式处于关闭状态时，键入的文本将替换现有字符

⑥ 特殊功能键指示灯：用来显示键盘状态，可以通过这些键完成一些特殊功能。如当按 PrtScn 键，系统将捕获整个屏幕的图像（即屏幕快照），并将其复制到计算机内存的剪贴板中。按 Alt＋PrtScn 键则只捕获活动窗口而不是整个屏幕的图像。可以从剪贴板将其粘贴（Ctrl＋V）到 Microsoft 画图或其他程序中。在大多数程序中，按 Scroll Lock 键都不起作用。在少数程序中，按 Scroll Lock 键将更改箭头键、Page Up 和 Page Down 键的行为；按这些键将滚动文档，而不会更改光标或选择的位置。键盘可能有一个指示 Scroll Lock 是否处于打开状态的指示灯。在一些旧程序中，按 Pause/Break 键将暂停程序，或同时按 Ctrl 停止程序运行。

（2）鼠标（Mouse）

鼠标又称为鼠标器，是微型计算机上的一种常用的输入设备，是控制显示屏上光标移动位置的一种指点式设备。在软件支持下，通过鼠标器上的按钮，向计算机发出输入命令，或完成某种特殊的操作。

目前常用的鼠标器有机械式和光电式两类。机械式鼠标底部有一个滚动的橡胶球，可在普通桌面上使用，滚动球通过平面上的滚动把位置的移动变换成计算机可以理解的信号，传给计算机处理后，即可完成光标的同步移动。光电式鼠标有一个光电探测器，当鼠标滑过时，光电检测根据移动的网格数转换成相应的电信号，传给计算机来完成光标的同步移动。

鼠标器的接口主要有 USB 接口和 PS/2 和串口等。此外还有无线鼠标，这种鼠标可以通过电磁波来与计算机相连。

（3）显示器（Monitor）

显示器是微型计算机不可缺少的输出设备。用户通过显示器可以方便地观察输入和输出的信息。显示器按输出色彩可分为单色显示器和彩色显示器两大类；按其显示器件可分为阴极射线管（CRT）显示器、液晶（LCD）显示器和发光二极管（LED）显示器；按其显示器屏幕的对角线尺寸可分为 15 英寸、17 英寸和 22 英寸等几种。目前微型计算机上主要使用 LCD（如图 2.16）和 LED 显示器。

CRT 显示器也称为阴极射线管显示器（如图 2.17），是用光栅来显示输出内容的。显示器显示图形的最小单位称为**像素**。单位面积上像素的个数称为**分辨率**。光栅的像素越小，光栅的密度越高，即单位面积的像素越多，分辨率越高，显示的字符或图形也就越清晰细腻。常用的分辨率有 640×480、800×600、1024×768、1280×1024、1920×1080 等。像素色度的浓淡变化称为**灰度**。一个像素能够显示的颜色数称为**颜色深度**。这些都是显示器的主要指标。显示器必须配置正确的适配器（显示卡），才能构成完整的显示系统。

图 2.16　LCD(LED)显示器外观　　　　　图 2.17　CRT 显示器外观

体现显示效果有两个重要指标：分辨率与刷新频率，CRT 显示器支持多种分辨率与刷新频率，LED 显示器一般只支持一种最佳分辨率与刷新频率。如果显示器不支持显示卡输出的分辨率或刷新频率，那么显示器将显示效果不好(如出现闪屏)或不显示。

① 分辨率。分辨率，又称解析度、解像度。分辨率决定了位图图像细节的精细程度。通常情况下，图像的分辨率越高，所包含的像素就越多，图像就越清晰，印刷的质量也就越好。但这样会增加文件占用的存储空间。描述分辨率的单位有 dpi(点每英寸)、lpi(线每英寸)、ppi(像素每英寸)和 PPD(Pixels Per Degree，角分辨率，像素每度)。从技术角度说，像素一般只存在于计算机显示领域。分辨率和图像的像素有直接关系。我们来算一算，一张分辨率为 640×480 的图片，有 307200 像素，也就是我们常说的 30 万像素，而一张分辨率为 1600×1200 的图片，它的像素就是 200 万。这样，我们就知道，分辨率的两个数字表示的是图片在长和宽上占的点数的单位。一张数码图片的长宽比通常是 4∶3。

② 刷新频率。刷新率是指电子束对屏幕上的图像重复扫描的次数。刷新率越高，所显示的图像(画面)稳定性就越好。刷新率高低将直接决定其价格，但由于刷新率与分辨率两者相互制约，因此只有在高分辨率下达到高刷新率这样的显示器才能称其为性能优秀。

可以这么理解，刷新率就是屏幕每秒画面被刷新的次数，看电影时我们看到的其实是一幅一幅静止的画面，就像放幻灯片。为什么我们感觉画面在动呢？那是因为人的眼睛有视觉停留效应，前一幅画面留在大脑中的印象还没消失，紧接着后一幅画面就跟上来了，而且两幅画面间的差别很小，一个动作要用很多幅画面来显示，这样我们就感觉画面在动了。这种一幅一幅地更换画面，就是在刷新。假设一个动作由 20 张画面完成，我们看上去就有点像动画片，而这个动作增加到 30 张的话，看上去就自然多了，这就是刷新率。

(4) 打印机(Printer)

打印机是计算机输出的一种重要设备，提供用户保存计算机处理的结果。打印机的种类很多，按工作原理可分为击打式打印机和非击打式打印机。目前微型计算机系统中常用的针式打印机(又称为点阵打印机)属于击打式打印机；喷墨打印机和激光打印机属于非击打式打印机。

① 针式打印机打印的字符和图形是以点阵的形式构成的。它的打印头由若干根打印针和驱动电磁铁组成。打印时使相应的针头接触色带击打纸面来完成。目前使用较多

的是 24 针打印机。针式打印机的主要特点是价格便宜,使用方便,但打印速度较慢,噪声大。

② 喷墨打印机是直接将墨水喷到纸上来实现打印。喷墨打印机价格低廉、打印效果较好,较受用户欢迎,但喷墨打印机使用的纸张要求较高,墨盒消耗较快。

③ 激光打印机是激光技术和电子照相技术的复合产物。激光打印机的技术来源于复印机,激光打印机的光源使用的是激光。由于激光光束能聚焦成很细的光点,因此,激光打印机能输出分辨率很高且色彩很好的图形。激光打印机以速度快、分辨率高、无噪音等优势进入微型计算机外设市场,但价格稍高。

④ 其他数码设备:随着计算机硬件技术的不断发展,现在很多家用电器都因内嵌微处理器和存储器而成为新一代的数码产品。这一类数码产品共同特点,可以与计算机进行连接或无线通信,可以与计算机交换数据,或通过计算机进行控制。这些产品由于功能各不相同,与计算机之间的关系也就很难说清,所以我们把它们称为数码设备。常见的有数码摄像机、数码照相机、具有存储和运行功能的手机、MP4 播放器、数码电冰箱、彩电等。这些设备通常以有线(采用 USB、RS232 或 1394 接口)和无线连接两种方式与计算机交换数据。

2.3 计算机信息系统安全基础

2.3.1 计算机信息系统安全的概念

随着人类进入计算机时代,人们对计算机、计算机网络及有关的信息系统的依赖越来越大,这些系统的安全问题也日益突出,有的甚至关系到国家的安全利益,由此也产生了一系列有关的道德与法律问题。我们既然生活在信息社会中,就应该了解一些有关计算机系统安全的法律法规,遵守有关的社会公德。

《中华人民共和国计算机信息安全系统保护条例》第三条规定:"计算机信息系统的安全保护,应当保障计算机及其相关的和配套的设备、设施(含网络)的安全,运行环境的安全,保障信息的安全,保障计算机功能的正常发挥,以维护计算机信息系统的安全运行。"从以上规定可以看出,计算机信息系统的安全不只是通常我们所想的防黑客、防病毒,它还包括一切影响计算机信息系统安全的因素,以及保障计算机及其运行的安全措施。也就是说,水灾、火灾、电磁干扰、盗窃计算机硬件等一系列对计算机信息系统不利的因素,都属于计算机信息系统安全所要考虑的问题。

2.3.2 计算机信息系统安全的范畴

要维护计算机信息系统的安全,首先要知道的是要保护什么? 从哪些方面去保护? 这就是计算机信息系统安全的范畴问题。我们得先了解一下什么是计算机信息系统。在我国《计算机信息安全保护等级划分准则》中对计算机信息系统作了如下定义:"计算机信息系统是由计算机及其相关的配套设备、设施(含网络)构成的,按照一定的应用目标和规则对信息进行采集、加工、存储、传输、检索等处理的人机系统。"根据这一定义,我们可以把计算机信息系统的安全范畴划分为三方面。

1. 计算机信息系统的实体安全

实体安全主要指的是计算机信息系统的硬件安全,包括以下几方面。

① 环境安全:对计算机信息系统所在环境的安全保护,主要包括防火、防水等受灾防护和区域防护。

② 设备安全:对计算机信息系统设备的安全保护,例如设备防盗、防雷击、防电磁泄漏、防线路截获、抗电磁干扰、电源保护等。

③ 媒体安全:对媒体数据和媒体本身即保存数据的外存储器如硬盘、光盘等的安全保护。

2. 计算机信息系统的运行安全

运行安全主要指的是在系统运行过程中可能出现的一些突发事件的处理,包括以下几方面。

① 风险分析:对计算机信息系统进行人工或自动风险分析。

② 审计跟踪:对计算机信息系统进行人工的或自动的审计跟踪、保存审计记录和维护详尽的审计日志。

③ 备份与恢复:对系统设备和系统数据的备份与恢复。

④ 应急:紧急事件或安全事故发生时,保障计算机信息系统继续运行或紧急修复所需软件和应急措施。

3. 计算机信息系统的信息安全

信息安全主要指的是对计算机信息系统的软件进行维护和保障的措施,主要包括以下几方面。

① 操作系统安全:对计算机信息系统的硬件资源有效控制,能够为所管理的资源提供相应的安全保护。

② 数据库安全:对数据库系统所管理的数据和资源提供安全保护。

③ 网络安全:访问网络资源或使用网络服务的安全保护。

④ 计算机病毒防护:对计算机病毒的发现与防护措施。

⑤ 访问控制:保证系统的外部用户或内部用户对系统资源的访问以及对敏感信息的访问方式符合组织安全策略。

⑥ 加密:提供数据加密和密钥管理。

⑦ 鉴别:提供身份鉴别和信息鉴别。

从以上说明的属于计算机信息系统安全范畴的几方面来看,保护计算机信息系统安全并不只是杀毒、备份的问题,而是涉及硬件、软件、规章制度和人员管理等多方面的系统问题。

2.3.3　计算机病毒

常用计算机的人最头疼的就是计算机病毒,一旦计算机染上计算机病毒,经常会导致丢失数据、损坏系统等一系列不愉快的事情发生。为避免这些事情的发生我们一定要了解一些有关计算机病毒的基本知识。

1. 计算机病毒简介及其防治

计算机领域引入"病毒"的概念,是对生物学病毒的一种借用,用以形象地刻画这些"特殊程序"的特征。1994 年 2 月 28 日出台的《中华人民共和国计算机信息系统安全保护条例》中,对病毒的定义如下:"计算机病毒,是指编制或者在计算机程序中插入的破坏计算机功能或者毁坏数据,影响计算机使用,并能自我复制的一组计算机指令或者程序代码。"简单地说,计算机病毒是一种特殊的危害计算机系统的程序,它能在计算机系统中驻留、繁殖和传播,它具有与生物学中病毒某些类似的特征:感染性、潜伏性、破坏性、变异性。

计算机病毒是一种特殊的程序,与其他程序一样可以存储和执行,但它具有其他程序没有的特性。计算机病毒具有以下特性。

① **传播性**:病毒具有利用操作系统或其他网络软件的漏洞把病毒程序自我复制的特性。

② **隐蔽性**:一般的病毒仅有数 KB 左右,这样除了传播快速之外,隐蔽性也极强。部分病毒使用"无进程"技术或插入到某个系统必要的关键进程当中,所以在任务管理器中找不到它的单独运行进程。而病毒自身一旦运行后,就会自己修改自己的文件名并隐藏在某个用户不常去的系统文件夹中,这样的文件夹通常有上千个系统文档,如果凭手工查找很难找到病毒。而病毒在运行前的伪装技术也值得我们关注,将病毒和一个吸引人的文档捆绑合并成一个文档,那么运行正常吸引他的文档时,病毒也在我们的操作系统中悄悄地运行了。

③ **感染性**:某些病毒具有感染性,比如感染中毒用户计算机上的可执行文件,如.exe、.scr、.com 等格式,通过这种方法达到自我复制,对自己生存保护的目的。通常也可以利用网络共享的漏洞,复制并传播给邻近的计算机用户群,使通过路由器上网的邻近计算机或局域网里的多台计算机程序全部受到感染。

④ **潜伏性**:部分病毒有一定的"潜伏期",在特定的日子,如某个节日或者星期几定时爆发。如 1999 年破坏 BIOS 的 CIH 病毒就在每年的 4 月 26 日爆发。如同生物病毒一样,这使计算机病毒可以在爆发之前,以最大幅度散播开去。

⑤ **可激发性**:根据病毒作者的"需求",设置触发病毒攻击的"玄机"。如 CIH 病毒的制作者陈盈豪曾打算"精心"为简体中文版 Windows 系统设计病毒。这种病毒运行后将会主动检测中毒者操作系统的语言,如果发现操作系统语言为简体中文,病毒就会自动对计算机发起攻击,如果不是简体中文版的 Windows,那么即使运行了病毒,病毒也不会对计算机发起攻击或者破坏。

⑥ **表现性**：病毒运行后，如果按照作者的设计，会有一定的表现特征，如 CPU 占用率 100%，在用户无任何操作的情况下读写硬盘或其他磁盘数据，蓝屏死机，鼠标右键无法使用等。但这样明显的表现特征，反倒帮助被感染病毒者发现自己已经感染病毒，并对清除病毒很有帮助，隐蔽性也就不存在了。

⑦ **破坏性**：某些威力强大的病毒，运行后直接格式化用户的硬盘，更为厉害一些的则可以破坏引导扇区以及 BIOS，给硬件造成相当大的破坏。

在使用计算机时，有时会碰到一些莫名其妙的现象，如计算机无缘无故地重新启动，运行某个应用程序突然出现死机，屏幕显示异常，硬盘中的文件或数据丢失等。这些现象有可能是因硬件故障或软件配置不当引起，但多数情况下是计算机病毒引起的。计算机病毒的危害是多方面的，归纳起来，大致可以分成如下几方面：

- 破坏硬盘的主引导扇区，使计算机无法启动。
- 破坏文件中的数据，删除文件。
- 对磁盘或磁盘特定扇区进行格式化，使磁盘中信息丢失。
- 产生垃圾文件，占据磁盘空间，使磁盘空间逐渐减少。
- 占用 CPU 运行时间，使运行效率降低。
- 破坏屏幕正常显示，破坏键盘输入程序，干扰用户操作。
- 破坏计算机网络中的资源，使网络系统瘫痪。
- 破坏系统设置或对系统信息加密，使用户系统紊乱。

2. 计算机病毒的结构与分类

由于计算机病毒是一种特殊程序，因此，病毒程序的结构决定了病毒的传染能力和破坏能力。计算机病毒程序主要包括三部分：一是传染部分（传染模块），是病毒程序的一个重要组成部分，它负责病毒的传染和扩散；二是表现和破坏部分（表现模块或破坏模块），是病毒程序中最关键的部分，它负责病毒的破坏工作；三是触发部分（触发模块），病毒的触发条件是预先由病毒编者设置的，触发程序判断触发条件是否满足，并根据判断结果来控制病毒的传染和破坏动作。触发条件一般由日期、时间、某个特定程序、传染次数等多种形式组成。例如，Jerusalem（黑色星期五）病毒是一种文件型病毒，它的触发条件之一是：如果计算机系统日期是 13 日，并且是星期五，病毒就发作，删除任何一个在计算机上运行的.com 或.exe 格式文件。

计算机病毒的数量很多，当然计算机病毒的种类也五花八门。但通常我们对它一般有以下 4 种分类方法。

① 按感染方式可分为：引导型、一般应用程序型、系统程序型和宏病毒。
② 按寄生方式可分为：操作系统型病毒、外壳型病毒、入侵性病毒、源码型病毒。
③ 按破坏情况可分为：良性病毒、恶性病毒。
④ 按病毒结构原理分为：木马程序、僵尸网络、蠕虫病毒、脚本病毒、文件型病毒、破坏性程序和宏病毒。

下面对各种类型的病毒进行简单解释。

- **引导型病毒**：在系统启动、引导或运行的过程中，病毒利用系统扇区及相关功能的疏漏,直接或间接地修改扇区,实现直接或间接地传染、侵害或驻留等功能。

- **一般应用程序型病毒**:这种病毒感染应用程序,使用户无法正常使用该程序或直接破坏系统和数据。
- **操作系统型病毒**:这是最常见且危害最大的病毒。这类病毒把自身贴附到一个或多个操作系统模块或系统设备驱动程序或一些高级的编译程序中,保持主动监视系统的运行,用户一旦调用这些系统软件时,即实施感染和破坏。
- **宏病毒**:该病毒一般把自身附在非应用程序的数据文件或文档文件上,当用户使用该文件时病毒发作。
- **外壳型病毒**:此病毒把自己隐藏在主程序的周围,一般情况下不对原程序进行修改。微型计算机许多病毒采取这种外围方式传播的。
- **入侵型病毒**:将自身插入到感染的目标程序中,使病毒程序和目标程序成为一体。这类病毒的数量不多,但破坏力极大,而且很难检测,有时即使查出病毒并将其杀除,但被感染的程序已被破坏,无法使用了。
- **源码型病毒**:该病毒在源程序被编译之前,隐藏在用高级语言编写的源程序中,随源程序一起被编译成目标代码。
- **良性病毒**:该病毒发作方式往往是显示信息、奏乐、发出声响。对计算机系统的影响不大,破坏较小,但会干扰计算机正常工作。
- **恶性病毒**:此类病毒干扰计算机运行,使系统变慢、死机、无法打印等。极恶性病毒会导致系统崩溃、无法启动,其采用的手段通常是删除系统文件、破坏系统配置等。毁灭性病毒对于用户来说是最可怕的,它通过破坏硬盘分区表、FAT 区、引导记录、删除数据文件等行为使用户的数据受损,如果没有做好备份则将受损失。
- **木马程序**:一般也称为远程监控软件,一旦木马连通,木马的拥有者可以得到远程计算机的全部操作权限,操作远程计算机与操作自己计算机没什么大的区别,这类程序可以监视被控用户的摄像头与截取密码。
- **僵尸网络**:是一种远程控制软件。用户一旦中毒,就会成为"僵尸"或被称为"肉鸡",成为黑客手中的"机器人",通常黑客或脚本小孩(Script Kids)可以利用数以万计的"丧尸"发送大量伪造包或者是垃圾数据包对预定目标进行拒绝服务攻击,造成被攻击目标瘫痪。
- **蠕虫病毒**:蠕虫病毒属于漏洞利用类病毒,也是我们最熟知的病毒,经常在全世界范围内大规模爆发的就是它了。如针对旧版本未打补丁的 Windows XP 的冲击波病毒和震荡波病毒。有时与僵尸网络配合,主要使用缓存溢出技术。
- **脚本病毒**:脚本病毒通常是 Java Script 或 VB Script 代码编写的恶意代码,一般带有广告性质,会修改 IE 首页、修改注册表等信息,造成用户使用计算机不方便。
- **文件型病毒**:文件型病毒通常寄居于可执行文件(扩展名为.exe 或.com 的文件),当被感染的文件被运行,病毒便开始破坏计算机。
- **破坏性程序病毒**:破坏性程序病毒的前缀通常是 Harm。这类病毒的特性是本身具有好看的图标,用于诱惑用户单击,当用户单击病毒时,病毒便会直接对用户计算机产生破坏。如格式化 C 盘(Harm.formatC.f)、杀手命令(Harm.Command.

Killer)等病毒。

- **宏病毒**：宏病毒是一种寄存在文档或模板的宏中的计算机病毒。一旦打开这样的文档，其中的宏就会被执行，于是宏病毒就会被激活，转移到计算机上，并驻留在 Normal 模板上。从此以后，所有自动保存的文档都会"感染"上这种宏病毒，而且如果其他用户打开了感染病毒的文档，宏病毒又会转移到他的计算机上。宏病毒的感染对象为 Microsoft 开发的办公系列软件。Microsoft Word、Excel 这些办公软件本身支持运行可进行某些文档操作的命令，所以也被 Office 文档中含有恶意的宏病毒所利用。

3. 计算机病毒的预防

计算机病毒及反病毒是两种以软件编程技术为基础的技术，它们的发展是交替进行的，因此，对计算机病毒以预防为生，防止病毒的入侵要比病毒入侵后再去发现和排除要好得多。常用的方法如下。

① 采用抗病毒的硬件。目前国内商品化的防病毒卡已有很多种，但是大部分病毒防护卡采用识别病毒特征和监视中断向量的方法，因而不可避免地存在两个缺点：一是只能防护已知的计算机病毒，面对新出现的病毒无能为力；二是发现可疑的操作，如修改中断向量时，频频出现突然中止用户程序的正常操作，在屏幕上显示出一些问题让用户回答的情况。这不但破坏了用户程序的正常显示画面，而且由于一般用户不熟悉系统内部操作的细节，这些问题往往很难回答，一旦回答错误，不是放过计算机病毒就是使自己的程序在执行中出现错误。

② 加强机房安全措施。实践证明，计算机机房采用了严密的机房管理制度，可以有效地防止病毒入侵。机房安全措施的目的，主要是切断外来计算机病毒的入侵途径。这些措施主要有以下几方面。

- 定期检查硬盘及所用到的便携式存储器，及时发现病毒，消除病毒。
- 慎用公用软件和共享软件。
- 为系统盘和文件加写保护。
- 不用外来磁盘引导机器。
- 不要在系统盘上存放用户的数据和程序。
- 保存所有的重要软件的复制件，主要数据要经常备份。
- 新引进的软件必须确认不带病毒方可使用。
- 教育机房工作人员严格遵守制度，不准留病毒样品，防止有意或无意扩散病毒。
- 对于网络上的机器，除上述注意事项外，还要注意尽量限制网络中程序的交换。

③ 社会措施。计算机病毒具有很大的社会危害，它已引起社会各领域及政府部门的注意，为了防止病毒传播，应当成立跨地区、跨行业的计算机病毒防治协会，密切监视病毒疫情，搜集病毒样品，组织人力、物力研制解毒、免疫软件，使防治病毒的方法比病毒传播得更快。

为了减少新病毒出现的可能性，国家应当制定有关计算机病毒的法律，认定制造和有意传播计算机病毒为严重犯罪行为。同时，应教育软件人员和计算机爱好者认识到病毒的危害性,加强自身的社会责任感,不从事制造和改造计算机病毒的犯罪行为。

4. 常用杀毒软件简介

检查和清除病毒的一种有效方法是使用各种防治病毒的软件。一般来说,无论是国外还是国内的杀毒软件,都能够不同程度地解决一些问题,但任何一种杀毒软件都不可能解决所有问题。我国病毒的清查技术已成熟,市场上已出现的世界领先水平的杀毒软件有金山毒霸系列杀毒软件、瑞星系列杀毒软件和 360 系列杀毒软件等。国外杀毒软件有 Norton 公司的 Norton Antivirus、Avast 软件公司的 Avast! 系列软件、McAffe 实验室的 McAfee Virus Scan 系列软件、F-Secure 公司的 F-Secure Anti-Virus 系列软件、PC-Cillin 公司的 PC-Cillin 系列软件、Panda 公司的 Panda Antivirus 系列软件等。

2.3.4　计算机道德与计算机使用注意事项

随着计算机与网络的飞速发展,以数字化的方式生存已成为通向未来的必经之路,人们通过网络来进行学习、工作、通信、经营、购物等各种各样的社会活动。通过网络,人们除了可以获得更加丰富多彩的信息,实现更高的效率外,更是体会到了一种前所未有的自由,然而正是这种自由也使不少人丧失了现实的道德约束,在网上为所欲为。计算机犯罪、利用计算机诈骗等一系列计算机道德败坏的事情时有发生,这使我们不得不认真对待这一问题。

我国《公民道德建设实施纲要》指出:"计算机互联网作为开放式信息传播和交流工具,是思想道德建设的新阵地。要加大网上正面宣传和管理工作的力度,鼓励发布进步、健康、有益的信息,防止反动、迷信、淫秽、庸俗等不良的内容通过网络传播。要引导网络机构和广大网民增强网络道德意识,共同建设网络文明。"

大学生作为接受新观念、新思想和新知识的一个特殊群体,网络既为他们发展带来了新的机遇,为他们成长成才提供了有利的条件,同时也给他们带来不容忽视的负面影响,使一部分大学生在网络中消极沉沦,甚至误入歧途。这些负面影响主要有以下几方面。

① 互联网打破了地域的界限,可以在网上看到各种各样的价值观念、生活方式和意识形态以及不健康的内容,这对正处于形成世界观和人生观的关键时期的大学生造成极大的影响,如受到错误的信息影响,轻者会有错误的价值取向,严重的还可能会走向违法犯罪的深渊。

② 互联网淡化了人与人之间的交流。在网络中人们的交往往往是人机对话或以计算机为中介的交流,人们终日与计算机打交道,长期处于虚拟空间而缺乏有感情的人际交往,容易使人们趋向于孤立、自私和非社会化。当前,有部分学生因为在网上聊天占据了大部分时间,而现实生活的与人交流少之又少,长此以往,造成了对现实的不适应和不能融合。也有部分学生沉迷于网络游戏,难以自拔,造成成绩下降甚至学业荒废。

③ 互联网的开放性和安全漏洞为网络犯罪提供了可能。在网络的使用中,有的大学生为了成为所谓的高手,效仿"黑客",利用技术对重要网站进行攻击,还有的人为了炫耀,编制病毒在网上传播。1998 年 24 岁的陈盈豪编制了 CIH 病毒,CIH 病毒在每年的 4 月

26 日发作,估计全球有 6000 万台计算机受到破坏。

为了避免使用网络所带来的这些负面影响,我们要在网络使用中树立正确的道德规范,请记住以下的这 10 条戒律(选自 *The Computer Ethic Institute*):

① 不使用计算机对他人造成伤害。

② 不侵犯他人的计算机网络。

③ 不窥探他人的计算机文件。

④ 不使用计算机盗窃。

⑤ 不使用计算机作伪证。

⑥ 不复制或使用没有付费的有产权的软件。

⑦ 在没有经过允许或者没有适当补偿的情况下,不使用他人的计算机资源。

⑧ 不盗用他人的智力成果。

⑨ 考虑到所编写的程序或所设计的系统所产生的社会后果。

⑩ 始终以体谅和尊敬同事的态度使用计算机。

2.4 思政篇——我国 IT 业中的名人轶事

在计算机科学的诞生、发展过程中,世界各国中都涌现出了很多杰出的科学家和先驱,他们开时代先河,为计算机科学在社会各个方面的应用做出了跨时代的贡献。我国也同样有很多这样的科技巨人。

如我国的王选院士,首先研制成功新中国第一个中文信息处理系统——汉字信息处理与激光照排系统,被称为“激光照排之父”。再如“王码五笔字型”发明者王永民。他发明的五笔字型,开创了计算机汉字输入的新纪元,被称为“把中国带入信息时代的人”。

他们的研发历程不仅体现了我国劳动人民对工作“吃苦耐劳,艰苦奋斗”的作风,也体现了我国学者勇于创新、淡泊名利、甘为人梯、无私奉献的科学家精神。

2.4.1 激光照排之父——王选

王选院士是我国著名的计算机应用专家,主要致力于文字、图形、图像的计算机处理研究,1958 年参与北京大学自主开发的中型计算机“红旗机”的研制工作。1961 年,他开始从事软、硬件相结合的研究,探索软件对未来计算机体系结构的影响。1964 年承担了我国较早的高级语言编译系统——DJS21 机的 ALGOL60 编译系统的研制。1975 年开始主持我国计算机汉字激光照排系统和以后的电子出版系统的研究开发,跨越当时日本的光机式二代机和欧美的阴极射线管式三代机阶段,开创性地研制当时国外尚无商品的第四代激光照排系统,针对汉字印刷的特点和难点,发明了高分辨率字形的高倍率信息压缩技术和高速复原方法,率先设计出相应的专用芯片,在世界上首次使用控制信息(参数)描述笔画特性的方法,获一项欧洲专利和八项中国专利。这些成果的产业化和应用,占领了国内 99% 的报业市场、90% 的书刊(黑白)市场以及海外 90% 的华文报业市场,使延续上百年的中国传统出版印刷行业得到彻底改造,被公认为"毕昇发明活字印刷术后中国印刷技术的第二次革命",也为信息时代汉字和中华民族文化的传播与发展创造了条件。

此后,王选院士又相继提出并领导研制了大屏幕中文报纸编排系统、远程传版技术、彩色中文激光照排系统、新闻采编流程管理系统和直接制版系统等,这些成果达到国际先进水平,在国内外得到迅速推广应用,使中国报业技术和应用水平处于世界前列,创造了极大的经济效益和社会效益,成为我国自主创新和用高新技术改造传统行业的典范。

王选院士一生勇于创新、淡泊名利、甘为人梯、无私奉献,为广大知识分子树立了光辉的榜样,赢得了祖国和人民的高度评价与广泛赞誉。其成果两次获国家科技进步一等奖,两次被评为中国十大科技成就。王选院士因此获联合国教科文组织科学奖、日内瓦国际发明展览会金牌、首届毕昇奖、首届中国专利发明创造金奖、陈嘉庚技术科学奖、何梁何利科学与技术进步奖、美国中国工程师学会个人成就奖、中国台湾潘文渊文教基金奖、香港蒋氏科技成就奖等,并多次被授予全国劳模、全国先进工作者、首都楷模、首都精神文明建设奖等光荣称号。2002 年初,鉴于王选院士在科技领域做出的杰出贡献,国务院隆重授予他 2001 年度国家最高科学技术奖。

王选精神,可以有很多不同角度的解读。"大家不为眼前名利所诱惑,艰苦奋斗、持续创新。"是陈堃銶(王选夫人)心中的王选精神。北京大学校长郝平认为"王选团队引领时代变革的光辉历程,彰显了百折不挠的奉献精神、永不止步的创新精神、细致踏实的工匠精神、决战市场的开拓精神、协作攻关的团队精神、甘为人梯的大师精神、淡泊名利的大家精神、挑战生命的超凡精神等"。

我们希望广大大学生以王选院士为榜样,摒弃浮躁,拒绝平庸,脚踏实地,追求卓越,做出更多根本性、原创性的成果。我们的时代是一个需要英雄的时代,是一个需要王选精神的时代,要在全社会弘扬科学精神,创造更好的科学文化和科技成长的土壤。

2.4.2 推动汉字信息化的王永民

王永民(见图 2.18)是"王码五笔字型"发明者。他是一个学者,一个发明家,也是一个公司的管理者。他发明的五笔字型,开创了计算机汉字输入的新纪元,他是"把中国带入信息时代的人"。

王永民 1962 年参加高考时,以南阳地区第一名的成绩考入中国科技大学无线电电子学专业,给他上课的老师有华罗庚、严济慈、钱学森、马大猷等人。王永民在中国科技大学的 6 年里,聆听了老一代科学家的教诲,养成了科学家严谨的思维习惯和认真态度,同时他还具备了传统知识分子的爱国精神与忧患意识,兼具发明家的头脑和文人的情怀。

他认为,在计算机和手机上用拼音输入汉字,实际上是在"用拼音代替汉字"。长此以往,必然使越来越多的人提笔忘字,甚至不会写字,使报纸、书籍、电视屏幕上的错别字越来越多。他认为,造成这一严重危机的根源,就是人们把"拼音字母"当成了思维和书写的载体,而汉字的灵魂即笔画和结构,却蜕变成了汉字的"第二层衣服",亦即成了"拼音字母"的衣服。这种主客易位、本末倒置的做法,是对汉字的自我疏远。

于是,王永民踏上了把汉字输入计算机的艰难历程。他把 12000 个汉字逐一手动分

图 2.18　王永民(前排右一)为中国科技大学教授介绍五笔字型输入法

解,整理成 12 万张卡片,卡片堆叠起来足足有十几米高。通过分解,他梳理出 600 个字根。但 600 个字根,就需要 600 个键。王永民又开始一一合并删减。每减少一个字根,王永民就得把国家标准的 7000 多个汉字重新编码并多次检查,而每压缩一个键位,都需把之前排好的字根组合推倒重来。

汉字输入,是一个涉及语言文字学、计算机科学、人机工程学、心理学、概率论等多种学科的交叉学科。字根在键盘上排列组合需要符合相容性、规律性和协调性三原理,比方说,协调性原理,就是在输入汉字时,左右手每个手指的负荷量,都得经过严格的实验,"能干的"食指负担要重些,而"无能的"小指负担要轻些,这样才能保证打字时不累,越打越快。

1982 年隆冬,王永民带着优化了的 36 键方案,来到河北保定华北终端厂上机试验。那年的冬天格外冷,从小吃店端出的粥,到马路对面已经全结成了冰碴,王永民的心里却像烧着一团火一般。40 多天后,经过一次次编写程序、调试,当王永民用键盘通过自己的编码把汉字敲进计算机的时候,眼泪涌了出来。

不过,试验成功没两天,王永民就做出了一个让所有人认为他"疯了"的决定——"放弃 36 键,做 25 键"。在大家看来,36 键方案在国内已经是开天辟地头一个了。可王永民就是杠上了——他在试验中发现,36 键方案因为字根占用了数字键,输入数字时需要切换,有些麻烦,难以实现高速盲打。

寒冬里,他把自己关在小旅馆里七天七夜没怎么出门,反复试验,他终于发明了一种叫"末笔字型识别码"的方法,把 36 键方案成功升级为 25 键方案,完成了世界上汉字输入技术的"登顶一跳",实现了用原装键盘一个螺丝钉也不动就能盲打汉字的梦想。这就是后来流行的五笔字型输入法。

138 键、90 键、75 键、62 键……拿着政府 3000 元的经费,每天只能啃烧饼度日,王永民一干就是 4 年。这位至今仍自称是"一介书生、半个农民"的名人,始终关注着信息时代的汉字命运,并将毕生精力和智慧献给了汉字产业。

习　题

2.1 简要说明什么是进制？什么是二进制、八进制、十六进制？

2.2 一个完整的计算机系统由哪些部分构成？各部分之间关系如何？

2.3 分别把下面的十进制数据转换为相应的二进制、八进制、十六进制：

25,36.8,245.75,160,324,156,0.68,84,220,34.34

2.4 分别写出下面十进制数的原码、反码和补码：

25,−35,−50,−128,0,−80

2.5 简要说明计算机中的汉字编码方法。

2.6 简要说明键盘的布局。

2.7 计算机安全包括哪些内容？

2.8 什么是计算机病毒？计算机病毒有哪些特征？怎样分类？

2.9 什么是蠕虫病毒？蠕虫病毒有哪些特点？

2.10 宏病毒和脚本病毒有什么区别？

第 3 章 操 作 系 统

计算机只有在软件和硬件结合起来时才可以完成某种应用。但在纯粹的计算机硬件上,无论程序设计人员设计应用程序,还是普通用户使用应用程序都是非常困难的,这样造成的后果就是计算机的工作效率低下,使用范围受到极大限制,因此需要在计算机上安装操作系统。操作系统在一定程度上代表了计算机技术的发展。由于它是直接安装在计算机硬件设备上的一种基础软件,是其他软件得以使用的前提和支持,所以在计算机科学领域里,操作系统具有举足轻重的基础作用。

3.1 操作系统概述

3.1.1 操作系统的分类发展

当计算机刚被发明出来时人们没有操作系统的概念,那时处理程序全靠工作人员手动设置开关和按键来完成。当有了冯·诺依曼的存储程序思想后,操作系统也就顺理成章地被提出来,并逐渐发展。到现在为止,操作系统已经经历了单道批处理系统、多道批处理系统、分时系统、实时系统、微型计算机操作系统、网络操作系统等几个发展过程。

1. 无操作系统时代

第一代计算机的大部分产品是没有操作系统的。整个计算机在人工操作的情况下,用户一个挨一个地轮流使用计算机。每个用户使用过程大致如下:先把手编的机器语言程序(二进制代码序列)穿成纸带或卡片,装到输入机上,然后将程序和数据输入到计算机,接着通过命令行开关启动程序运行。待计算完毕,用户拿走打印结果并卸下纸带或卡片。在这个过程中,装纸带、控制程序运行、卸纸带等操作都由人工完成。这样操作在早期的计算机中是可以容忍的,因为计算机本身计算所花时间要比这些工作所花时间多得多。到了晶体管时代,计算机硬件设备的性能以几十倍甚至上百倍的速度提高,使得手工操作的慢速与计算机运算的快速之间的矛盾成为不得不解决的问题。于是人们开始寻求不用人工干预就能实现计算的方法。这样就出现了成批处理的理论,批处理系统也就随之诞生了。

2. 单道批处理系统

单道批处理系统出现于20世纪50年代中期,它与晶体管计算机的出现相对应。其原理就是为了充分利用昂贵的计算机硬件资源,尽量减少人的干预,设计一个专门管理和调度用户作业且独立于用户程序的程序,这个程序称为监督程序。在计算机启动时首先装入监督程序,然后利用监督程序来管理和调度用户作业。这里的用户作业指的是用户要求计算机完成的工作(用户需要完成的程序)和运行用户程序的步骤,换句话说,就是用户程序和所需数据及运行用户程序的操作命令的集合。在单道批处理系统中,程序员只需把写有程序的磁带交给计算机管理员,由计算机管理员统一把写好的若干用户的作业排队输入计算机,然后启动计算机,计算机就在监督程序的控制下按照输入的顺序和先进先出的原则对各个作业分别计算并输出结果。在运算过程中,监督程序首先从作业队列中取出一个作业,然后把这个作业调入内存,最后把控制权交给用户程序,由计算机运行用户程序,用户程序运行结束后再把控制权交还给监督程序,监督程序再次运行调入下一个作业,并运行该作业。如此反复运行,直到所有作业都运行完毕为止。由于这种处理方式对作业是成批处理的,并且不管在什么时候内存中只保持一道作业,所以称为单道批处理系统。

单道批处理系统解决了每个作业在提交时所造成的硬件资源浪费,在一定程度上提高了计算机的使用效率。

3. 多道批处理系统

在计算机处理作业的程序时,时间消耗主要是CPU处理数据所用的时间和数据输入输出所用的时间。由于输入输出设备的速度比CPU的速度慢很多,这就造成在单道批处理系统中,CPU经常要处在闲置状态以等待输入输出设备把数据输入或输出。为解决这一问题。在20世纪60年代出现了多道批处理系统。

多道批处理系统的核心是一个调度程序,该调度程序每次把若干个作业从作业队列中调入内存,并选择一个作业,将CPU资源分配给它,让它开始运行。若当前正在处理的作业要进行输入输出操作时,就释放对CPU资源的占有权,调度程序则再从其他调入内存的程序中重新选择一个作业来运行。这样在作业程序进行输入输出操作时CPU也不会闲置。这种系统由于在某一时段,CPU可同时处理多个作业,所以称为多道批处理系统。

4. 分时系统

多道批处理系统只适合运行与用户交互很少的作业程序。交互是指作业程序在运行时与用户之间的数据输入与数据输出的过程,也称为人机交互。对于人机交互较多的作业程序来说,多道批处理系统的效率并不是很高。于是在20世纪60年代末期出现了分时系统。

分时系统的原理是把CPU的使用时间分成非常短的时间片,多个用户的程序可同时驻留在内存中,当轮到某个用户的程序使用CPU时,该程序能在限定的时间片内运行。当用户的时间片用完时,操作系统就暂停该用户程序的运行,并按某种策略调出内存中的另一个用户程序开始运行。直到下一次该用户获得时间片后,他的程序才可以继续运行,如此轮换直到程序运行结束。

分时系统可以方便地为人机交互频繁的程序提供服务,当一个用户与计算机交互时不会独占CPU,使其能够为其他用户服务,这样就大大提高了CPU的使用率。另外,由于CPU运算速度很快,时间片很短,使得每个用户都感觉不出等待时间。对于程序员来说,他们就像独自操纵计算机一样。一般来说,一个具有分时系统的计算机都会有很多终端供用户使用,如图3.1所示。

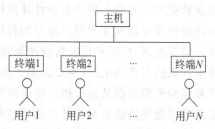

图 3.1　多终端的计算机系统

5. 实时系统

虽然多道批处理和分时系统能获得较为令人满意的资源利用率和用户响应时间,但计算机系统仍不能满足一些实时控制的要求。实时控制是指把计算机系统应用于生产过程的控制、航天测控系统、生产线的测控系统等方面。这种应用要求计算机系统对所控制的参数变化及时采集,并且要马上做出正确的调整控制。为解决这一问题,20世纪70年代初期出现了实时系统。

实时系统为保证数据处理的及时,一般都采用及时性和稳定性很高的计算机系统,并且有多个备份,以免一个系统崩溃后整个实时系统都瘫痪。

6. 微型计算机操作系统

自从IBM公司的第一台PC诞生后,微型计算机技术有了很快的发展,与它相对应的微型计算机操作系统也迅速发展起来,从单任务、单用户的DOS逐渐发展到多用户、多任务并且具有图形界面的Windows,功能也逐渐完善,已经成为当今个人用户所使用的主流操作系统。

7. 网络操作系统

随着计算机网络的迅速发展,一种主要用在网络服务器上,为其他用户提供各种服务的多用户、多任务的操作系统逐渐发展完善起来,这就是网络操作系统。网络操作系统的主要任务是管理网络传输,以及对网络用户的权限管理,使用户能够透明地共享网络的资源,如 Novell 公司的 NetWare、微软公司的 Windows Server、SCO 公司的 SCO UNIX 等。

8. 其他操作系统

随着计算机硬件和软件技术的发展,为了满足各个领域更高的需求,从20世纪70年代中期至今,又发展出许多新操作系统,如并行操作系统、分布式操作系统和嵌入式操作系统等。这些操作系统可以支持复杂应用环境下的系统管理和软件运行。

从 20 世纪 50 年代中期第一个操作系统问世至今,几十年来操作系统取得了重大进展。总结操作系统的发展过程可以看出,推动操作系统发展的主要有以下几个因素。

- 提高计算机资源利用率的需要。每种系统的推出都在一定程度上提高了硬件资源的利用率。
- 方便用户使用的需要。每种系统的推出都进一步简化用户的使用和操作。比如从命令行界面的 DOS 到图形界面的 Windows 的变革。
- 适应不断扩大和增加的新应用方式和应用领域的需要。计算机在每种新领域里使用都会催生出与它相适应的操作系统。例如,计算机的平民化使得微型计算机操作系统的出现,工业生产的计算机化使得实时系统的出现等。

硬件技术的不断发展刺激了操作系统的不断变革。一方面,操作系统的发展需要硬件技术发展作为基础;另一方面,硬件和计算机体系结构的不断发展,也要求不断推出新的操作系统来有效地管理这些性能发生变化的硬件。比如,网络的迅速发展促使了网络操作系统和分布式操作系统的诞生和发展等。

3.1.2 常用的操作系统

随着计算机硬件设备的长足发展,现在人们使用的计算机除了大型机、中小型计算机和 PC 以外,还广泛使用一些智能设备,如智能手机、平板电脑等。这些设备由于具有不同的硬件结构,导致安装在这些设备上面的操作系统也互不相同。典型的有大型计算机和中小型计算机中使用的 UNIX 系统,PC 上常用的 Windows 和 MacOS 系列操作系统,智能手机和平板电脑上常用的 Android、iOS、Symbian 和 Windows Phone 等。

其中大型、中型和小型计算机的操作系统通常是由计算机硬件的生产厂商在用户购买相应的计算机硬件时,作为产品的一部分由计算机生产厂商提供给用户。这些操作系统名称各异,但基本上均是以 UNIX 操作系统为原型开发的,且针对各自厂商所设计的计算机硬件芯片和微命令,做了一定程度的优化后开发出来的专门用于那些计算机设备的系统。

对于用在工业生产线上的工控机,由于这些设备的工作环境恶劣,工作时间长,需要完成的功能相对单一,所以在工控机上使用的操作系统通常有实时性、高可靠性和占用存储空间小等一系列要求。为了满足这些要求,在工控机上使用的操作系统通常是一些命令行界面的操作系统的简化版,如早期的 51 系列单片机用在核心的工控机中,常常使用 DOS 操作系统的核心程序再辅以一些相应的应用程序作为工控机的操作系统,现在的工控机中逐渐使用 FreeBSD 系统的核心再辅以一些应用程序作为相应工控机上所使用的操作系统。

手机和平板电脑在近年大行其道,因其重量轻、上网方便、易携带等特点,大有取代低端个人计算机和低端笔记本电脑的趋势。手机和平板电脑上使用的操作系统需要稳定,系统所占存储空间较少,对硬件要求低等特点。由于这部分产品的市场需求极大,所以各个生产厂商纷纷在推出自己的智能手机或平板电脑产品时,同步推出了与之相符的操作系统。其中尤以 Windows Phone、iOS 和 Android 表现抢眼。下面我们分别介绍一下这些手机操作系统。

1. Windows Phone

Windows Phone 是微软公司推出的用于移动设备的操作系统。在此之前微软公司投入了很大精力在手机操作系统上,并想有所作为,从 Windows CE、Windows Mobile 一直到 Windows Phone,但情况一直不太好,从来没有达到微软公司期望的市场份额,甚至未来有被挤垮的危险。出现这样的情况,最重要的一点,微软公司在手机操作系统上,一直没有形成突破性的思维,而是沿袭了 Windows 的思路,一方面这个系统臃肿,用户体验不好;另一方面在用户界面的设计上,还是 Windows 多层菜单式,这完全不符合手机的特点。这可以说微软公司没有创新,只有守旧。Windows Phone 可圈点之处,就是与 PC 的同步非常强大,也比较方便。

2. iOS

iOS 是苹果公司专门为苹果系列产品开发的操作系统。它是基于 Linux 操作系统为智能手机专门开发的。它无论是在外观和设计,还是在操作系统效率和用户界面上都具有很多创新。我们都知道,iPhone 产品的硬件配置都不高,尤其是 CPU,无法与现在高端智能手机相比,但是它的稳定性和反应速度,却比非常多的智能手机要好。其中的道理就在于操作系统,这是一个架构简单、反应速度快、稳定性高的系统,它的出现,使智能手机操作的体验和感受发生了质的变化。它的用户界面设计也革命性地打破了菜单与层级,用平铺式的多屏设计,把每一个应用都平铺在用户的面前,让用户能以最快的速度找到自己喜欢的应用。应该说,到目前为止,对于智能手机的理解,还是 iPhone 系统做得较好。iPhone 最大的问题,就是 iPhone 系统是一个封闭的系统,只有苹果自己用这个产品,支持的手机非常少。

3. Android

Android 已经成为当前移动设备操作系统中的霸主,在智能手机和平板电脑市场上稳稳地站在第一的位置。这是一个充满了潜力的操作系统。首先,这是一个为智能手机开发的操作系统;其次,它是没有带着旧的思维定式的操作系统;最后,它是一个开放的操作系统。Android 系统具有架构简洁,用户界面设计友好等特点,它基本采用了平铺式的结构,而不是采用层级菜单。它的核心开发者 Google 公司并不是手机制造商,这使Android 系统兼容性更好,手机厂商使用这个系统,不会有心理上的压力。

总体来说,由于操作系统作为计算机硬件系统的第一层扩充,是与硬件结构和型号息息相关的,但由于几乎全部的计算机和智能设备所采用的硬件体系结构均没有超出冯·诺伊曼体系结构的范畴,所以虽然不同设备所使用的操作系统有所不同,但大体结构仍然具有很多相通之处,比如,都有文件管理模块、进程管理模块和界面等。

3.1.3 操作系统的功能

操作系统之所以能作为各种计算机必须配置的最基本的系统软件,主要是因为它的功能。操作系统是以提高系统资源利用率和方便用户使用为其最高目标。也就是说,操作系统的功能主要有两大部分,硬件资源的管理,以及软件和用户接口界面的管理。为此它的首要任务就是调度、分配系统资源,管理各个设备使之能够正常高效地运转,另外还要为用户提供一个友好的操作界面,使用户可以方便快捷地操作计算机。为达到这一目的,操作系统主要从以下 4 方面功能来设计。

1. 处理机的管理

处理机管理的核心是解决如何合理利用处理机时间和资源,使其最大限度地发挥作用,完成作业和进程。

① 处理机:是计算机系统中能够独立处理程序作业或进程的硬件资源的总和。它一般包括 CPU 和部分存储器。

② 作业:是用户提交给计算机系统的独立运行单位,它由用户程序(系统程序)及其所需的相关数据和命令组成。

③ 进程:指一个程序(或程序段)在给定的工作空间和数据集合上的一次执行过程。它是操作系统进行资源分配和调度的一个独立单位。

总体来说,计算机操作系统的处理机的主要任务是,高效地完成进程控制、进程同步、进程间的通信、作业调度和进程调度等功能。

2. 存储器的管理

存储器的管理对象是主存储器。存储器管理的主要任务是为多道程序的运行提供良好的环境,方便用户使用存储器,提高存储器的利用率以及能从逻辑上扩充内存。为此,存储器管理应具有内存分配、内存保护、地址映射和内存扩充等功能。

3. 设备管理

设备管理用于管理计算机系统中的所有外围设备,其主要任务是:完成用户进程提出的 I/O 请求;为用户进程分配其所需的 I/O 设备;提高 CPU 和 I/O 设备的利用率;提高 I/O 速度;方便用户使用 I/O 设备。为实现上述任务,设备管理应具有缓冲管理、设备分配和设备处理以及虚拟设备等功能。

4. 文件管理

在现代计算机管理中,总是把程序和数据以文件的形式存储在磁盘和磁带上,供所有的或指定的用户使用。为此,在操作系统中必须配置文件管理机构。文件管理的主要任务是对用户文件和系统文件进行管理,以方便用户使用,并保证文件的安全性。为此,文件管理应具有对文件存储空间的管理、目录管理、文件的读/写管理,以及文件的共享与保护等功能。

3.2 文件、目录及路径

3.2.1 文件

1. 文件

文件是指用统一的名字命名的一个相关数据的集合。文件包含文件名和文件内容两部分。文件名是操作系统访问和检索文件的标识,文件内容包含文件中的所有数据。

2. 文件名

每个文件都有一个名称,称为文件名,文件名一般由主文件名和扩展名两部分组成,主文件名和扩展名之间由分隔符句点"."分隔开。其中主文件名就像我们的名字,而扩展名就像我们的姓,它主要表示文件的类型。比如 ABC.exe 就是一个合法的文件名,其中 ABC 是主文件名,exe 是扩展名。

文件的命名规则:通常,不同种类的操作系统,其文件的命名规则也不尽相同,但大部分的操作系统都支持长文件名命名法,即主文件名和扩展名可以由中文、英文和特殊符号等任意字符构成,只要其中不包含少量的系统保留符号(如/、\、:、*、?、"、<、>、|等)就可以了。Windows 10 的文件名(包含文件名所在的路径)最长可以由 255 个字符组成,并且文件名中可以使用多个分隔符".",文件名中可以使用空格,如"a.doc""123.张三""china.shang hai.shen yang"都是合法的文件名。由于扩展名用来表示文件的类型,所以我们一般都采用一些约定俗成的字符组合来作为文件的扩展名。这些扩展名已经在全世界广泛使用多年。表 3.1 列出了一些常用文件的扩展名,当我们使用他人的文件时,通过扩展名就很容易知道使用什么程序才能打开该文件。

表 3.1 文件扩展名类型表

文 件 类 型	扩展名	文 件 类 型	扩展名	文 件 类 型	扩展名
文档文件	docx	DBase 数据文件	dbf	Flash 动画文件	swf
应用程序文件	exe	数据库文件	dbc	数据文件	dat
命令文件	com	日志文件	log	视频文件	avi
文本文件	txt	Java 程序文件	java	MP3 音乐文件	mp3
C 程序文件	c	Java 编译后字节码文件	class	图标文件	ico
演示文稿文件	pptx	目标文件	obj	压缩图片文件	jpg
工作簿文件	xlsx	汇编语言程序	asm	网页文件	html

值得注意的是,文件的扩展名仅仅是表示文件的类型,而不能决定文件的类型。也就是说,一个扩展名为 docx 的文档文件,并不是只要把扩展名改为 avi 就会变成视频文件。

实际上,决定文件类型的是创建文件的软件和文件中数据的存储格式。只有通过适当的软件把文件内容的存储格式更改为其他的类型,文件的类型才会改变。

3. 文件的属性

每个文件都具有自己的特征,我们称其为文件的属性。不同的操作系统定义的文件属性会稍有不同,常见的文件属性如下。

① **类型**:可以从不同的角度来规定文件的类型,如源文件、目标文件及可执行文件等。

② **长度**:文件长度指文件在外存储器中所占存储空间的大小,长度的单位通常是字节。

③ **创建时间**:指文件创建的时间。

④ **修改时间**:这是指文件最后一次的修改时间等。

⑤ **只读**:指文件是否只能读取和使用,而不能修改。

⑥ **隐藏**:指文件在文件系统中是否能被普通用户看到。

4. 文件的基本操作

① **创建文件**:在创建一个新文件时,系统首先要为新文件分配必要的外存空间,并在文件系统的目录中,为之建立一个目录项。目录项中应记录新文件的文件名及其在外存的地址等属性。

② **删除文件**:当已不再需要某文件时,可将它从文件系统中删除。在删除时,系统应先从目录中找到要删除文件的目录项,使之成为空项,然后回收该文件所占用的存储空间。

③ **读文件**:在读一个文件时,应在相应系统调用中给出文件名以及应读入的内存目标地址。此时,系统同样要查找目录,找到指定的目录项,从中得到被读文件在外存中的位置。在目录项中,还有一个指针用于对文件的读/写。

④ **写文件**:在写一个文件时,须在相应系统调用中给出该文件名及该文件在内存中的(源)地址。为此,也同样须先查找目录,找到指定文件的目录项,再利用目录中的写指针进行写操作。

⑤ **打开文件**:指用户通过适当的软件读文件,并显示文件内容。

⑥ **检索文件**:指根据指定的一些文件信息(如文件名、扩展名或文件建立时间等)在文件系统中查找与这些信息相匹配的文件,并列出文件名和存储位置的操作。

⑦ **更改文件属性**:指更改文件的一些特定属性,如只读属性、隐藏属性和系统属性等。

3.2.2 目录和路径

如果所有文件都简单地存储在外存储器上,可想而知,一个外存储器中保存几亿、几十亿个文件会是一种多么糟糕的情况。为了提高文件的访问和操作的效率,操作系统提出了目录和文件系统的概念。

目录在图形界面的操作系统中也称为文件夹,是文件的容器。在目录中可以存放若干文件或其他目录。

文件系统是对大量文件按照某一规则进行管理的方法、规则以及涉及的文件的总和。

操作系统对外存的管理其主要任务就是对文件系统的管理。大部分的操作系统对文件系统的管理方法,采用的都是基于多级树形目录结构的文件系统管理方法。多级树形目录结构如图 3.2 所示。

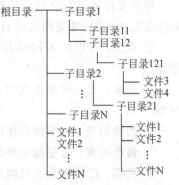

操作系统把数据以文件的形式存储,并且创建文件在外存上的实际物理存储位置与逻辑存储位置的对应表(文件分配表 FAT),以达到用户在存取外存上的数据时,不必关心数据在外存上的具体物理存储位置的目的。

图 3.2　多级树形目录结构示意图

操作系统在逻辑上认为所有外存储器具有一个或多个根目录。每个根目录就是寻找文件的起点。每个根目录中可以存放若干子目录和文件,在子目录中又可以存放若干目录和文件。

在多级目录存储的过程中,我们称在同一个目录下的文件和目录为处在同一级的目录和文件。如图 3.2 所示,根目录是第 0 级。子目录 1、子目录 2 和文件 1 等处在第 1 级,属于同级的目录和文件;子目录 11 和子目录 12 处在第 2 级,这两个目录属于同一级目录;而子目录 121 和子目录 21 则不属于同一级的目录。

同一个子目录下的文件名和子目录名不可以相同,比如,在根目录下不可以有两个"文件 1"。不同子目录下的文件和目录名则可以相同,比如子目录 21 下的"文件 1"和"文件 2",与根目录下的"文件 1"和"文件 2"名称就可以相同。不同的操作系统对一个目录下可以有多少级,有不同的规定。

根据以上的存储方法,用户若要使用某个文件,只需告诉计算机该文件在哪个根目录下的哪个子目录中,操作系统就可以根据用户所指出的存储位置自动找到该文件。在文件系统中,文件和目录的位置是通过路径描述的。

路径是指在多级树形文件系统中,说明文件从某个目录到目标文件或目录所经过的子目录的名称序列。根据路径的起点不同,路径又可以分为绝对路径和相对路径两种。

① **绝对路径**:如果路径的起点是根目录就称这种路径为绝对路径。

② **相对路径**:如果路径的起点是用户正在操作的文件所在的目录,就称为相对路径。

例如,在图 3.2 的目录结构下,假设用户当前正在操作"子目录 21"中的文件,现在要打开"文件 3",则可以使用如下两种路径表示形式。

绝对路径:

\子目录 1\子目录 12\子目录 121\

相对路径:

..\..\..\子目录 1\子目录 12\子目录 121\

在大部分操作系统中都有一些用来表示特殊意义的字符。常用的有如下几种。

① **盘符**：用来表示磁盘或磁盘分区的名字，一般由一个英文字母和一个冒号":"组成，如"C:"表示 C 盘。盘符一般代表磁盘的根。

② **根目录**：通常用反斜杠"\"表示，而且"\"必须是在路径的第一个字符才表示根目录，否则它仅是目录的分隔符。

③ **当前位置（目录）**：指用户所在的位置，即用户正在操作的文件所在的文件夹。通常用句点"."表示，在路径的书写过程中，当前目录可以省略。

④ **当前目录的上一级目录**：通常用两个句点".."表示。它主要用于相对路径的书写。

⑤ **通配符**：通配符"?"用来指定任意一个字符，而"＊"用来指定任意多个字符。通常我们用"＊"表示一个主文件名、扩展名、目录名或它们的一部分。比如，"w?.c"表示所有以字母"w"开头且主文件名有两个字符的、扩展名为"c"的所有文件，而"w＊.＊"表示以字母"w"开头的所有文件。

下面看一个路径表示的例子。

【**例 3.1**】　如图 3.3 所示，假设当前文件夹为"addins"，分别用绝对和相对路径两种方法表示"setup"文件夹中的文件 a.txt 的位置。

用绝对路径表示文件位置：\Windows\system\setup\a.txt

用相对路径表示文件位置：..\system\setup\a.txt

图 3.3　文件夹结构图

3.3　命令行操作

3.3.1　命令行模式

命令行操作类似于 Windows 以前版本的 MS-DOS 方式，虽然随着计算机技术的发展，图形界面的操作系统应用越来越广泛，但以文本命令来完成计算机应用的命令行模式，是一种快捷的运行模式，仍有其不可替代的作用。

一般的操作系统都会提供命令行模式操作，在命令行模式下，用户通过输入命令来完成对计算机的控制。在 Windows 中,当用户需要使用命令行时,可以在"开始"界面输入"cmd"命令并按回车键,也可以选择"命令提示符"磁贴,即可启动命令行,如图 3.4 所示。

图 3.4 "命令提示符"窗口

这时用户可以执行命令行命令来完成日常工作。编辑命令时,用户可在工作区域内右击鼠标,会出现一个编辑快捷菜单,如图 3.5 所示,用户可以先选择对象,然后可以进行"复制""粘贴""查找"等编辑工作。

在命令行中,用户可以在系统提示符后输入各种命令。系统提示符是在命令行的界面中,用来提示用户当前位置信息的提示性文字称为系统提示符。它们一般以盘符开始,以">"结束。在盘符和">"之间是从磁盘的根到用户当前位置所经过的文件夹名称序列(即当前路径)。如图 3.4 所示,"命令提示符"窗口中的"C:\Users\f>"就是系统提示符。

图 3.5 "命令提示符"窗口快捷菜单

退出命令行模式的方法可以使用鼠标单击命令行窗口右上角的"关闭"按钮,也可以输入 exit 命令后按回车键退出。

3.3.2 常用命令行命令

在命令行界面中,可以使用的命令有两种,其中一种称为内部命令,它们是系统启动时自动装入主存的命令。对于内部命令,用户可以在系统提示符下直接按照命令格式输入这些命令再按回车键来执行命令。另一种称为外部命令,它们是系统中可执行文件的文件名。在 Windows 系列的操作系统中,可执行文件以扩展名 exe、com 和 bat 来标识,对于非 Windows 系列的操作系统,可执行文件通常由其属性来标识。对于外部命令,用户可以通过输入这些文件的带有完整盘符路径和文件名的形式来执行这些命令。如果这些外部命令所对应的文件不存在,系统将无法执行这些外部命令。外部命令的一般格式如下:

[盘符:路径]<命令名>[命令参数表]

其中[盘符:路径]指的是,如果<命令名>是应用程序名或命令文件名(扩展名为 exe 或 com 的文件名),就用[盘符:路径]向计算机指出该文件所在的位置。如果<命令名>不是应用程序名或命令文件名,则不需要写出[盘符:路径]。

<命令名>指的是命令的名称,它可以是应用程序名或命令文件名,也可以是专有的

命令行命令,我们称其为内部命令。

根据命令的不同,有的命令没有参数,则可以省略[命令参数表]部分;如果有参数,则依次写在<命令名>的后面,以空格作为分隔符。在以后的命令说明中遵循以下约定。

"[ ]"内的部分为可选项,根据功能的不同可有可无。

"< >"内的部分为必选项,不可省略。

【例 3.2】 假如在计算机 C 盘上 Windows 文件夹下的 System32 文件夹中有一个应用程序文件 freecell.exe,如果要运行它,可以使用如下命令。

C:\Windows\system32\freecell.exe

或

C:\Windows\system32\freecell

在上面命令中,C:\Windows\system32\是[盘符:路径],freecell 或 freecell.exe 是命令名,没有参数,所以没写参数表部分。由于在命令行中执行命令文件可以省略文件的扩展名,所以只写 freecell 也可以。

在这里我们主要以 Windows 系列操作系统为例介绍一些内部命令。

常用的命令一般都是用来对磁盘、文件夹和文件进行操作的。下面分别按磁盘操作命令、目录操作命令以及文件操作命令三部分,为大家介绍常用的命令。

1. 磁盘操作命令

磁盘操作命令的作用范围为整个磁盘,主要包括磁盘格式化、磁盘分区转换两个命令。

① format(磁盘格式化命令)。

命令格式:format <盘符> [/s] [/q]

功能:格式化磁盘并删除磁盘分区上的所有数据。

命令说明:<盘符>是指磁盘分区的盘符或移动存储器的驱动器符。如果有[/s]参数,系统会在格式化磁盘后把系统启动文件复制到磁盘上,使其成为系统启动磁盘。如果有[/q]参数,系统会快速格式化磁盘,但[/q]参数只能在曾经做过格式化的磁盘上使用。

【例 3.3】 指出命令"format D:"和"format D:/q"的功能。

"format D:/q"的功能是在该分区曾经进行过格式化操作的前提下,快速格式化硬盘的 D 分区(或外部 D 盘所对应的外部存储器)。

② 磁盘分区转换命令。

命令格式:<盘符:>

功能:将用户转到指定的磁盘上工作。

命令说明:"盘符:"可以是任何存在的磁盘分区、光盘或网络映射的驱动器符。

2. 目录操作命令

① md(目录建立命令)。

• 命令格式:md [盘符:][路径]<目录名>

- 功能：在指定的盘符路径下以指定的目录名建立新目录。
- 命令说明：如果缺省"[盘符：]"，系统会把目录建在当前盘的指定路径下。如果缺省"[路径]"，则系统会在当前目录下建立指定的目录。另外注意，系统不能把新目录建立在不存在的目录下。

【例3.4】 假设用户的当前目录在C盘的根目录下，指出下列命令的功能。

md C:\Windows\AA：该命令在C盘的Windows目录内建立AA目录。

md AA：该命令在C盘的根目录下建立AA目录。

md D:\AA：该命令在D盘的根目录下建立AA目录。

② cd(更改当前位置命令)。

- 命令格式：cd [盘符：]<路径>
- 功能：把当前目录转换到"[盘符：][路径]"所指定的位置。
- 命令说明：如果"[盘符：]"缺省，系统会把当前目录转到当前盘的指定路径下。"<路径>"代表用户需要作为当前目录的位置。在路径中可以使用"."代表当前目录；".."代表当前目录的父目录；"\"代表根。例如，"cd.."代表返回上一级目录。

【例3.5】 说明下面命令的功能。

CD C:\Windows\AA：该命令把当前目录设为C盘的Windows目录内的AA目录。

CD AA：该命令把当前目录设为当前目录下的AA目录。

CD:\AA：该命令把当前目录设为D盘的根目录下的AA目录。

③ rd(删除空目录命令)。

- 命令格式：rd [盘符：][路径]<目录名>
- 功能：删除用户指定的目录。
- 命令说明：如果缺省"[盘符：]"，系统会把当前盘下的指定目录删除。如果缺省"[盘符：][路径]"，系统会删除当前目录下的指定目录，<目录名>为将被删除的目录名。另外注意，系统无法删除非空的目录。

④ tree(显示当前路径下的目录树结构)。

- 命令格式：tree [/F]
- 功能：显示当前目录下的结构。
- 命令说明：如果省略参数"F"，则只显示文件夹树形结构；如果加上参数"F"，则显示文件夹与文件。

【例3.6】 假如有如图3.6的目录结构。

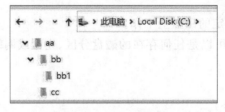

图3.6 目录结构图

其中 bb1 目录中有文件,cc 目录中为空。当前目录为 c 盘的根目录。如果要删除 cc 目录,用命令"rd C:\aa\cc"或"rd \aa\cc"都可以。其中"rd \aa\cc"命令中的第一个"\"代表当前盘的根目录。如果要删除 bb 目录,则必须删除 bb1 目录后才可删除 bb 目录。

具体操作如下:

```
del c:\aa\bb\bb1\*.*
rd C:\aa\bb\bb1
rd C:\aa\bb
```

以上三条命令中的第一条用于删除 bb1 目录下的所有文件,第二条命令用于删除 bb1,使得 bb 目录成为空目录,第三条命令用于删除 bb。如果没有前两条命令,第三条命令是不能被执行的。

3. 文件操作命令

文件操作命令的主要操作对象是文件和目录。

① dir(文件列表命令)。

- 命令格式:dir [盘符:路径][文件名][/s][/w][/p]
- 功能:显示指定目录或文件列表。
- 命令说明:
  - 如果不加任何参数,该命令显示当前目录中的所有文件和文件夹。
  - 如果只加"[盘符:路径]",系统将显示指定位置的文件及目录列表。
  - 如果加"[盘符:路径][文件名]",系统将只显示指定位置的指定文件名。其中文件名可以使用通配符来代表多个文件。
  - 如果加"[/s]"参数,系统将显示指定位置的文件和目录以及其子目录中的文件和目录的内容。
  - 如果加"[/w]"参数,系统在显示结果时将用每行显示 5 个的格式,只显示文件和目录的名称。
  - 如果加"[/p]"参数,当系统显示结果时,如果显示内容多于一屏,则以分页的形式显示。

【例 3.7】 请说明下面命令的功能。

dir C:\Windows/s:该命令列出 C 盘 Windows 目录下所有的文件和目录。

dir C:\ /w /p:该命令以每行显示 5 个名称的格式分页显示 C 盘根目录下的所有文件和目录。

dir C:\Windows\system32*.exe:该命令显示"C:\Windows\system32\"目录下的所有扩展名为"exe"的文件。

② copy(文件复制命令)。

- 命令格式:copy [盘符:路径]<源文件名> [盘符:路径][目标文件名]
- 功能:把用户指定的"<源文件>"复制到用户指定位置。
- 命令说明:源文件名和目标文件名前的"[盘符:路径]"分别指用户复制时,源文件的位置和把文件复制到的目标位置。

◆ 如果源文件的"[盘符：路径]"省略，说明被复制的文件在当前目录下。

◆ 目标文件名前的"[盘符：路径]"省略，说明文件将被复制到当前目录下。

◆ 如果"[目标文件名]"省略，说明文件在复制的过程中不改名，如果不省略，源文件将目标文件名作为新的文件名存储在指定目标位置上。

◆ 源文件名可以使用通配符来表示复制一批文件或目录，其中"?"代表一个字符，"*"代表多个字符。

【例 3.8】 已知目录结构如图 3.6 所示，其中 bb1 中有三个文件"a.txt""ab.c""aaa.java"。当前目录在 C 盘根目录下。请分别说明下面命令的意义。

copy   c:\aa\bb\bb1\ab.c   c:\aa\cc\cc.c：该命令把 bb1 目录下的 ab.c 文件，复制到 cc 目录下，并改名为 cc.c。

copy   c:\aa\bb\bb1\ab.c   c:\aa\cc：该命令把 bb1 目录下的 ab.c 文件，复制到 cc 目录下，文件名不变。

copy   c:\aa\bb\bb1\a?.c   c:\aa\cc：该命令把 bb1 目录下的主文件名只有两个字符且第一个字符为"a"，扩展名为"c"的所有文件，复制到 cc 目录下。

copy   c:\aa\bb\bb1\a*.*   c:\aa\cc：该命令把 bb1 目录下的主文件名第一个字符为"a"的所有文件，复制到 cc 目录下。

③ type(显示文本文件内容命令)。

• 命令格式：type [盘符：路径] <文件名>

• 功能：显示指定文件的内容。

• 命令说明：[盘符：路径]用来指定需要显示文件内容的文件所在的位置。该命令只能显示文本文件的内容。

④ del(删除文件命令)。

• 命令格式：del [盘符：路径]<文件名>

• 功能：删除指定位置的文件。

• 命令说明：如果没有"[盘符：路径]"，系统将删除当前目录中的指定文件。

4. 网络操作命令

① ping(网络连通探测命令)。

• 命令格式：ping   <IP 地址> [−n 探测包数]

• 功能：ping 可以用来检查网络是否通畅或者网络连接速度。

• 命令说明："<IP 地址>"表示用户希望探查连通的主机的 IP 地址，在没有"[−n 回显次数]"时，系统默认只发 4 个探测包，回显数据也只有 4 行。如果在命令中加入"[−n 探测包数]"时，系统会根据探测包数发出对应个数的探测数据包，回显数据也有对应的行数。

【例 3.9】 测试本机的网卡回转时间。

ping 127.0.0.1

【例 3.10】 发送 5 个测试包测试本机到 192.168.1.110 主机是否连通。

```
ping 192.168.1.110  -n  5
```

② ipconfig(网络配置查看命令)。

- 命令格式：ipconfig [/all][/renew][/release]
- 功能：显示所有当前的 TCP/IP 网络配置值。
- 命令说明：如果没有参数，那么 ipconfig 实用程序将向用户提供所有当前的 TCP/IP 配置值，包括 IP 地址和子网掩码。该使用程序在运行 DHCP 的系统上特别有用，允许用户查看由 DHCP 配置的值。当命令中带有"/all"参数命令，将产生完整显示。当命令中带有"/renew"参数，系统将更新 DHCP 配置参数。当命令带有"/release"参数命令，将释放全部(或指定)适配器的由 DHCP 分配的动态 IP 地址。其中"[/renew]"和"[/release]"参数只在 DHCP 客户端上有效。

【例 3.11】 查看本机网络配置。

```
ipconfig
ipconfig /all
```

【例 3.12】 释放本机网络配置。

```
ipconfig /release
```

3.4　批处理文件

3.4.1　批处理文件的概念与创建

在命令行模式下，默认命令执行方式是用户输入一条命令后按回车键，然后系统执行该命令并给出命令的执行结果，然后等待用户输入下一条命令。这种命令执行方式适用于简单的操作，如果用户需要对计算机进行复杂操作，这种操作方式的效率是非常低的，为此，产生了批处理的概念和批处理文件。

批处理，顾名思义就是进行批量地处理。批处理文件是无格式的文本文件。在 Windows 系列的操作系统中，批处理文件是扩展名为.bat 或.cmd 的文本文件，它包含一条或多条命令，由操作系统内嵌的命令解释器来解释运行。在命令行模式下键入批处理文件的名称，或者双击批处理文件，系统就会按照该文件中各个命令出现的顺序来逐个运行它们。使用批处理文件，可以简化日常或重复性任务。批处理的本质，是一系列命令按一定顺序排列而形成的集合。

批处理文件的内容没有固定格式，只要遵守以下几条就可以。

- 批处理文件的扩展名必须是.bat。
- 批处理文件的文件内容由命令组成。每一行视为一个命令，每个命令里可以含多个参数或子命令。

- 批处理文件在执行时,从第一行开始执行,直到最后一行结束。
- 批处理文件运行的平台是命令行模式。

由于批处理文件是纯文本文件,所以我们通常通过文本编辑器创建批处理文件。其具体步骤可总结为:

- 打开文本编辑器,如记事本等。
- 输入批处理命令。
- 保存为扩展名为.bat的批处理文件。

批处理文件类似于程序文件,它在没有执行时是无法控制计算机完成相应任务的。只有在执行它以后,计算机才能完成批处理文件中的所有命令。

批处理文件的执行方式有两种,一种是在命令行界面下执行,一种是在图形界面下执行。

① 命令行界面下执行。其执行方法是在命令提示符后把批处理文件当作一个外部命令来执行。其执行的命令格式如下。

[盘符][路径]<批处理文件名> [参数]

其中当批处理文件的位置在当前盘下时可以省略盘符,在当前目录下时可以省略盘符和路径。当批处理文件的内容不需要从外部输入时可以省略参数。

② 图形界面下执行。批处理文件在图形界面下表现为一个应用程序图标,在图形界面下,只需代表批处理文件的图标就可以执行它。不过需要注意的是,此种执行方法的默认当前目录为批处理文件所在的目录。

3.4.2　批处理文件中使用的命令

批处理文件的内容主要分两部分,一种是命令行的命令,它用于描述批处理文件的功能;另一种是批处理文件中可以使用的专属命令,它们主要用于完成一些辅助性的工作,如注释、控制命令的执行次数和流程等。由于命令行命令已经在3.3.2节中详细介绍过,本节则重点介绍批处理文件中的专属命令。

① rem 或::(注释命令)。

- 命令格式1:rem [说明性文字]
- 命令格式2::: [说明性文字]
- 功能:rem 为注释命令,一般用来给程序加上注解,该命令后的内容不被执行。
- 命令说明:rem 命令注释的文字能回显。但"::"后的说明文字不会回显。

② echo 和@。

- 命令格式1:@ <命令>
- 命令格式2:echo [{ on|off }]
- 功能:打开或关闭回显。
- 命令说明:@字符放在命令前将关闭该命令回显,无论此时 echo 是否为打开状态。echo on 为打开回显,echo off 为关闭回显。如果想关闭"echo off"命令行自身的显示,则需要在该命令行前加上"@"。当 echo 后没有参数时显示当前 echo 设置状态。

③ pause。

- 命令格式:pause
- 功能:停止系统命令的执行并显示"请按任意键继续……"。
- 命令说明:该命令可以使批处理执行过程中中断等待用户操作。

④ call。

- 命令格式:call [[Drive:][Path] FileName]
- 功能:从一个批处理程序调用另一个批处理程序,并且不终止当前批处理程序。
- 命令说明:该命令可以使一个批处理在执行过程中调用另一个批处理的功能,当被调用的批处理执行结束后,再回到调用处继续执行批处理下面的命令。

⑤ start。

- 命令格式:start [[Drive:][Path] FileName]
- 功能:在批处理中执行其他可执行文件。
- 命令说明:Drive 和 Path 分别指明可执行文件的盘符和路径,可执行文件可以是以.com 和.exe 为扩展名的文件。

⑥ if。

- 命令格式 1:if [not] string1==string2 Command
- 功能:条件判断语句,判定 string1 和 string2 是否相等,相等则执行后面的 Command 命令,否则不做任何操作。
- 命令说明:string1 和 string2 都是字符的数据,英文字符的大小写将看作不同,这个条件中的等于号必须是两个代表绝对相等的意思。如果使用 NOT 参数,则 string1 和 string2 不相等时才执行后面的 Command 命令。
- 命令格式 2:if [not] exist FileName Command
- 功能:条件判断语句,判定 FileName 指定的文件是否存在,如果存在则执行后面的 Command 命令,否则不做任何操作。
- 命令说明:参数 FileName 可以包含盘符路径和文件名,如果 NOT 参数存在则判定指定的文件是否不存在,不存在指定文件时执行后面的 Command 命令。

⑦ for。

- 命令格式:for %%variable in (set) do Command
- 功能:循环遍历集合 set 中的所有项,并针对这些项执行 Command 命令。
- 命令说明:参数 variable 表示循环变量,它的值是参数 set 所指定的集合中的任意一项。在命令中需要注意如下几点:
  ◆ for、in 和 do 是 for 语句的关键字,它们三个缺一不可;
  ◆ %%variable 是 for 语句中对形式变量的引用,就算它在 do 后的语句中没有参与语句的执行,也是必须出现的;
  ◆ in 之后,do 之前的括号不能省略;
  ◆ Command 表示被反复执行的命令语句;

◆ 在单命令行时执行 for 命令时，表示变量的％％variable 参数只需使用一个百分号引导即可，而在批处理文件中，需要使用两个百分号引导，且两个％之间没有空格。

比如在批处理文件中，下面的语句的功能是把" bbs.bathome.net"显示在屏幕上。

```
for %%i in (bbs.bathome.net) do echo %%i
```

再如下面的语句的功能是在当前目录下分别创建 a1、a2 和 a3 目录。

```
for %%i in (1, 2, 3) do md a%%i
```

【例 3.13】 建立批处理文件 aa.bat 完成在 C 盘根目录下建立例 3.6 所示的结构并显示该结构。

aa.bat 文件内容如下：

```
@ echo off
c:
cd \
md aa
md \aa\bb
md \aa\bb\bb1
md \aa\cc
pause
dir aa /s
```

【例 3.14】 建立批处理文件 bb.bat 完成在 D 盘根目录下建立 20 个目录，其目录名分别为 bb1,bb2,…,bb20。并判断 C 根目录下是否存在文件 aa.bat，如果存在则执行它。

bb.bat 文件内容如下：

```
@ echo off
d:
cd \
for %%i in (1,2,3,4,5,6,7,8,9,10,11,12,13,14,15,16,17,18,19,20) do md bb%%i
if exist c:\aa.bat call c:\aa.bat
```

在此批处理中，for 语句可以一次创建 20 个目录，而 if 语句则先判断 C 盘根目录下是否存在 aa.bat 文件，如果存在则执行它如果不存在，则不做任何操作。

3.5 Windows 操作系统概述

3.5.1 Windows 的发展与版本

Windows 操作系统是美国微软公司继 DOS(Disk Operation System，磁盘操作系统)后开发的基于图形界面的新一代窗口式操作系统。由于其简单的操作方式、友好的图形窗口和操作界面以及强大的系统功能,目前已经成为微型计算机领域广泛使用的主流操作系统。从 1983 年微软公司推出 Windows 1.0 开始,陆续推出了不同的 Windows 版本,以适合不同时期不同应用环境的微型计算机操作系统。具体发展情况如表 3.2 所示。

表 3.2　微软公司操作系统发展表

操作系统名称	推出时间	说　明
DOS 1.0	1981 年	与 IBM PC 捆绑销售
DOS 3.3	1987 年	较成功地支持其他语言字符集的版本
DOS 5.0	1991 年	开始具有扩展内存管理功能
DOS 6.2	1993 年	出现早期的图形界面,功能完善
Windows 1.0	1985 年	不成功的图形界面产品
Windows 3.2	1994 年	第一个有中文版的 Windows
Windows NT 3.1	1993 年	基于 OS/2 NT 编写的服务器产品
Windows 95	1995 年	非常成功的独立图形界面操作系统
Windows NT4.0	1996 年	较完善的图形界面服务器产品
Windows 98	1998 年	开始与 IE 捆绑销售
Windows ME	2000 年	完全去除 DOS 影响的版本
Windows 2000	2000 年	完善的多用户网络操作系统
Windows XP	2001 年	使用 NT 内核的微型计算机操作系统
Windows Server 2003	2003 年	Windows XP 界面的网络服务器操作系统
Windows Vista	2007 年	新一代 Windows 操作系统的过渡产品
Windows 7 系列	2009 年	稳定的 Vista 结构操作系统
Windows 8 系列	2012 年	除了适用于 PC 外还兼容平板电脑
Windows 10 系列	2015 年	微软公司发布的最近 Windows 版本操作系统

Windows 10 系列操作系统作为现在主流的 Windows 操作系统,分别面向不同用户和设备,共有家庭版、专业版、企业版、教育版、移动版、移动企业版和物联网核心版 7 个版本。

另外,Windows 根据程序运行时所支持的字长不同可以分为 32 位版本和 64 位版本两类。这两类没有外观或者功能上的区别,但是内在有一点不同。64 位版本 Windows 7 最大支持 128GB 内存,而 32 位版本只能支持最大 4GB 内存。目前所有新的和较新的 CPU 都是 64 位兼容的,可以使用 64 位版本。

3.5.2 Windows 的基本概念

Windows 10 作为一款图形界面操作系统,它既适用于在平板电脑或手机等系统中运行,也适用于在 PC 机上运行。为了更好地介绍 Windows 10 的使用,我们先对 Windows 10 所涉及的一些元素和概念做一个简要的介绍。

1. 开始屏幕

开始屏幕是在 Windows 10 启动并输入密码后看到的由多个图块组成的屏幕。开始屏幕是 Windows 10 应用程序启动和切换的工具,同时也是一些应用程序显示简单信息的界面。它由磁贴和用户转换按钮组成。

2. 磁贴

磁贴是开始屏幕上的表示形式。它可以是文字、图像或者图文组合。磁贴除了静态展示外,还可以是动态的,它可以通过通知来更新显示。

3. 搜索栏

用户可以搜索操作系统或所有应用程序。当位于某应用程序中时,将默认搜索当前应用。更多信息请详见后面的"搜索"介绍(Windows 键 + Q)。

4. "开始"菜单

"开始"菜单为用户运行软件提供入口。单击 Windows 键 可打开"开始"菜单。

5. 桌面

桌面是打开计算机并登录到 Windows 之后,单击桌面磁贴时看到的主屏幕区域。就像实际的桌面一样,它是用户工作的平台。打开程序或目录时,它们便会出现在桌面上。桌面上可以存放用户经常用到的应用程序和文件夹图标,用户可以根据自己的需要在桌面上添加各种快捷图标,在使用时双击图标就能够快速启动相应的程序或文件。通过桌面,用户可以有效地管理自己的计算机,与以往任何版本的 Windows 相比,Windows 10 桌面更简洁,它仅包括任务栏和回收站图标。任务栏位于屏幕的底部,显示正在运行的程序,并可以在它们之间进行切换。

6. 图标

图标是代表文件、文件夹、程序和其他项目的小图片,它包含图形、说明文字两部分。双击图标可以打开相应的内容。按照所连接的源程序不同,图标可以分为应用程序图标、快捷方式图标、文件夹图标和文档图标等 4 种。通常,在桌面只有一个"回收站"图标。在回收站中暂时存放着用户已删除的文件或文件夹等一些信息,只要还没有清空回收站时,就可以从中还原已删除的文件或文件夹。

7. 任务栏

任务栏是位于桌面最下方的一个小长条,如图 3.7 所示。它由桌面应用按钮区和通知区域两个主要部分组成。

"开始"菜单　搜索栏　　　　　　桌面应用按钮区　　　　　　通知区域

图 3.7　任务栏

① 桌面应用按钮区:显示用户设定的固定到任务栏的应用程序按钮。这些应用程序按钮在没有运行时是扁平显示的,在运行后显示为一定的立体形式。在任务栏中用户可以对不同的应用程序进行快速切换。

② 通知区域:包括时钟以及一些告知特定程序和计算机设置状态的图标(小图片)。在通知区域中一般包括语言栏、时钟、声音和显示桌面按钮等。

8. 对象

在 Windows 10 中用户所能看到的都可称为对象,比如桌面是对象,图标也是对象,当然窗口、工具栏、文字、图片、文件等也都是对象。

9. 属性

对象的特征称为对象的属性,桌面对象的背景图案就是桌面对象的属性,文字大小、颜色等就是文字对象的属性。其实我们对 Windows 的操作主要就是改变 Windows 的各个对象的属性而已。

10. 菜单

在使用 Windows 系统时我们使用得最多的就是菜单。菜单中一般会有很多选项,这些选项都是用来创建、删除某个或某些 Windows 对象或改变某个(某些)Windows 对象的属性的,用户可以通过鼠标或键盘打开菜单并选择需要的选项。菜单按其特性可以分为以下几种。

① "开始"菜单:Windows 10 为了与以前版本兼容增加了"开始"菜单功能,用户使用鼠标单击"开始"菜单按钮打开的菜单。在用户操作过程中,通过它可以打开大多数的应用程序。

② 下拉菜单:在打开应用程序窗口后,通常在窗口上方都会有下拉菜单,用鼠标单击可以打开或选中,也可以通过按 Alt+菜单项后面的字母来打开下拉菜单。

③ 快捷菜单:用户在选定某个对象后,单击鼠标右键可打开快捷菜单,如图 3.8 所示,快捷菜单一般包含该对象的常用操作选项。

④ 控制菜单:用户单击窗口左上角的控制菜单栏可打开控制菜单,是用来控制窗口大小、位置和状态的菜单。在 Windows 中所有控制菜单都相似,如图 3.9 所示。

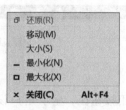

图 3.8　快捷菜单　　　　　　　　图 3.9　控制菜单

⑤ 级联菜单：在打开某菜单时，如果某个选项功能比较复杂，可以在该选项后看到一个"▶"，把鼠标指针放在该选项上，系统会再打开一个菜单，这种菜单称为级联菜单，也可称为子菜单。

11. 窗口

窗口是在图形界面中常见的一种对象，一般当用户打开一个文件或应用程序时，都会出现一个矩形区域，这就是窗口。窗口是用户进行操作时的重要组成部分，它一般由标题栏、菜单栏和工具栏等几部分组成，如图 3.10 所示。下面对窗口的主要组成部分进行简单介绍。

图 3.10　Windows 中的窗口

① 导航窗格：使用导航窗格可以访问库、文件夹、保存的搜索结果，甚至可以访问整个硬盘，使用"收藏夹"部分可以打开最常用的文件夹和搜索，使用"库"部分可以访问库，还可以展开"计算机"文件夹来浏览文件夹和子文件夹。

② 后退和前进按钮：使用后退按钮和前进按钮，可以导航至已打开的其他文件夹或库，而无需关闭当前窗口。这些按钮可与地址栏一起使用。例如，使用地址栏更改文件夹后，可以使用后退按钮返回到上一文件夹。

③ 工具栏：使用工具栏可以执行一些常见任务，如更改文件和文件夹的外观，将文件刻录到 CD，或启动数字图片的幻灯片放映。工具栏的按钮可更改为仅显示相关的任务。例如，如果单击图片文件，则工具栏显示的按钮与单击音乐文件时不同。

④ 地址栏：使用地址栏可以导航至不同的文件夹或库，或返回上一文件夹或库。

⑤ 库窗格：仅当用户在某个库（例如文档库）中时，库窗格才会出现。使用库窗格可自定义库或按不同的属性排列文件。

⑥ 列标题：使用列标题可以更改文件列表中文件的整理方式。例如，可以单击列标题的左侧，以更改显示文件和文件夹的顺序，也可以单击右侧，以采用不同的方法筛选文件。注意，只有在"详细信息"视图中才有列标题。

⑦ 文件列表：显示当前文件夹或库内容的位置。如果通过在搜索框中输入内容来查找文件，则仅显示与当前视图相匹配的文件（包括子文件夹中的文件）。

⑧ 搜索框：在搜索框中键入词或短语，可查找当前文件夹或库中的项。一旦输入内容，搜索就开始了。因此，例如，当输入"B"时，所有名称以字母 B 开头的文件都将显示在文件列表中。

⑨ 信息栏：可以查看与选定文件关联的最常见属性。文件属性是关于文件的信息，如作者、上一次更改文件的日期，以及可能已添加到文件的所有描述性标记。

按所表示的意义，窗口可以分为应用程序窗口和文件夹窗口两类。应用程序窗口则是执行一个应用程序时系统所打开的窗口，文件夹窗口则是在打开"计算机"或其他文件夹时系统所打开的窗口。

12. 对话框

对话框在 Windows 中占有重要的地位，是用户与计算机系统之间进行信息交流的窗口。在对话框中，用户通过选项选择，对系统进行对象属性的修改和设置。一般来说，对话框的组成和窗口有相似之处，例如，都有标题栏，但对话框要比窗口更简洁、更直观、更侧重于与用户的交流，它一般包含有标题栏、选项卡与标签、文本框、列表框、命令按钮、单选按钮和复选框等几部分，如图 3.11 和图 3.12 所示。对话框的各部分说明如下。

① 标题栏：位于对话框的最上方，系统默认的是深蓝色，标题栏的左侧标明了该对话框的名称，右侧有关闭按钮，有的对话框还有帮助按钮。

② 选项卡：在系统中有很多对话框都是由多个选项卡构成的，用户可以通过各个选项卡之间的切换来查看不同的内容，在选项卡中通常有不同的选项组。

③ 下拉列表框：通常只显示一个选项，用户通过单击选项右边的向下箭头▾就可列出多个选项供用户选择。

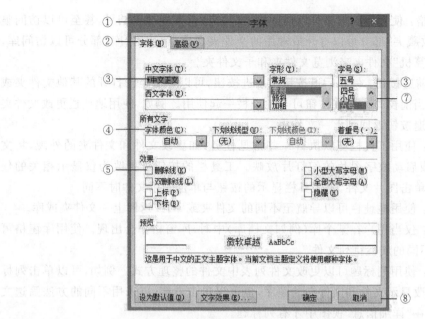

图 3.11　对话框结构示意图一

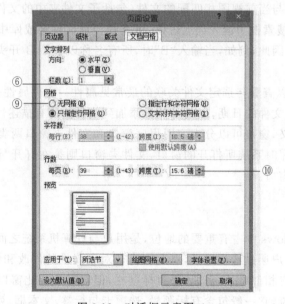

图 3.12　对话框示意图二

④ 标签：用于显示说明提示性信息的文字。

⑤ 复选框：它通常是一个小正方形，在其后面也有相关的文字说明，当用户选择后，在正方形中间会出现一个"√"或"×"标志，它是可以任意选择的。

⑥ 文本框：在文本中需要用户手动输入某项内容，还可以对各种输入内容进行修改和删除操作。

⑦ 列表框：在列表框中会列出了多个选项，用户可以从中选取，但通常不能更改。

⑧ 命令按钮：是带有文字的按钮，常用的有"确定""应用""取消"等按钮。

⑨ 单选按钮：通常是一个小圆形，其后面有相关的文字说明，当选中后，在圆形中间会出现一个小圆点。在对话框中，通常是一个选项组中包含多个单选按钮，当选中其中一个后，其他选项是不可以选的，如图3.12所示。

⑩ 微调按钮：对话框中用来调节数字的按钮，它由向上和向下两个箭头组成，用户在使用时分别单击箭头即可增加或减少数字，如图3.12所示。

按操作特性，Windows的对话框可以分成模式对话框和非模式对话框两类。

① 模式对话框：指打开这种对话框后只允许用户对该对话框中的对象操作，不允许用户同时操作对话框所在窗口中的其他对象，直到该对话框关闭后为止。

② 非模式对话框：指打开这种对话框后，不仅允许用户操作该对话框中的对象，还允许用户同时操作对话框所在窗口中的其他对象。

13. Ribbon 界面（功能区用户界面）

Ribbon界面是一种以皮肤及标签页为架构的用户界面，如图3.13所示。Ribbon界面最早出现在 Microsoft Office 2007 的 Word、Excel 和 PowerPoint 中，后来也运用到Windows系统的其他软件中，如画图和写字板，以及 Windows 的资源管理器。Ribbon界面替代了传统的菜单栏、工具栏和下拉菜单，它将相关的选项组成在一组，将最常用的命令放到资源管理器用户界面的最突出位置，用户可以更轻松地找到并使用这些功能，以减少鼠标的单击次数，总体来说比起之前的下拉菜单效率要高得多。例如，文件管理器主菜单中提供了核心的文件管理功能，包括复制、粘贴、删除、剪切、属性等，这些功能是用户大部分的日常操作。

图 3.13　Ribbon 界面

3.5.3　Windows 的基本操作

Windows作为图形界面操作系统，其基本操作是很有规律的。这些操作分为鼠标基本操作、窗口基本操作、菜单基本操作、图标基本操作、对话框基本操作、桌面基本操作和任务栏基本操作7类。

1. 鼠标基本操作

鼠标指针的形状：当用户握住鼠标并移动时，桌面上的鼠标指针就会随之移动。正常情况下,鼠标指针的形状是一个小箭头。但是,某些特殊场合下,如鼠标指针位于窗口边沿时,鼠标指针的形状会发生变化。

鼠标的基本操作:在 Windows 中,最基本的鼠标操作有以下几种。

① 指向:将鼠标指针移动到某一项上。

② 单击左键(简称单击):按下和释放鼠标左键。有时也称为选中。

③ 单击右键(简称右击):按下和释放鼠标右键。

④ 双击:快速按下、释放、按下、释放鼠标左键,即连续两次单击。

⑤ 拖动(拖曳):按住鼠标左键并移动鼠标到目的地,再释放鼠标。

⑥ 三击:连续快速按下和释放鼠标左键三次。

2. 窗口基本操作

窗口操作在 Windows 系统中是很重要的,不但可以通过鼠标使用窗口上的各种命令来操作,而且可以通过键盘来使用快捷键操作。窗口基本操作包括打开、移动、缩放等。

打开窗口:当需要打开一个窗口时,可以通过下面 3 种方式来实现。

① 选中要打开的窗口图标,然后双击打开。

② 选中要打开的窗口图标,然后按回车键。

③ 在选中的图标上右击,在弹出的快捷菜单中选择"打开"命令。

移动窗口:用户在打开一个窗口后,可以通过鼠标,也可以通过鼠标和键盘的配合来移动窗口。移动窗口时用户只需要在标题栏上按下鼠标左键并拖动,移动到合适的位置后再松开,即可完成移动操作。如果需要精确地移动窗口,可以在标题栏上右击,在弹出的快捷菜单中选择"移动"命令,屏幕上出现"✥"标志,再通过按键盘上的方向键来移动窗口,移动到合适的位置后用鼠标单击或按回车键确认即可。

缩放窗口:窗口不但可以移动到桌面上的任何位置,而且还可以随意将其调整为合适的尺寸。

当用户只需要改变窗口的宽度时,可把鼠标放在窗口的垂直边框上,当鼠标指针变成双向的箭头时,就可以任意拖动。如果只需要改变窗口的高度时,可以把鼠标放在水平边框上,当指针变成双向箭头时就进行拖动。当需要对窗口进行等比缩放时,可以把鼠标放在边框的任意角上进行拖动。

也可以用鼠标和键盘的配合来完成,在标题栏上右击,在弹出的快捷菜单中选择"大小"命令,屏幕上出现"✥"标志,再通过键盘上的方向键来调整窗口的高度和宽度,调整至合适位置时,用鼠标单击或按回车键确认即可。

最大化、最小化窗口:当用户在对窗口进行操作的过程中,可以根据自己的需要,使窗口最小化或最大化等。

最小化按钮 − :当暂时不需要对某个窗口操作时,可把它最小化以节省桌面空间,用户直接在标题栏上单击此按钮,窗口就会以按钮的形式缩小到任务栏。

最大化按钮 ▢ :窗口最大化时将铺满整个桌面,这时不能再移动或缩放窗口。用户在标题栏上单击此按钮即可使窗口最大化。

还原按钮 ▢ :如果把窗口最大化后想恢复到原来打开时的初始状态,可以单击此按钮实现对窗口的还原。

　　用户在标题栏上双击可以进行最大化与还原两种状态的切换。每个窗口标题栏的左方都会有一个表示当前程序或文件特征的控制菜单按钮,单击它即可打开控制菜单,它与在标题栏上右击所弹出的快捷菜单的内容是一样的,如图 3.11 所示。用户也可以通过快捷键来完成以上的操作。用 Alt＋空格键来打开控制菜单,然后根据菜单的提示,在键盘上输入相应的字母,比如输入字母"N"实现最小化,通过这种方式可以快速完成相应的操作。

　　切换窗口:当用户打开多个窗口时,需要在各个窗口之间进行切换,下面是几种切换的方式。

　　① 当窗口处于最小化状态时,在任务栏上选择所要操作窗口的按钮,然后单击即可完成切换。当窗口处于非最小化状态时,可以在所选窗口的任意位置单击,当标题栏的颜色变深时,表明完成对窗口的切换。

　　② 用 Alt＋Tab 组合键来完成切换,用户可以在键盘上同时按下 Alt 和 Tab 两个键,屏幕上会出现切换任务栏,在其中列出了当前正在运行的窗口,这时可以按住 Alt 键不放,然后再按 Tab 键从"切换任务栏"中选择所要打开的窗口,选中后再松开两个键,选择的窗口即可成为当前窗口,如图 3.14 所示。

图 3.14　切换任务栏

　　③ 也可以使用 Alt＋Esc 组合键。先按下 Alt 键,然后再按 Esc 键来选择所需要打开的窗口,但它只能改变激活窗口的顺序,而不能使最小化窗口放大,所以,多用于切换已打开的多个窗口。

　　关闭窗口:用户完成对窗口的操作后,有下面几种方式关闭窗口。

　　① 直接在标题栏上单击关闭按钮 ![×] 。

　　② 双击控制菜单按钮。

　　③ 单击控制菜单按钮,在弹出的控制菜单中选择"关闭"命令。

　　④ 使用 Alt＋F4 组合键。

　　如果用户打开的窗口是应用程序,可以在文件菜单中选择"退出"命令,同样也能关闭窗口。如果所要关闭的窗口处于最小化状态,可以在任务栏上选择该窗口的按钮,然后在右击弹出的快捷菜单中选择"关闭"命令。在关闭窗口之前要记得保存所创建的文档或所做的修改,如果忘记保存,当执行了"关闭"命令后,会弹出一个对话框,询问是否要保存所做的修改,选择"是"按钮后先保存再关闭,选择"否"后则不保存就关闭,选择"取消"则不能关闭窗口,可以继续使用该窗口。

窗口的排列：当用户同时打开了多个窗口时，用户可以对这些窗口进行排列。在 Windows 10 中为用户提供了三种排列的方案以供选择。在任务栏上的非按钮区右击，弹出一个快捷菜单，如图 3.15 所示。

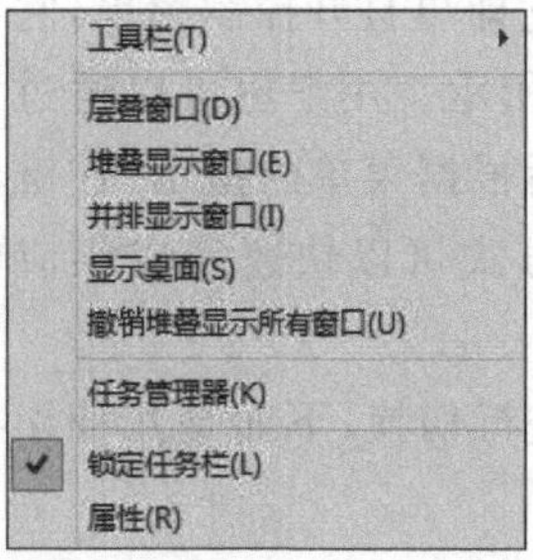

工具栏(T)
层叠窗口(D)
堆叠显示窗口(E)
并排显示窗口(I)
显示桌面(S)
撤销堆叠显示所有窗口(U)

任务管理器(K)

✓ 锁定任务栏(L)
属性(R)

图 3.15　任务栏快捷菜单

① 层叠窗口：把窗口按先后的顺序依次排列在桌面上，其中每个窗口的标题栏和左侧边缘是可见的，用户可以在各窗口之间任意切换。

② 堆叠显示窗口：各窗口从上到下并排显示，在保证每个窗口大小相当的情况下，使得窗口尽可能往垂直方向伸展。

③ 并排显示窗口：在排列的过程中，使窗口在保证每个窗口都显示的情况下，尽可能往水平方向伸展。

在选择了某项排列方式后，在任务栏快捷菜单中会出现相应的撤销该选项的命令，例如，用户执行了"堆叠显示窗口"命令后，任务栏快捷菜单会增加一项"撤销堆叠显示所有窗口"命令，当用户执行此命令后，窗口恢复原状。

3. 菜单基本操作

Windows 的菜单主要为用户提供完成某种操作的命令。在 Windows 中经常使用的有开始菜单、下拉菜单、控制菜单、快捷菜单、级联菜单等 5 种。菜单种类的不同，对菜单的操作也有所不同。打开菜单和选择菜单选项是基本的两种操作。选择菜单项操作在各类菜单中都相同，如果用鼠标的话，只需要用鼠标单击对应选项就可以了；如果用键盘选择，则先用↑、↓、←、→等 4 个箭头键把焦点移到要被选择的选项上，然后按回车键就行了。而对于打开菜单操作，各类菜单的操作就有所不同了。下面分别介绍一下不同菜单的打开操作。

开始菜单：单击窗口键或用鼠标单击开始菜单按钮🪟时打开的菜单。

下拉菜单：在打开应用程序窗口后，用鼠标单击下拉菜单栏中的选项，可以打开下拉菜单，也可以通过按 Alt＋菜单项后面的字母来打开下拉菜单。

控制菜单：用鼠标单击窗口左上角的控制菜单栏，可以打开控制菜单，也可以按键盘的 Alt＋Space 键打开控制菜单。

快捷菜单：用户在选定某个对象后，单击鼠标右键可打开快捷菜单，或在选定对象后按键盘上的▤键打开快捷菜单。

级联菜单：在打开其他菜单后，把鼠标指针放在有"▶"的选项上系统会打开级联菜单，或用键盘上的↑、↓、←、→等 4 个箭头键，把焦点移到有"▶"的选项上再按→键也可打开。

4. 图标基本操作

图标作为 Windows 中的一种基本图形对象可以代表很多种意义，比如应用程序图标代表一个应用程序，快捷方式图标代表某个应用程序句柄，文件夹图标则代表某一个文件夹或文件等。不过，虽然图标所代表的意义各不相同，但操作基本相同，主要有图标的创建、图标的排列、图标的移动、图标的复制和图标的删除等操作。

图标的创建：图标的创建一般是针对快捷方式图标的创建而言的，因为作为应用程序图标或文件夹图标，在建立应用程序或文件夹时系统会自动创建其图标。创建快捷方式的操作方法如下。

① 打开要创建快捷方式的项目所在的位置。

② 右键单击该项目，然后单击"创建快捷方式"，新的快捷方式将出现在原始项目所在的位置上。

③ 将新的快捷方式拖动到所需位置。

对于建立桌面快捷方式图标还有一种简便的方法，那就是选中将要创建快捷方式图标的源文件，右击打开快捷菜单，如图 3.16 所示，选择其中的"发送到"级联菜单中的"桌面快捷方式"选项即可。

图标的排列：当用户在桌面上创建了多个图标时，为避免图标摆放凌乱，可以使用排列图标命令，使用户的桌面看上去整洁而富有条理。用户需要对桌面上的图标进行位置调整时，可在桌面上的空白处右击，在弹出的快捷菜单中选择"排序方式"级联菜单，其中包含了多种排列方式，如图 3.17 所示。

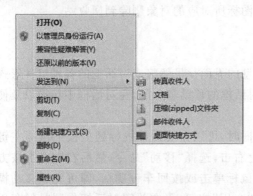
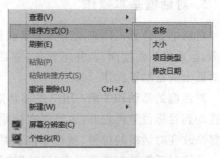

图 3.16　创建桌面快捷方式　　　　图 3.17　"排列图标"快捷菜单

- 名称：按图标名称开头的字母或拼音顺序排列。
- 大小：按图标所代表文件的大小的顺序来排列。
- 项目类型：按图标所代表的文件的类型来排列。
- 修改日期：按图标所代表文件的最后一次修改时间来排列。

当用户选择"排列图标"子菜单中任何一项时，系统会根据用户的选择方式排列图标。如果用户选择了"查看"菜单中的"自动排列图标"选项，在对图标进行移动时会出现一个选定标志，这时只能在固定的位置将各图标进行位置的互换，而不能拖动图标到桌面上任意位置。当选择了"将图标与网格对齐"选项后，则在调整图标的位置时，它们总是成行成列地排列，也不能移动到桌面上任意位置。当用户取消了"显示桌面图标"选项前的"√"标志后，桌面上将不显示任何图标。

图标的移动：如果用户需要移动图标的位置，只需选中要移动的图标后，把鼠标指针指向被选中的图标，然后拖曳鼠标到目的位置就行了。如果目的位置和图标的当前位置不在一个磁盘上，可以利用剪贴板移动。具体操作方法如下。

① 选中要移动的图标。

② 单击鼠标右键弹出快捷菜单，选择"剪切"选项，或按 Ctrl＋X，把图标放到剪贴板上。

③ 选择目标位置，单击鼠标右键弹出快捷菜单，选择"粘贴"选项，或按 Ctrl＋V，把剪贴板上的图标粘到目标位置。

图标的复制：复制图标的操作和移动图标的操作稍有不同。如果在同一磁盘上复制图标，需选中要复制的图标后，把鼠标指针指向被选中的图标，然后先按住 Ctrl 键再拖曳鼠标到目的位置就可以。如果目的位置和图标的当前位置不在一个磁盘上，可以利用剪贴板复制。具体操作方法如下。

① 选中要复制的图标。

② 单击鼠标右键弹出快捷菜单，选择"复制"选项，或按 Ctrl＋C，把图标复制到剪贴板上。

③ 选择目标位置，单击鼠标右键弹出快捷菜单，选择"粘贴"选项，或按 Ctrl＋V，把剪贴板上的图标粘到目标位置。

图标的删除：若想删除图标，只需选中图标后，按 Delete 键，或单击鼠标右键弹出快捷菜单，选择"删除"选项，系统会把图标以及图标所对应的对象删除到回收站。

5. 对话框基本操作

对话框是计算机用来从用户那里获得信息的界面。虽然组成对话框的各种组件形式很多，但从操作角度而言，并不复杂，主要有对话框的移动和关闭、在对话框中切换以及使用对话框的帮助等操作。

对话框的移动和关闭：用户要移动对话框时，可以在对话框的标题上按下鼠标左键并拖动到目标位置再松开，也可以在标题栏上右击，选择"移动"命令，然后在键盘上按方向键来改变对话框的位置，到目标位置时，用鼠标单击或按回车键确认，即可完成移动操作。关闭对话框的方法是单击"确认"按钮或"应用"按钮，可在关闭对话框的同时保存用户在对话框中所做的修改。如果用户要取消所做的改动，可以单击"取消"按钮，或直接在标题栏上单击"关闭"按钮，也可以按 Esc 键退出对话框。

在对话框中切换：由于有的对话框中包含多个选项卡，在每个选项卡中又有不同的选项组，在操作对话框时，可以利用鼠标来切换，也可以使用键盘来切换。

使用对话框的帮助：对话框不能像窗口那样任意改变大小，在标题栏上也没有最小化、最大化按钮，取而代之的是"帮助"按钮，当用户在操作对话框时，如果不清楚某选项组或者按钮的含义，可以在标题栏上单击"帮助"按钮 ？ 。

6. 桌面基本操作

桌面的主要组成部分有图标、桌面背景和任务栏。关于图标的操作，上面已经介绍过，在这里主要介绍桌面的设置和任务栏的设置。在桌面的设置中主要包括屏幕分辨率设置和个性化设置。

屏幕分辨率设置：屏幕分辨率指的是屏幕上显示的文本和图像的清晰度。分辨率越高（如 1920×1080 像素），项目越清楚，同时屏幕上的项目越小，因此屏幕可以容纳更多的项目。分辨率越低(例如 800×600 像素),在屏幕上显示的项目越少,但尺寸更大。计算机可以使用的分辨率取决于监视器支持的分辨率。LED 监视器(也称为平面监视器)和笔记本电脑屏幕通常支持更高的分辨率,并在某一特定分辨率效果最佳。监视器越大,通常所支持的分辨率越高。是否能够增加屏幕分辨率,取决于监视器的大小和功能以及显卡的类型。

设置屏幕分辨率的步骤为打开设置屏幕分辨率窗口(如图 3.18 所示)和设置参数两个步骤。

其中打开屏幕分辨率设置窗口的方法是在桌面上右击鼠标,选择快捷菜单中的"显示设置"选项,打开设置窗口,然后选择主页窗格中的"显示"选项,这样在右边的设置窗格中将出现与显示相关的设置选项。

设置参数的方法是在显示窗格中,单击"分辨率"下拉列表,选择所需的分辨率即可设置需要的分辨率。

在此窗口中,还可以设置桌面显示的一些其他的设置,如在一机多显示器的情况下识别各个显示器、选择主显示器、设置显示方向、设置图标大小等操作。

图 3.18 设置屏幕分辨率窗口

个性化设置:在 Windows 中可以通过更改计算机的主题、颜色、桌面背景、开始页面、和任务栏显示模式等来向计算机添加个性化设置。

主题是计算机上的背景、颜色、声音和鼠标光标的组合。它包括桌面背景、窗口边框颜色和声音方案等。某些主题也可能包括桌面图标和鼠标指针。

在 Windows 中,主题的设置是通过个性化窗口来实现的。用户可以在个性化窗口中从多个主题中进行选择,可以使用整个主题,或通过分别更改图片、颜色和声音来创建自定义主题。具体操作如下。

① 右击桌面,弹出快捷菜单,选择"个性化",打开如图 3.19 所示的个性化窗口。

② 在个性化窗口的左侧窗格中选择"主题"选项。

③ 在右侧窗格中选择喜欢的主题以设置当前系统主题。也可以在打开的个性化窗口后,单击相应选项,设置 Windows 桌面背景、窗口颜色、声音和鼠标光标等个性化元素。

④ 在个性化窗口中通过单击左边的"背景""颜色""锁屏界面""主题""开始""任务栏"等选项分别设置系统的背景颜色和图片、锁屏界面的风格、主题、开始菜单风格和任务栏的位置与状态等内容。

图 3.19　Windows 个性化窗口

3.5.4　Windows 中的文件与设备管理

Windows 10 主要通过文件资源管理器来管理文件,也可以通过在 DOS 虚拟命令行上输入命令的方法来实现文件管理。这两种文件管理方法从风格上各不相同,但从功能上是基本一样的。相比较而言,利用文件资源管理器管理文件系统则更快捷,它有点像管理图书馆目录系统。而 DOS 虚拟命令行上输入命令管理文件系统,则更适合那些有其他命令行界面操作系统使用经验的用户。下面先介绍一些与文件管理相关的概念。

1. 文件资源管理器组成

文件资源管理器是 Windows 10 的一个核心应用程序,用户通过它可以管理文件、设备、网络等各种对象。在桌面上,只需单击任务栏上的文件资源管理器图标█即可打开文件资源管理器,如图 3.20 所示。

文件资源管理器窗口是一个比较标准的 Windows 窗口。它是 Windows 集中管理文

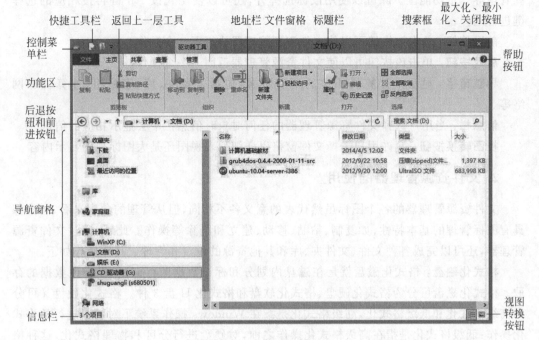

图 3.20　文件资源管理器

件系统和各种资源设定的应用程序。如图 3.20 所示,文件资源管理器主要包括控制菜单栏、快捷工具栏、返回上一层工具、地址栏、文件窗格、标题栏、搜索框、最大化、最小化、关闭按钮、帮助按钮、功能区、后退按钮和前进按钮、导航窗格、信息栏和视图转换按钮等部分组成。各部分功能介绍如下。

控制菜单栏：单击控制菜单栏或使用 Alt＋Space 键可以打开控制菜单,用于调整窗口大小和位置。

快捷工具栏：允许用户通过单击 按钮把自己常用的功能图标设置为快捷工具图标,设定的快捷工具图标会显示在快捷工具栏中。单击快捷工具栏中的图标即可运行相应功能。

返回上一层工具：用户单击可以使文件窗格中显示的内容转换为显示当前文件位置的上一层位置的内容。

地址栏：显示内容所在的地址。

文件窗格：显示当前文件夹的内容。

标题栏：显示窗口标题,双击可以使其最大化或最小化,用鼠标拖曳可以移动窗口。

搜索框：在导航窗格中选中搜索范围后,可以在搜索栏中输入搜索内容,然后单击放大镜即可使计算机在指定的范围中搜索指定的内容。其搜索结果将在文件窗格中显示。

最大化、最小化、关闭按钮：对窗口进行最大、最小和关闭等操作。

帮助按钮：单击可以打开帮助窗口。

功能区：以图标的形式显示文件资源管理器的各种功能,包括文件、主页、共享、查看和管理等 5 个功能区。除可以使用鼠标选择外,还可以使用先按 Alt 键再按相应的选择键进行选择。

前进按钮：单击该按钮可以使文件资源管理器执行下一个操作。

后退按钮：单击该按钮可以使文件资源管理器返回上一个操作。

导航窗格：显示本计算机相关的所有资源,包括收藏夹、库、家庭组、计算机和网络等。

信息栏：当用户选择文件资源管理器的任何对象时信息栏中会显示相应的信息。

视图转换按钮：允许用户选择文件窗格以详细列表视图还是大图标视图显示内容。

2. 文件资源管理器的使用

文件资源管理器的各个图标虽然代表的意义各不相同,但从管理的角度来看,通常都具有图标管理的基本特性,如复制、粘贴、移动、建立和删除等操作。此外,通过文件资源管理器,还可以完成各种文件、文件夹、库和其他资源的设定和管理。具体操作如下。

格式化磁盘：格式化磁盘就是在磁盘内划分和标记数据的存储区,以方便数据的存取。格式化磁盘可分为格式化硬盘、格式化软盘和格式化 U 盘 3 种。格式化硬盘又可分为高级格式化和低级格式化,高级格式化是指在 Windows 操作系统下对硬盘进行的格式化操作;低级格式化是指在高级格式化操作之前,对硬盘进行分区和物理格式化,这种格式化一般是通过专门软件来完成。进行高级格式化磁盘的具体操作如下。

① 若要格式化的磁盘是 U 盘,应先插入 U 盘;若要格式化的磁盘是硬盘,可直接执行第②步。

② 单击任务栏上的文件资源管理器图标,打开资源管理器窗口。

③ 在导航窗格中选择要进行格式化操作的磁盘,右击要进行格式化操作的磁盘,在弹出的快捷菜单中选择“格式化…”命令,打开“格式化”对话框,如图 3.21 所示。

④ 若格式化的是硬盘,在“文件系统”下拉列表中可选择 NTFS 或 FAT32,在“分配单元大小”下拉列表中可选择要分配的单元大小。若需要快速格式化,可选中“快速格式化”复选框。

提示：快速格式化不扫描磁盘的坏扇区而直接初始化文件分配表。只有在磁盘已经进行过格式化而且确信该磁盘没有损坏的情况下,才使用该选项。

⑤ 单击“开始”按钮,将弹出“格式化警告”对话框,若确认要进行格式化,单击“确定”按钮即可开始进行格式化操作。

⑥ 这时在“格式化”对话框的“进程”框中可看到格式化的进程。

⑦ 格式化完毕后,将出现“格式化完毕”对话框,

图 3.21 “格式化”对话框

单击"确定"按钮即可。

　　提示：格式化磁盘将删除磁盘上的所有信息。

　　查看磁盘属性：磁盘的属性通常包括磁盘的类型、文件系统、空间大小、卷标信息等常规信息，以及磁盘的查错、碎片整理等处理程序和磁盘的硬件信息等。查看磁盘的属性包括磁盘的类型、文件系统、空间大小、卷标信息等，具体操作步骤如下。

　　① 打开资源管理器。

　　② 右击要查看属性的磁盘图标，在弹出的快捷菜单中选择"属性"命令。

　　③ 打开磁盘属性对话框，选择"常规"选项卡，如图 3.22 所示。

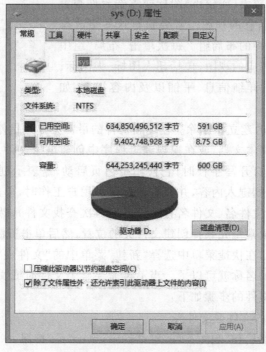

图 3.22　磁盘属性对话框

　　④ 在该对话框的"常规"选项卡中，用户可以更改该磁盘的卷标；查看该磁盘的类型、文件系统、已用空间和可用空间等信息；单击"磁盘清理"按钮，可启动磁盘清理程序，进行磁盘清理。

　　⑤ 在该对话框中的"工具"选项卡中，可以检查磁盘错误和整理磁盘碎片。

　　⑥ 在该对话框中的"硬件"选项卡中，可以查看磁盘的硬件信息及更新驱动程序。

　　⑦ 在"共享"选项卡中设置磁盘是否共享以及共享的权限。

　　⑧ 在"安全"选项卡中设置系统用户的操作权限。

　　⑨ 在"配额"选项卡中设置用户使用硬盘空间的限制。

　　⑩ 在"自定义"选项卡中设置文件夹显示的图标等操作。

　　⑪ 单击"应用"按钮，即可应用在该对话框中更改的设置。

　　文件与文件夹的操作：在资源管理器中，对文件和文件夹的操作主要有查看和排列文件与文件夹、文件与文件夹的建立和删除、文件与文件夹的更名、文件与文件夹的复制与移动、文件与文件夹属性的设置、设置文件与文件夹的显示状态等。这些功能的操作方法如下。

① 选择文件或文件夹：用户可以单击文件或文件夹图标来选中一个文件或文件夹。也可以通过拖曳鼠标形成一个矩形框来选择相连的多个文件或文件夹图标。还可以可按住 Ctrl 键，用鼠标间隔地单击多个文件或文件夹来选择多个不相连的文件或文件夹图标。

② 查看和排列文件与文件夹：在打开文件夹或库时，可以更改文件在窗口中的显示方式。例如，可以首选较大（或较小）图标或首选允许查看每个文件的不同种类信息的视图。若要执行这些更改操作，使用"查看"功能区中的布局组。每次单击"布局"组中对应的按钮即可切换相应的视图，包括超大图标、大图标、中图标、小图标、列表、详细信息、平铺以及内容视图，如图 3.23 所示。

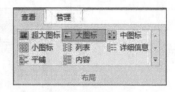

图 3.23　布局组

③ 文件与文件夹的建立和删除。创建新文件的最常见方式是使用程序。例如，可以在字处理程序中创建文本文档，或在视频编辑程序中创建电影文件。有些程序一经打开就会创建文件。例如，打开写字板时，它使用空白页启动，这表示创建了一个空（且未保存）文件。这时可以开始键入内容，并在准备好保存用户工作时，单击"保存"按钮。在所显示的对话框中，键入文件名（文件名有助于以后再次查找文件），然后单击"保存"按钮。创建新文件夹的方法通常是先选择创建文件夹的位置，然后单击资源管理器中的"新建文件夹"工具或右击鼠标，在快捷菜单中选择"新建"菜单中的"文件夹"选项，最后在新建的文件夹上修改文件夹的名称就可以了。当不再需要某个文件时或文件夹时，可以从计算机中将其删除。删除文件的步骤如下：

- 选中需要删除的文件或文件夹。
- 按 Delete 键，然后在"删除文件"对话框中，单击"是"按钮。

删除文件时，被删除文件会被临时存储在回收站中。回收站可视为最后的安全屏障，它可恢复意外删除的文件或文件夹。删除回收站中的文件或文件夹，意味着将该文件或文件夹将被彻底删除，无法再还原。若要还原已删除文件夹中的文件，则将在原来的位置重建该文件夹，然后在此文件夹中还原文件。当回收站充满后，Windows 将自动清除回收站中的空间以存放最近删除的文件和文件夹。还可以选中要删除的文件或文件夹，将其拖到回收站中进行删除。若想直接删除文件或文件夹，而不将其放入回收站中，可在删除文件的同时按住 Shift 键。

④ 文件与文件夹的更名：连续单击两次文件或文件夹图标，或右击文件或文件夹图标在弹出的快捷菜单中选择"重命名"命令，然后输入新的名称即可。

⑤ 文件与文件夹的复制和移动：复制和移动的第一种方法就是使用拖放的方法。拖放的过程是指，先打开包含要移动的文件或文件夹，再在其他窗口中打开要将其移动到的文件夹，将两个窗口并排置于桌面上，以便可以同时看到它们的内容，然后从第一个文件夹将文件或文件夹拖动到第二个文件夹。如果在同一个硬盘上的两个文件夹之间拖动

某个项目,则是移动该项目,这样就不会在同一位置上创建相同文件或文件夹的两个副本;如果将项目拖动到其他位置(如网络位置)中的文件夹或 U 盘之类的可移动媒体中,则会复制该项目。复制和移动文件的另一种方法是,在导航窗格中将文件从文件列表拖动至文件夹或库,从而不需要打开两个单独的窗口。

⑥ 文件与文件夹属性的设置:首先选中需设置属性的文件与文件夹,然后选择"组织"工具中的属性选项,或右击鼠标,选择快捷菜单中的"属性"选项,打开属性对话框,如图 3.24 所示,最后,在属性对话框中设置属性后单击"确定"按钮完成设置。

图 3.24　属性对话框

⑦ 搜索文件或文件夹:有时候用户需要查看某个文件或文件夹的内容,却忘记了该文件或文件夹存放的具体位置或具体名称,这时可以使用 Windows 10 提供的搜索文件或文件夹功能查找该文件或文件夹。搜索文件或文件夹的具体操作如下。

- 打开文件资源管理器,在窗口的搜索栏中输入要搜索的内容。
- 可以在搜索工作区设置"修改日期"、"大小"和"类型"等选项来缩小搜索范围,如图 3.25 所示。

图 3.25　搜索工作区

⑧ 文件内容的显示与关联等操作：双击文件图标通常会打开文件或显示文件内容。但当文件类型未曾与系统中的应用程序关联时，系统会自动打开如图 3.26(a)所示对话框，提示用户上网下载相关打开不明类型文件的相关应用程序。如果用户不想上网搜寻则可单击"更多应用"打开如图 3.26(b)所示对话框，在对话框中选择合适的应用程序即可。如果对话框中没有合适的应用程序，可以选择"在这台计算机上查找其他应用"打开如图 3.26(c)所示窗口，从中选择合适的应用程序。

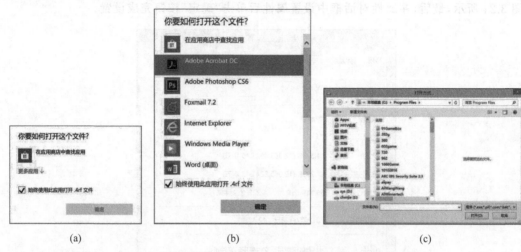

图 3.26 打开未曾与系统中的应用程序关联的类型的文件

⑨ 设置文件与文件夹的显示状态。在文件资源管理器窗口中单击"查看"选项卡，在如图 3.27(a)所示的"显示/隐藏"组中可以设置增加项目复选框，显示文件扩展名等多种操作，另外一些高级操作可以通过单击"选项"按钮打开对应的"文件夹选项"对话框，如图 3.27(b)所示，设置对话框中的选项来完成操作。若要添加文件旁的复选框以便轻松

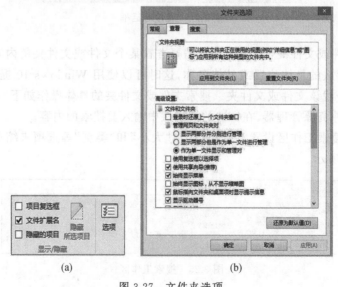

图 3.27 文件夹选项

一次选择多个文件,选中"项目复选框";若要查看文件名末尾的文件扩展名(如.docx和.pptx),选中"文件扩展名",此操作有助于审查计算机上不熟悉的文件,以确保它们不是恶意软件;若要查看标记为"隐藏"的文件、文件夹以及驱动器(通常称为隐藏文件),选中"隐藏的项目"。

映射网络驱动器:如果要经常访问局域网中的某个位置,最方便的方法是映射网络驱动器。映射网络驱动器后,可以从"此电脑"或"Windows 资源管理器"中直接转至共享文件夹或计算机,这样就不用每次查找或键入其网络地址。映射网络驱动器的方法如下。

① 在导航窗格选择"计算机"。

② 右击"计算机"图标,打开快捷菜单,如图 3.28(a)所示,也可以在"计算机"工作区选择"网络"组,如图 3.28(b)所示,单击"映射网络驱动器",打开"映射网络驱动器"对话框,如图 3.29 所示。

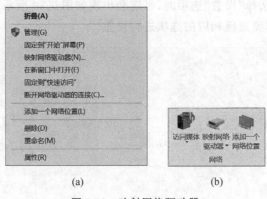

(a)   (b)

图 3.28　映射网络驱动器

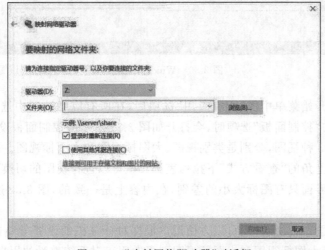

图 3.29　"映射网络驱动器"对话框

③ 在"驱动器"下拉列表中,单击某个驱动器号。

④ 在"文件夹"文本框中,输入文件夹或计算机的路径,或单击"浏览"按钮来查找文

件夹或计算机。

⑤ 若要在每次登录计算机时进行连接,选中"登录时重新连接"复选框。

⑥ 单击"完成"按钮即可创建网络驱动器。

设置网络位置:在资源管理器中还可以创建快捷方式到 Internet 位置,如网站或 FTP 站点。下面是具体操作方法。

① 在导航窗格选择"计算机"。

② 右键单击文件夹的任意处,从弹出快捷菜单选择"添加一个网络位置"命令,或在 "计算机"工作区选择"网络"组,如图 3.28(b)所示,单击"添加一个网络位置"。

③ 按照向导中的步骤将快捷方式添加到网络、网站或 FTP 站点上的某个位置。

设备管理:在中文 Windows 10 中,用户可以根据自己的需要配置自己系统的各种软硬件设备环境,这些操作都是通过"设置"选项或"控制面板"来完成的。

当打开开始菜单选择"设置"选项时,系统会出现如图 3.30 所示的设置页面。在此页面上,用户可以根据需要选择相应的选项进行设置。

图 3.30　Windows 设置

当用户选择开始菜单中的"所有应用"选项后,在所有应用选项中选择"Windows 系统"级联菜单下的"控制面板"选项时,会打开如图 3.31 所示的控制面板设置页面。

控制面板有 3 种视图,分别是类别视图、大图标视图和小图标视图。用户只需用鼠标单击控制面板左上角的"查看方式"下拉列表工具就可以进行视图的切换。其中大图标视图和小图标视图界面只有图标大小的差别,在内容上是一致的,图 3.32 所示的为小图标视图。

在这 3 种视图中,类别视图可以方便用户根据对计算机的设置需要快速地查找到相应的设置工具,而大图标视图和小图标视图则更适用于对系统熟悉的用户,可以使用户一步到位地找到相应的设置图标。

在控制面板的类别视图中,系统提供了"系统和安全""用户账户和家庭安全""网络和 Internet""外观和个性化""硬件和声音""时钟、语言和区域""程序"和"轻松使用"等 8 类

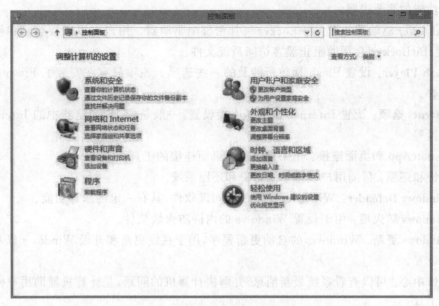

图 3.31　控制面板分类视图

图 3.32　控制面板的小图标视图

设置操作。用户可以单击相应的类别来显示该类的相关设置图标后,再进一步选择合适的图标。

　　在控制面板的大图标和小图标视图中我们看到大约有四十几个不同功能的应用程序图标。可以通过双击运行这些图标来完成对系统的所有软硬件环境的设置。下面是对这些图标功能的简要说明。

BitLocker 驱动器加密：BitLocker 可加密整个驱动器。用户可以正常登录和使用文件，但是 BitLocker 会帮助阻止黑客访问系统文件。

Flash Player：设置 Flash 播放所涉及的一些选项。该项只有在安装了 Flash Player 软件才有。

Internet 选项：配置 Internet 显示和连接设置，一般是指 IE 浏览器中的 Internet 的连接设置等。

RemoteApp 和桌面连接：用来设置远程桌面连接的工具。

备份和还原：帮助用户设置系统备份和还原系统。

Windows Defender：Windows 自带的反间谍软件，具有一定的杀毒功能。

Windows 防火墙：用于设置 Windows 的内嵌防火墙软件。

Windows 更新：Windows 的自动更新程序，用于在线更新和升级 Windows 以及相应的更新设置。

操作中心：可以查看系统最新消息，并解决计算机的问题，是计算机辅助用户操作计算机的工具。

程序和功能：用于卸载和管理系统中的应用程序和软件。

存储空间：管理多个驱动器，可以整合为一个存储池。

电话和调制解调器：配置电话拨号规则和调制解调器的设置。

电源选项：配置计算机的节能设置。

定位设置：用于启用 Windows 定位平台。

个性化：用于设置系统的主题、桌面背景、声音、窗口配色、屏幕保护等个性化设置。

管理工具：配置用户计算机的管理设置，包括服务设置、安全策略设置、数据源设置、系统性能监测等多种工具。

恢复：将系统还原到某个时间点的状态。

家庭安全：用来管理系统的使用用户，以及普通用户的家庭安全权限。

家庭组：管理系统的家庭组。使用家庭组，可轻松地在家庭网络上共享文件和打印机。可以与家庭组中的其他人共享图片、音乐、视频、文档以及打印机。家庭组之外的人无法更改家庭组内共享的文件，除非授予他们执行此操作的权限。

键盘：自定义键盘设置，如指针闪烁速度和字符重复速度等。

默认程序：用于设置文件类型或协议与程序关联、自动播放设置等。

凭据管理器：可将用户名和密码存储到保管库中方便用户登录到计算机或网站，也可以管理用户的证书。

轻松使用设置中心：为视觉、听觉和行动能力有障碍的人设置特殊的计算机使用方案，使计算机更易于使用。

区域：自定义语言、数字、货币、时间和日期的显示格式。

任务栏：自定义开始菜单和任务栏中显示的内容和风格等。

日期和时间：为用户的计算机设置日期、时间和时区信息。

设备管理器：用来管理系统的所有硬件设备，包括各种驱动程序的安装和更新。

设备和打印机：显示安装的打印机和设备，帮助用户添加、设置打印机或其他设备。

声音：更改计算机的声音方案，或者配置扬声器和录音设备的设置。

鼠标：自定义鼠标设置，例如按钮设置、双击速度设置、鼠标指针方案和移动速度等的设置。

索引选项：管理系统的文件搜索索引以提高系统搜索的速度。

通知区域图标：设定通知区域图标的显示状态。

同步中心：同步中心专门用于帮助用户在网络位置与文件同步。

网络和共享中心：查看网络状态、更改网络设置，并为共享文件和打印机设置首选项。

文件夹选项：自定义文件和文件夹的显示，改变文件与应用程序的关联，设置网络文件的脱机使用等。

文件历史记录：设置文件历史记录驱动器，访问文件的历史操作记录。

系统：查看用户计算机系统信息、配置环境变量。

显示：设置桌面图标大小和显示设置。

性能信息和工具：显示当前系统性能信息，帮助用户更改系统设置，提高系统性能。

颜色管理：更改用于显示器、扫描仪、打印机等的高级颜色管理设置。

疑难解答：排除并解决计算机常见问题。

用户账户：更改、管理此计算机的用户账号、密码、使用权限等。

语言：设置语言与输入法。

语音识别：改变文字语言转换和语音识别设置。配置计算机上的语音工作方式。

自动播放：设置插入每种媒体或设备时的后续操作。

字体：添加、删除和管理用户的计算机上的字体。

3.6 Windows 10 中常用的工具软件

3.6.1 记事本

记事本用于纯文本文档的编辑，适于编写一些篇幅短小的纯文本格式的文件。由于它使用方便、快捷，应用也是比较多的，比如一些程序的帮助文件通常是以记事本的形式打开的。要启动记事本，用户可依以下步骤来操作：按下键盘上的 Windows 徽标键，然后右击，选择"所有应用"按钮，在"开始界面"中选择"记事本"磁贴，即可启动记事本，如图 3.33 所示。

使用记事本建立文本文件，基本上遵循新建或打开文件、输入内容、编辑修改、设置格式和保存文件等几个步骤。

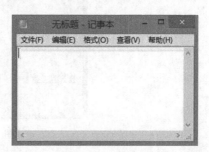

图 3.33 记事本

1. 新建或打开文件

当用户需要新建或打开一个文档时，可以在"文件"菜单中进行操作，执行"新建"或"打开"命令，在新建文件时系统自动建立一个空记事本文件。当执行"打开"命令时系统会弹出"打开"对话框，用户可以选择要打开的文件。单击"确定"按钮后，即可新建或打开一个文件，进行文字的输入。

2. 输入内容

在记事本中只能输入 ASCII 码所能表示的符合 ANSI、Unicode、Unicode Big Endian、UTF-8 等国际通用字符集的符号。

3. 编辑修改

编辑功能是记事本程序的灵魂，通过各种方法，比如复制、剪切、粘贴等操作，使文档符合用户的需要。

4. 设置格式

用户可以利用"格式"菜单中的"字体"命令来实现，选择这一命令后，出现"字体"对话框，如图 3.34 所示。在"字体"的列表框中有多种中英文字体可供用户选择，在"字形"列表框中可以选择常规、斜体等，在"大小"列表框中，字号用阿拉伯数字标识的，数字越大，字号就越大，而用汉语标识的，数字越大，字号反而越小。

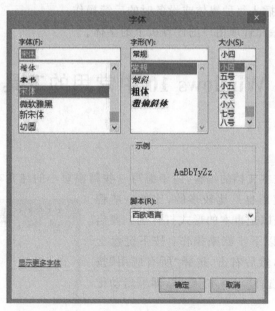

图 3.34 "字体"对话框

注意：如果在记事本中更改文本的"字体"格式，不是更改当前正在编辑的文本的格式,而是更改本计算机中记事本软件的显示格式。在其他计算机中打开该记事本文件时,以当前计算机中记事本软件的默认格式显示文字。

5. 保存文件

当用户编辑完文件后,一般需要把文件保存在某个地方,具体操作如下。

打开"文件"菜单下的"保存"命令,如果不是第一次保存,则系统会按原先的文件名和存储位置保存;如果是新建的文件,第一次保存,系统会弹出"另存为"对话框,如图 3.35 所示。用户设置文件保存的文件夹位置,然后在"文件名"标签后面的文本框中输入文件名。在"保存类型"下拉列表框中选择文件类型,在"编码"下拉列表框中选择合适的编码标准(这些一般我们都使用默认的选项),然后单击"保存"按钮,系统就会根据用户的指示把文件保存在用户指定的文件夹中。

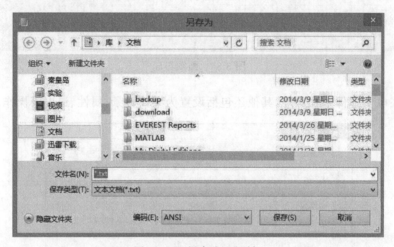

图 3.35 "另存为"对话框

3.6.2 画图

画图程序是一个位图编辑器,可以对各种位图格式的图画进行编辑,用户可以自己绘制图画,也可以对扫描的图片进行编辑修改。在编辑完成后,以 BMP、JPG、GIF 等格式保存。

1. 认识画图界面

当用户要使用画图工具时,可按下键盘上的 Windows 徽标键,然后右击鼠标,单击"所有应用"按钮,在"开始界面"选择"画图"磁贴,进入"画图"窗口,如图 3.36 所示为程序默认状态。

画图窗口除了具有一般窗口所有的控制菜单按钮外,还具有画图按钮、快速访问工具栏、功能区和绘图区域等 4 个主要部分。

① "文件"选项卡:单击"文件"选项卡,如图 3.37 所示。该视图中包括画图文件的操作,如新建、打开、保存、另存为等选项,以及图形数据输入输出操作,如打印、从扫描仪或

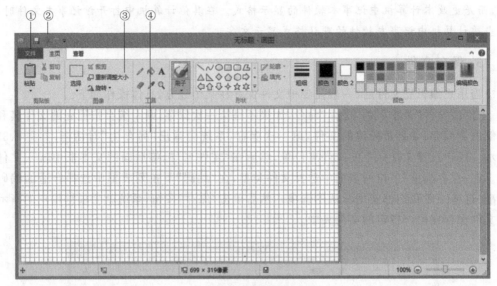

图 3.36　画图界面

照相机和在电子邮件中发送等，其他还包括设置为桌面背景、属性、退出等操作。

图 3.37　"文件"选项卡视图

　　② 快速访问工具栏。快速访问工具栏把画图中常用的工具以工具栏的形式显示出来。它们可以通过打开快速访问工具栏右边的 按钮进行定制。
　　③ 功能区。功能区是画图软件的工具箱。

④ 绘图区。绘图区是窗口的主体部分,为用户提供画布。

2. 使用功能区

在功能区中,为用户提供了若干组,主要包括剪贴板、图像、工具、形状、颜色、缩放、显示或隐藏和显示等 8 类工具。每个组有包括若干选项以满足用户绘图的需要。

剪贴板组。该组包括剪切、复制和粘贴等 3 个主要命令。剪切命令可以把用户选中的图形移到剪贴板上,复制命令可以把用户选中的图形复制到剪贴板,粘贴命令可以把剪贴板上的图形粘贴到绘图区的左上角并等待用户移动到合适的位置。利用这些工具,用户可以对图片中用户选中的部分进行复制和移动。另外,粘贴工具中的"粘贴来源"选项还可以从其他图片文件输入图形。

图像组。此组中的工具用于选择图像并对图像进行位置和大小的调整。该组包括选择、剪裁、重新调整大小和旋转等 4 种工具。

① 选择工具:可以通过拖曳鼠标来确定选择范围。其中在"矩形选择"状态下拖曳鼠标会选择个矩形区域,在"自由图形选择"状态下可选择不规则区域。若要选择整个图片,单击"全选"。若要选择图片中除当前选定区域之外的所有内容,单击"反向选择"。若要删除选定的对象,请单击"删除"。若要在选择中包含背景色,在选择前清除"透明选择"前的"√"。粘贴所选内容时,会同时粘贴背景色,并且填充颜色将显示在粘贴的项目中。若要在选择中不包含背景色,需要单击"透明选择"。粘贴所选内容时,任何使用当前背景色的区域都将变成透明色,从而允许图片中的其余部分正常显示。

② 剪裁工具:选择裁剪工具后,系统只会保留用户选择的部分。

③ 重新调整大小工具:会打开如图 3.38(a)所示对话框,允许用户调整图形的大小和倾斜角度。

④ 旋转工具:使选中的区域旋转一定的角度。旋转的角度通过单击旋转按钮打开如图 3.38(b)所示菜单中选择。

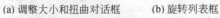

(a) 调整大小和扭曲对话框　　(b) 旋转列表框

图 3.38　重新调整大小对话框

工具组。该组是手工画图的常用工具,包括铅笔、填充、文本、橡皮、取色、放大镜和刷子等工具。

① 铅笔:此工具用于不规则线条的绘制。直接选择该工具按钮即可使用,线条的颜

色依前景色而改变,可通过改变前景色来改变线条的颜色。

② 填充:运用此工具可对一个选区内进行颜色的填充,以达到不同的表现效果。

③ 文字:用户可采用文字工具在图画中加入文字。单击此按钮,再在绘图区单击,出现文字框,用户可以在文本框中输入文字,同时系统会自动显示"文本"功能区。用户可以在此功能区设置输入文字的各种属性,如设置文字的字体、字号,使文字加粗、倾斜,加下画线,改变文字颜色等等。

④ 橡皮:用于擦除绘图中不需要的部分,显示出绘图区的背景色(颜色2)。

⑤ 取色:此工具的功能等同于在颜料盒中进行颜色的选择。运用此工具时,可单击该工具按钮,再在要操作的对象上单击,颜料盒中的前景色(颜色1)随之改变,而对其右击,则背景色会发生相应的改变,当用户需要对两个对象进行相同颜色填充,而这时前景色和背景色的颜色已经调乱时,可采用此工具,能保证其颜色的绝对相同。

⑥ 放大镜:当用户需要对某一区域进行详细观察时,可以使用放大镜进行放大。选择此工具按钮,绘图区会出现一个矩形选区,选择所要观察的对象,单击即可放大,右击缩小。用户也可拖曳窗口右下角的滑块来精确设置放大倍数。

⑦ 刷子:使用此工具可选择不同的笔尖,绘制不规则的图形。使用时单击该工具的下拉按钮,选择需要的笔尖效果,然后在绘图区按下左键拖动,即可绘制前景色的图画,按下右键拖动可绘制背景色图画。用户可以根据需要选择不同的笔刷粗细及形状。

形状组。利用该组中的工具按钮,用户可以方便地在绘图区拖曳出简单的线、图形、箭头等形状。同时,可以通过轮廓按钮设置形状的边框类型,通过填充按钮设置形状的填充效果,通过粗细选项设置线的粗细。

颜色组。该组的"颜色1"代表前景色,"颜色2"代表背景色,其中包括多个色块的调色板和用户可以自定义颜色的"编辑颜色"按钮。用户可以从颜色栏中进行颜色的选择,先选择颜色1或颜色2,然后在调色板中选择需要的颜色,即可设置相应的前景色和背景色。用户可以通过单击"编辑颜色"打开如图3.39所示对话框。在该对话框中设定自定义颜色。自定义颜色会自动添加到调色板上。

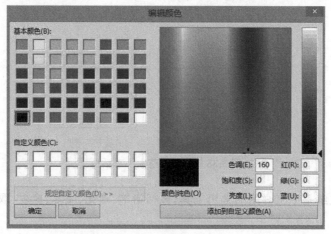

图3.39 "编辑颜色"对话框

3.6.3　截图工具

截图工具是 Windows 10 提供的一款非常实用的桌面截图软件。用户可以使用截图工具捕获屏幕上任何对象的屏幕快照或截图,然后对其添加注释、保存或共享该图像。

截图工具可以通过按下 Windows 徽标键,然后右击,选择"所有应用"按钮,在"开始界面"选择"附件→截图工具"磁贴来打开。其应用程序窗口如图 3.40 所示。

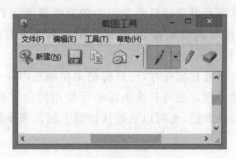

图 3.40　"截图工具"窗口

1. 截图的方法

在截图工具中有任意格式截图、矩形截图、窗口截图和全屏幕截图等 4 种截图模式,分别介绍如下。

① 任意格式截图:可以围绕对象绘制任意格式的形状作为截图的形状。

② 矩形截图:可以在对象的周围拖动光标构成一个矩形作为截图的形状。

③ 窗口截图:可以选择一个窗口,例如希望捕获的浏览器窗口或对话框。

④ 全屏幕截图:可以捕获整个屏幕。

截图的操作步骤是打开"截图工具"后单击"新建"按钮旁边的箭头,从列表中选择"任意格式截图""矩形截图""窗口截图"或"全屏幕截图",然后选择要捕获的屏幕区域即可。

对应用程序菜单或"开始"菜单的截图操作步骤如下。

① 打开"截图工具"。

② 打开截图工具后,按 Esc 键,然后打开要捕获的菜单。

③ 按 Ctrl+PrtScn 键。

④ 单击"新建"按钮旁边的箭头,从列表中选择"任意格式截图""矩形截图""窗口截图"或"全屏幕截图",然后选择要捕获的屏幕区域。

2. 对截图的处理

通过截图工具在屏幕中捕获用户需要的图形后,通常要进行一些简单的处理,比如保存或对图形简单加工。要保存截图,只需在捕获截图后,在标记窗口中单击"保存截图"按钮,在"另存为"对话框中,输入截图的名称,选择保存截图的位置,单击"保存"按钮即可。

在保存截图之前,也可以为截图添加一些注释或修改。具体操作方法如下。

- 选择笔形工具(可以是笔也可以是荧光笔)。
- 拖曳鼠标进行相应的图形修改。
- 如果修改错误,可以通过选择橡皮工具后,通过单击修改部位进行擦除。

3.6.4 计算器

计算器可以帮助用户完成数据的运算,它可分为标准型、科学型、程序员型和统计信息型等4种。标准型计算器可以完成日常工作中的简单算术运算;科学型计算器可以完成较为复杂的科学运算,比如函数运算等;程序员型计算器更有利于程序员进行数值转换;统计信息型计算器有利于进行数据统计。

计算器的运算的结果不能直接保存,而是将结果存储在内存中,以供粘贴到别的应用程序和其他文档中。它的使用方法与日常生活中所使用的计算器的方法一样,可以通过鼠标单击计算器上的按钮来取值,也可以通过从键盘上输入来操作。

1. 标准型

在处理一般的数据时,用户使用标准计算器就可以满足工作和生活的需要了,按下Windows徽标键,进入"开始界面",然后右击鼠标,单击"所有应用"按钮,在"开始界面"中选择"计算器"磁贴,即可打开"计算器"窗口,系统默认为标准计算器,如图3.41(a)所示。其使用方法与普通计算器无异,可以通过键盘或鼠标按键进行操作。

2. 科学型

当用户从事非常专业的科研工作时,经常要进行较为复杂的科学运算,可以选择计算器中"查看"菜单下的"科学型"命令,弹出科学型计算器窗口,如图3.41(b)所示。此窗口增加了角度、弧度、梯度等单位选项及一些函数运算符号。

(a) 标准型   (b) 科学型

图 3.41   标准型计算器与科学型计算器

3. 程序员型

为了适应程序员对数值计算的要求,可以选择程序员型计算器。该类计算器此窗口增加了十六进制、十进制、八进制、二进制等数制选项和字节容量转换选项。在程序员模式下,计算器最多可精确到 64 位数(取决于所选的字大小)。以程序员模式进行计算时,计算器采用运算符优先级。程序员模式只是整数模式,小数部分将被舍弃,其界面如图 3.42(a)所示。

4. 统计信息型

使用统计信息模式时,可以输入要进行统计计算的数据,然后进行计算,其界面如图 3.42(b)所示。输入数据时,数据将显示在历史记录区域中,所输入数据的值将显示在计算区域中。其中一些特殊按钮的功能如表 3.3 所示。

(a) 程序员型   (b) 统计信息型

图 3.42 程序员型计算器与统计信息型计算器

表 3.3 特殊功能按钮表

按　钮	功　能
$\bar{x}$	平均值
$\overline{x^2}$	平均平方值
$\sum x$	总和
$\sum x^2$	平方值总和
σ_n	标准偏差
σ_{n-1}	总体标准偏差

3.7　Android 操作系统

Android 中文俗称安卓,其本义是指"机器人"。它是一个以 Linux 为基础的开放源代码操作系统,主要用于移动设备,由 Google 公司成立的 OHA(Open Handset Alliance,

开放手持设备联盟)持续领导与开发。如今,Android 及其绿色小机器人标志与苹果的 iPhone 一样风靡世界,掀起了移动领域最具影响力的风暴。

3.7.1 Android 的历史

Android 系统由安迪·鲁宾(Andy Rubin)开发制作。最初,开发这个系统的目的是利用其创建一个能够与 PC 联网的智能手机生态圈。但是后来,智能手机市场快速成长,Android 被改造为一款面向手机的操作系统。

2003 年 10 月,安迪·鲁宾在美国加利福尼亚州帕洛阿尔托创建了 Android 科技公司,并与利奇·米纳尔(Rich Miner)、尼克·席尔斯(Nick Sears)、克里斯·怀特(Chris White)共同发展这家公司。

2005 年 8 月 17 日,Google 公司收购了 Android 科技公司,所有 Android 科技公司的员工都被并入 Google 公司。Google 公司正是借助此次收购正式进入移动领域。在 Google 公司,鲁宾领导着一个负责开发基于 Linux 核心移动操作系统的团队,这个开发项目便是 Android 操作系统。

2007 年 9 月,Google 公司提交了多项移动领域的专利申请。

2007 年 11 月,Google 公司与 84 家硬件制造商、软件开发商及电信营运商成立开放手持设备联盟来共同研发改良 Android 系统,随后,Google 公司以 Apache 免费开放源代码许可证的授权方式,发布了 Android 的源代码,让生产商推出搭载 Android 的智能手机,Android 操作系统后来更逐渐拓展到平板电脑及其他领域上。

2010 年末的数据显示,仅正式推出几年的 Android 操作系统在市场占有率上已经超越称霸逾十年的诺基亚的 Symbian 系统,成为全球第一大智能手机操作系统。

2013 年 11 月 1 日,Android 4.4 正式发布。从具体功能上讲,Android 4.4 提供了各种实用小功能,新的 Android 系统更智能,添加更多的 Emoji 表情图案,UI 的改进也更现代,如全新的 HelloiOS 7 半透明效果。

2019 年,Android 10 正式发布,从 Android 10 开始,Google 公司开始提供系统级的黑暗模式,大部分预装应用、抽屉、设置菜单和 Google Feed 资讯流等界面和按钮,都会变成以黑色为主色调,就和你在 macOS Mojave 中看到的暗色界面一样。

根据 IDC 2019 年报告显示,Android 系统占据的全球智能手机市场份额从 2018 年的 85% 上升到 2019 年的 87%,它在中国市场的份额更高。至今,安卓已经确立了在移动操作系统中的霸主地位。

3.7.2 界面与基本操作

为适应触摸屏的操作和手机平板电脑等小面积屏幕的操作,Android 系统在设计时采用了大图标、多屏显示的设计特点。

如图 3.43 所示,Android 系统界面通常包括应用程序界面、窗口小部件界面等多组界面。在屏幕下方包括若干基本操作工具。Android 系统界面常见的图标如表 3.4

所示。

图 3.43　Android 系统界面

表 3.4　常用图标功能

图　标	功　能	图　标	功　能
↰	返回上一个操作	⇄	USB 连接设置
⌂	回到主界面	2:41	时间设置
⧉	任务管理	⌃	Wi-Fi 设置
🔊	声音设置	⚡	电量显示

因为 Android 系统主要用于手机和平板电脑等触屏设备，所以其基本操作均为一些手势。常见的手势如下。

点击：也称为"单击"，即轻触屏幕一下。是使用频率最高的动作。点击主要用来打开程序。

长按：按住屏幕超过两秒。此动作通常用来调出"快捷菜单"。某些应用程序在界面空白处长按可以调出菜单；某些条目长按也可以弹出菜单，比如当你需要转发短信时，在短信对话界面长按短信内容，必然会弹出菜单，菜单中通常会有"转发"选项。

拖动：准确来说应该称为"按住并拖动"。"拖动"主屏幕是编辑时的常见动作，比如对桌面"小组件"或者"图标"进行位置编辑时。另外也用于进度定位，比如播放音乐或者视频时，需要常常拖动进度条。

双击：就是短时间内连续点击屏幕两次，主要用于快速缩放，比如浏览图片时双击可以快速放大，再次双击可以复位；浏览网页时，对文章正文部分双击可使文字自适应屏幕，当然某些视频播放器双击可切换至全屏模式。

滑动：主要用于查看屏幕无法完全显示的页面，功能类似鼠标的滚轮。此操作主要用于查看图片、网页、纯文本(短信、邮件、笔记)。

缩放：指两个手指在屏幕上同时向相反或相向方向滑动，是查看图片、网页时最常见的操作,照相时也可使用缩放手势来进行调焦。

3.7.3　基本架构

Android 系统主要用在手机、平板电脑等智能设备上,因此其系统一直走开放性和模块化的路子。图 3.44 显示了 Android 系统的基本架构。

图 3.44　Android 系统基本架构

如图 3.44 所示,Android 系统主要分成 5 部分,分别为 Linux 核心、库、Android 执行引擎、应用程序框架和应用程序。

Linux 内核:Android 是基于 Linux 开发的操作系统,所以 Linux 内核为 Android 提供核心系统服务,例如安全、内存管理、进程管理、网络堆栈、驱动模型。Linux 内核也作为硬件和软件之间的抽象层,它隐藏具体硬件细节,为上层提供统一的服务。

库:也称为 Libraries,是一个 C/C++ 库的集合,供 Android 系统的各个组件使用。这些功能通过 Android 的应用程序框架展现给开发者。

Android 执行引擎:也称为 Android Runtime,是一个核心库的集合,提供大部分在 Java 编程语言核心类库中可用的功能。每一个 Android 应用程序是 Dalvik(Google 公司自己设计用于 Android 平台的 Java 虚拟机)虚拟机中的实例,运行在它们自己的进程中。Dalvik 虚拟机依赖于 Linux 内核提供基本功能,如线程和底层内存管理

应用程序框架:是 Android 为开发者提供的能够编制丰富和新颖的应用程序的一个接口。开发者可以自由地利用设备硬件优势、访问位置信息、运行后台服务、设置闹钟、向状态栏添加通知等。应用程序框架可以简化组件的重用。框架中包括视图(View)、内容提供者(Content Providers)、资源管理器(Resource Manager)、通知管理器(Notification Manager)、活动管理器(Activity Manager)等部分。

应用程序:是 Android 系统中各种与用户打交道的应用程序的集合,包括电子邮件客户端、SMS 程序、日历、地图、浏览器、联系人和设置等。所有应用程序都是用 Java 编程语言写的。

3.7.4　Android 系统基本文件夹结构

由于 Android 系统是一个开放的系统,所以在不同公司的移动产品上搭载的

Android 系统,其目录结构也各不相同,但基本的目录结构是相同的。打开 Android 文件管理器,会发现有数十多个英文命名的文件夹罗列其中,很多功能可以从其名字上略有所知,内部大批量的文件却让我们一头雾水,其中大部分目录都是不同版本的安卓系统所特有的,在这里不做介绍,在这里简单介绍一下另外一些通用且重要目录,如图 3.45(a)所示。

在根目录中重要的文件夹主要有 cache、data、dev、etc、proc、root、sbin、sdcard、sqlite_stmt_journals、sys、system 等 11 个,各文件夹功能介绍如下。

(a) 根目录   (b) system目录

图 3.45　Android 系统目录结构

① **cache 目录**:是缓存临时文件夹。

② **data 目录**:保存用户安装的软件以及各种数据。

③ **dev 目录**:保存设备节点文件。

④ **etc 目录**:指向/system/etc,是系统配置文件存放目录。

⑤ **proc 目录**:其下的多种文件提供系统的各种版本、设备等信息。

⑥ **root 目录**:是系统的根目录。

⑦ **sbin 目录**:只存放了一个用于调试的 adbd 程序。

⑧ **sdcard 目录**:是 SD 卡中的 FAT32 文件系统挂载的目录。

⑨ **sqlite_stmt_journals 目录**:是一个根目录下的 tmpfs 文件系统,用于存放临时文件数据。

⑩ **sys 目录**:用于挂载 sysfs 文件系统。在设备模型中,sysfs 文件系统用来表示设备的结构,将设备的层次结构形象地反映到用户空间中,用户空间可以通过修改 sysfs 中的文件属性来修改设备的属性值。

⑪ **system 目录**:是一个很重要的目录,大部分系统文件都在该目录中。

在 Android 系统中的 system 目录包括系统中最重要的一些系统文件。它的结构如图 3.45(b)所示。其中主要目录的功能如下。

① **app 目录**:这个目录里面主要存放的是常规下载的应用程序,可以看到都是以 APK 格式结尾的文件。在这个文件夹下的程序为系统默认的组件,自己安装的软件将不

会出现在这里，而是在 data 目录中。

② **bin 目录**：这个目录下的文件都是系统的本地程序，从 bin 文件夹名称可以看出是二进制的程序，里面主要是 Linux 系统自带的组件和命令。

③ **etc 目录**：该目录保存的都是系统的配置文件，比如 APN 接入点设置等核心配置。

④ **fonts 目录**：该目录是系统的字体文件夹，除了标准字体外，可以看到文件体积最大的可能是中文字库，或一些 Unicode 字库。

⑤ **framework 目录**：framework 主要是一些核心的文件，文件的后缀名通常为 jar，framework 目录保存的是系统平台框架。

⑥ **lib 目录**：lib 目录中存放的主要是系统底层库、一些 so 文件，如平台运行时库等。

⑦ **media 目录**：用来保存系统的默认铃声音乐等文件，其中 media\audio 目录保存除了常规的铃声外还有一些系统提示事件音。

⑧ **usr 目录**：表示用户文件夹，包含共享、键盘布局、时间区域文件等。

通过简单了解这些目录的功能，可以对安卓系统的内部资源有个比较透彻的理解，同时也避免了用户误删造成的数据丢失和系统崩溃。

3.8 思政篇——国产操作系统的那些人和事

操作系统是计算机软件领域的基础。我国在操作系统的研发方面长期处于滞后状态。目前，我国桌面操作系统市场仍以微软公司的 Windows 系统为主。

但在英文操作系统满天飞的年代，我国却涌现出了很多 IT 英雄，他们艰苦奋斗，充分发扬不怕苦，不怕累的精神，勇于创新，终于解决了操作系统的汉化问题，为我国计算机应用的发展提供了最基本的汉字支持。

3.8.1 汉字操作系统

汉字操作系统是计算机汉化软件的核心，是人机对话的界面，具有控制和管理计算机系统资源的功能，为用户提供汉字输入、汉字输出、汉字造字等界面，支持中文软件运行。

早在 20 世纪 70 年代，我国就开始对汉字信息处理技术进行研究并取得了一定成果。进入 20 世纪 80 年代后，由于微型计算机的发展，促使汉字信息处理有了重大突破，并研制成功了第一个汉字操作系统，定名为 CCDOS。这是由原电子工业部第六研究所在 PC-DOS 的基础上为 IBM-PC 及其兼容机开发的操作系统。随着计算机的发展，汉字系统历经了三代。最早的 CCDOS 汉字系统，基本满足汉字信息处理的要求，但处理速度慢，点阵字模不美观等。发展到第二代，出现了 UCDOS、SUPER-CCDOS 2.13 等，它们在处理速度上有了很大提高，也有了较为精美的汉字字库。到了第三代，汉字系统已能支持直接写屏，如 UCDOS 5.0、CXDOS 6.0、天汇 3.0 等。这样，对西文软件无须汉化便能处理汉字了。

下面对一些为操作系统汉化做出突出共享贡献的先驱者做个简单的介绍。

1. 严援朝和他的 CCDOS

严援朝,1951 年生人,毕业于华中工学院(现华中科技大学),高级工程师。他是 CCDOS 的作者,MSOA 的作者,长城 0520CH 微机的主要设计者,曾荣获国家科技进步二等奖,主持开发长城 0520 显示卡,主持设计人民大会堂电子表决系统。

严援朝插过队,当过工人、技术员、工程师、总工程师,是一位科技先锋人物,是中国第一代著名的程序员。

1983 年,国家计算机工业总局决定把生产 IBM-PC 兼容机定为中国计算机发展的方向,需要在 5 个月内使 PC 兼容机具有汉字处理能力。这在当时我国的专家眼中几乎是不可能完全按成的任务。此前为了让 ZD2000 汉字终端能处理汉字,花了好多年时间。我国 100 多所大学、研究所没有一家愿意承担开发汉字系统的任务。

当时已经 32 岁的严援朝在第四机械工业部第六研究所工作,他在接到这个工作时心里并没有谱,用他的原话说就是:"我是硬着头皮接了此事,幸好也就干成了。当时胆也大,现在想起来都有些后怕,但人被压抑到一定份上,就什么都无所谓了。那时精力好,年轻好胜,就觉得天下没有我做不出来的事。"

严援朝接下任务后,争取到了全所唯一的一台 IBM-PC(配置是 128KB 内存、VGA 显示器、一个 160KB 软驱,没硬盘)的使用权。但当严援朝和新分来的大学生欢天喜地把机器搬回来后,大学生忙着插电源,结果把 110V 的电源插在了 220V 的电源上。严援朝回忆这件事时说:"我当时就想跳楼。我好容易当上了课题组长,我好容易把设计方案拿了出来,我好容易把机器要了回来,我好容易有了这么一个机会,但是……"

1983 年 3 月汇报,为了向专家们证明用软件方案能在 IBM-PC 上显示汉字,严援朝用 BASIC 写了一个程序,在显示器上显示了一屏"甲",第二屏显示的全是"田"。在此之前,汉字在计算机上显示都是通过硬件实现的,谁也没有用纯软件的方法显示过汉字。

4 月份,严援朝拿出总体方案。跟着,他着手把原来汉字终端上的 7663 个汉字字模通过程序实现出来,供 CCDOS 使用。严援朝是学摩托罗拉芯片出身,会的是 68 系列的汇编语言,Intel 的汇编语言他从来没接触过,严援朝拿着 IBM-PC 随机带的手册,从头学 Intel 汇编语言。

6 月 24 日,严援朝正式动手写 CCDOS,6 月 30 日写完,一共写了一万多行。CCDOS 源代码中,有一句是"6 月 24 日",别人都不知道是怎么回事,在改进 CCDOS 的时候都没有删。写 CCDOS 那段时间,严援朝一天只睡三四个小时,一天吃一顿饭,一个人在一个很大的机房里面,不停地写,来不及吃饭,也忘记了时间。

CCDOS 是为中国第一台 PC 长城机做的,取汉语拼音 ChangCheng 的首字母,就有了 CCDOS。CCDOS 的含意并不是后来外人猜测的,不是"中国字符"的缩写。严援朝没有在 CCDOS 上署名。严援朝说:"CCDOS 是国家'六五'项目。再说,我们家也没有这个传统。直到现在,我写程序从来不署名。"

1983 年 8 月,CCDOS 在北京展览馆亮相,轰动一时,严援朝因此第一次出国,去了趟瑞士参加展览。

严援朝的 CCDOS 开创了操作系统中文化的先河,但 CCDOS 之外,严援朝还做过许多有意义的事,比如主持开发使长城 0520 成为 0520CH 显示卡,让汉字能像西文一样实现 25 行快速显示;再比如,主持设计的人民大会堂电子表决系统,是全世界最大的电子表决系统。然而,不管这些成就有多么了不起,也无论严援朝在上面花了多少心血,却总也无法与他那个只花了 5 个月时间写就的 CCDOS 相提并论。CCDOS 实在是太耀眼了,它对中国人使用 PC 具有里程碑的意义。人们可以不知道严援朝,但无论如何无法越过 CCDOS 谈论中国 PC 事业的起始。

但 CCDOS 毕竟意味着过去,严援朝在被人尊称为老前辈的同时,也被人划归到只会用汇编的过时人物。但实际情况并不是这样,1985 年,当别人在用“Debug”改他的 CCDOS 的时候,严援朝已经开始用 C 语言写字处理软件 XE 了。当人们称赞他用 C 语言很早时,严援朝大声说:“还早啊? 都 1985 年了!”用完 C++,他马上又改用 Java 了。

2. 鲍岳桥和 UCDOS

鲍岳桥,浙江余姚人,杭州大学数学系计算数学专业毕业,1993 年 5 月开始从事 UCDOS 的开发工作,同年 10 月发布 UCDOS 3.0,1994 年到 1997 年先后主持开发 UCDOS 3.1 到 UCDOS 7.0 及 UCWIN Gold 1.0。

20 世纪 80 年代,鲍岳桥在浙江余姚一所并不太出名的高中就读。那时,他并不是一个优等生,但是数年后,他却用编程影响成千上万人,并借此成为中国第一代程序员。他曾用一个月,编写了一本汉字系统的书,靠稿费在 20 世纪 90 年代初成为万元户;他曾是英语后进生一个,因为遇到趣味教学的老师,成为全校为数不多考上大学的人;他靠一己之力开发出汉字系统 UCDOS;他创办的游戏公司联众世界,是很多人的集体记忆。

上大学时,鲍岳桥报的数学专业,但是也需要学点计算机。在编写出了一款围棋软件后,计算机老师决定让鲍岳桥来当学校机房管理员。同学们上课时,鲍岳桥负责教大家开机、打字。但这对他来说,简直是天降福利。因为那时他一个月的生活费不过 24 元,而用计算机上一小时网,就得 0.4 元。当了机房管理员,就可以随便上网。与其说是上网,不如说是自学编程,C 语言和汇编语言等,都是他在上大学时自学的。也正因此,毕业时,原本得分配到余姚老家的他,应聘杭州橡胶厂计算机房的管理员工作,一下就通过了,谁让他大学四年都在“玩”计算机呢?

20 世纪 90 年代初,市面上流行汉字系统,鲍岳桥就写了个称为 UCDOS 的汉字系统。写完后,就想着变现,本想在《计算机世界》杂志上投个广告,但是发现得 1000 多元费用,而鲍岳桥一个月工资才 68 元。眼看着 UCDOS 无人问津,心里难免着急,后来鲍岳桥咬咬牙,投了一次广告,很快就有人来买,一下子就让鲍岳桥成了万元户。这也是鲍岳桥获得的第一桶金。

1998 年 1 月,鲍岳桥、简晶、王建华三人决定做 Internet 的时候,“注意力经济”还没在国内流行,好在他们三人都是程序员出身,没太多想怎么赚钱的问题,他们只是觉得,互联网是一个可以发展的地方,既然没背景做 ISP 和 ICP,那就只好发挥自己的技术专长,做程序员能做的互联网。

当他们三人在一次联网下棋的过程中,简晶突然提出,可以做在线棋牌游戏。于是就有了联众公司。北京西北郊外马连洼,鲍岳桥、简晶、王建华三人挤在只有两个房间的联众公司里,一边写程序,一边交流写程序的心得。当时只有王建华的 Windows 编程经验多一些,鲍岳桥和简晶的工作就是学习,边学习边工作。为了提高效率,简晶将家搬到了办公室附近,鲍岳桥和王建华一人弄一个小摩托,跑来跑去,风尘仆仆。工作是从 1998 年的大年初二开始的,联众的框架设计用了将近两个月的时间,完全基于 Windows NT 平台。1999 年 5 月 20 日,联众估价 500 万元,卖给了中公网 79% 的股份。用鲍岳桥的话说"我们当时搞不清楚那么多东西,很难说是吃亏了还是赚钱了,我们当时想的只有一点,就是必须先把这件事做起来。"

3.8.2　操作系统的本土化之路

我国操作系统本土化始于 20 世纪末,并多以 UNIX/Linux 为基础的二次开发为主。过去 20 年,曾诞生 20 多个不同版本的操作系统,较为市场熟知的有红旗(Red Flag)、深度(Deepin)、优麒麟(Ubuntu Kylin)、中标麒麟(Neokylin)、银河麒麟(Kylin)与中科方德等。但是,由于中国软件市场的开放、微软系统生态的攻势与知识产权等问题,本土化操作系统在市场幸存下来者寥寥无几,国产化之路依然坎坷。下面我们对一些影响较大的本土操作系统做个简要介绍。

1. Xteam Linux

1999 年 4 月 8 日,中国第一款基于 Linux/Fedora 的国产操作系统 Xteam Linux 1.0 发布,开启了操作系统国产化之路,系统发行售价 48 元,受到市场广泛关注。次年底,发行主体北京冲浪软件公司在港交所挂牌上市,并在 24 个交易日内上涨 265.79%。但是,由于没有形成应用生态,Xteam Linux 系统于 2003 年 5-pre 版本后宣布停更。目前公司已经退出操作系统领域,第一次尝试以失败告终。

2. 蓝点(Blue Point)

1999 年 9 月 7 日,深圳信科思公司(蓝点)成立,起源于一个著名的内核黑客小组 OpenUnix Network Studio,该小组包含了一些在中国最为著名的 UNIX/Linux 优秀人物。10 月 1 日,公司发布了基于 Red Hat 的 BLPT Linux 1.0,成为深圳市高交会 11 大推荐项目之一。12 月 8 日,蓝点与 TCL 建立合作,在 TCL 主打产品中全部预装蓝点 Linux,月出货量达 15 万套,成为中文 Linux 最大供货商,占国内市场 80% 以上。

2000 年 3 月 7 日,公司 BluePoint Linux Software(BLPT)借壳美股上市。同年 8 月,其 Linux 产品荣获"Linux 操作系统市场占有率第一品牌奖"。

遗憾的是,2000 年,互联网金融泡沫破灭,在资本市场仅仅风云两年后,系统停更,从美国市场黯然退出。

3. 红旗（Red Flag）

2000 年 6 月，中科院软件研究所和上海联创共同组建北京中科红旗软件技术有限公司，注资 96 万美元，并发布桌面版、工作站版、数据中心服务器版、HA 集群版和红旗嵌入式 Linux 等产品。

4. 麒麟

麒麟家族中的中标麒麟、银河麒麟、优麒麟与湖南麒麟皆脱胎于国防科技大学，具有相同的历史渊源，前两者主要针对我国政府机构设计研发；优麒麟则是 2013 年由天津麒麟主导开发，是面向全球的开源项目；湖南麒麟成立于 2007 年，依托国防科大计算机研究院，于 2014 年后独立开发 Kylinsec 品牌。

中标麒麟（Neokylin），是在中标软件公司和国防科技大学的支持下，于 2010 年 12 月由民用"中标（Linux）"与"银河麒麟"正式在上海合并而成，并共同以"中标麒麟"的新品牌统一出现在市场，开发军民两用的操作系统。由于其技术积累和背景特殊，因而中标麒麟系统在我国国防、航天、电力、能源、政务等众多重要行业得到广泛的推广和应用，并多年成为我国 Linux 市场占有率第一的操作系统。

银河麒麟（Kylin），是由国防科技大学研制的开源服务器操作系统，始于 2001 年，是 863 计划重大攻关科研项目，主要面向军用服务器领域。银河麒麟主要优势仍在服务器领域，兼顾云计算与云桌面操作系统。

优麒麟（UbuntuKylin）本身与麒麟系统没有直接关系，是 Ubuntu 社区中面向中国用户开发的 Ubuntu 衍生版本。

湖南麒麟（Kylinsec）是湖南麒麟信息工程技术有限公司 2007 年依托国防科技大学计算机学院成立设计的操作系统。湖南麒麟（Kylinsec）在政务、能源、金融等国家关键行业和云桌面等领域有一定部署与应用。

5. 中科方德（Delix）

中科方德是由中科院软件所研制，重点应用于电子政务、国防军工、教育、能源交通等重点行业的操作系统。中科方德在政府体系中具有较高市场份额。

6. 深度（Deepin）

深度（Deepin）是武汉深之度科技有限公司开发的一款基于 Linux/Debian 的本土开源操作系统。

据官方数据显示，截至 2018 年，深度操作系统累计下载超过 8000 万次，提供 32 种不同的语言版本，以及遍布六大洲 33 个国家和地区 105 个镜像站点的升级服务。并且在全球开源操作系统排行榜（DistroWatch）上，长期保持前 12 名，是中国民用市场最为成功的本土化桌面操作系统之一。

7. 华为鸿蒙系统

华为鸿蒙系统（HUAWEI HarmonyOS），是华为在 2019 年 8 月 9 日于东莞举行华为开发者大会（HDC2019）上正式发布的操作系统。

华为鸿蒙系统是一款全新的面向全场景的分布式操作系统，创造一个超级虚拟终端互联的世界，将人、设备、场景有机地联系在一起，将消费者在全场景生活中接触的多种智能终端实现极速发现、极速连接、硬件互助、资源共享，用合适的设备提供场景体验。

鸿蒙系统是华为公司开发的一款基于微内核、耗时 10 年、4000 多名研发人员投入开发、面向 5G 物联网、面向全场景的分布式操作系统。鸿蒙的英文名是 Harmony，意为和谐。鸿蒙系统不是安卓系统的分支或修改而来的，是与安卓、iOS 不一样的操作系统。其性能上不弱于安卓系统，而且华为还为基于安卓生态开发的应用能够平稳迁移到鸿蒙系统上做好衔接——可以非常方便地将相关系统及应用迁移到鸿蒙系统上。这个新的操作系统将打通手机、计算机、平板计算机、电视、工业自动化控制、无人驾驶、车机设备、智能穿戴，统一成一个操作系统，并且该系统是面向下一代技术而设计的，能兼容全部安卓应用的所有 Web 应用。若安卓应用重新编译，在鸿蒙系统上，运行性能可提升超过 60%。同时由于鸿蒙系统微内核的代码量只有 Linux 宏内核的千分之一，其受攻击概率也大幅降低。

2021 年 10 月，华为宣布搭载鸿蒙系统的设备突破 1.5 亿台。2021 年 11 月 17 日，鸿蒙系统迎来第三批开源，新增开源组件 769 个，涉及工具、网络、文件数据、UI、框架、动画图形及音视频 7 类。

习 题

3.1 什么是操作系统？有哪些常见的操作系统？

3.2 操作系统主要有哪些功能？

3.3 Windows 10 有哪些特点？

3.4 鼠标主要有哪些使用方法？

3.5 窗口有哪些操作？

3.6 菜单分为哪几种？如何打开？

3.7 图标有哪几种？怎样建立快捷方式图标？

3.8 写出两种设置桌面背景的方法。

3.9 分别说出四种运行写字板程序的方法。

3.10 任务栏上主要由什么组成？它们各有什么功能？

3.11 记事本中设置的字体属性能保存到编辑的文本文件中吗？

3.12 Android 操作系统的架构是怎样的？

第 4 章 Office 办公软件基础应用

Office 办公软件是日常使用频率最高的应用软件之一,本章分别介绍了 Word、Excel 和 PowerPoint 三个核心 Office 办公软件的基础使用,主要内容包括应用 Word 进行文档设置和排版;应用 Excel 进行数据处理和分析;应用 PowerPoint 进行演示文稿的制作和设计。

4.1 概 述

Office 是办公软件的英文简称,通常包括文字处理软件、表格处理软件和演示文稿处理软件等。目前流行的办公软件有 WPS Office、Microsoft Office 等。

WPS Office 是金山软件公司开发的一款办公软件套装,通常被用户习惯性地简称为 WPS。它可以实现办公软件最常用的文字、表格、演示等多种功能。

Microsoft Office 是微软公司开发的一款办公软件套装,在办公软件领域占据着统治地位,被认为是开发文档的事实标准。正因为如此,Microsoft Office 通常被用户习惯性地简称为 Office,成为了现代办公软件的代名词。Microsoft Office 由各种组件应用构成,包括 Word、Excel、PowerPoint、Outlook 等。

下面将以目前最新的 Microsoft 365 中包含的 Office 办公软件为例进行介绍。Microsoft 365 是一种订阅,它包括 Office 桌面应用,如 Word、PowerPoint、Excel 等。此外,它还提供额外的在线存储和云连接功能,让你可以与他人实时协作处理文件。

4.1.1 Office 的操作界面

从 Office 2007 开始,Office 就摒弃了传统的菜单和工具栏模式,转而使用了一种称为功能区的用户界面模式。这种改变使操作界面更加简洁明快,用户操作更加便捷。

由于 Office 应用统一使用功能区用户界面模式,因此在本节中,将 Word 为例对操作界面进行介绍。如图 4.1 所示,Office 应用的操作界面主要包括功能区、快速访问工具栏、标题栏和状态栏。

1. 功能区

在 Office 应用中,功能区是位于屏幕顶端的带状区域,它包含了用户使用 Office 应

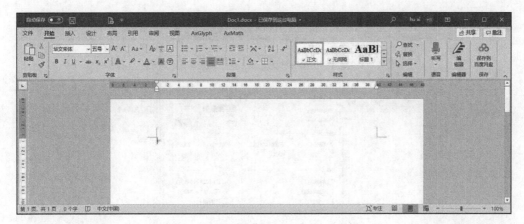

图 4.1　Office 操作界面(以 Word 为例)

用时需要的所有功能。功能区的结构如图 4.2 所示,其中包含了一系列的选项卡,每个选项卡中集成了各种操作命令,每一个命令按钮可以执行一个具体的操作,或者显示下一级的命令菜单。而这些命令根据完成任务的不同分为不同的命令组。在一些命令组中,不仅提供了常用的命令按钮,还在命令组区域的右下角提供了"对话框启动器"按钮 ▣ ,单击该按钮,即可打开与该命令组相关的对话框,进行详细的内容设置,如图 4.3 所示。

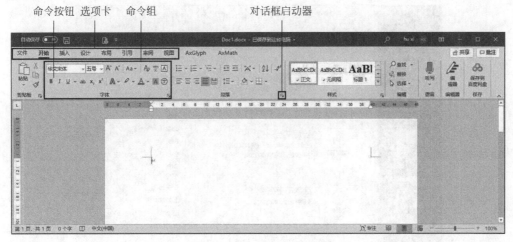

图 4.2　Office 功能区的结构

　　在 Office 应用中,用户需要通过"文件"选项卡获得与文件有关的操作选项,如"打开""另存为""打印"等。"文件"选项卡的结构如图 4.4 所示。

2. 快速访问工具栏

　　默认状态下,快速访问工具栏位于程序主界面的左上角,其中包含了一组独立的命令按钮。使用这些按钮,操作者可以快速实现某些操作。

　　快速访问工具栏作为命令按钮的一个容器,具有高度的可定制性,用户可以自行添加或

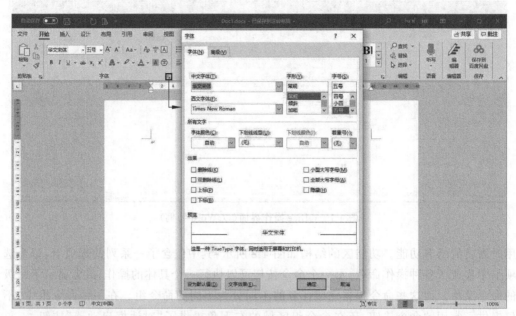

图 4.3　单击"字体组"的"对话框启动器"打开"字体"对话框

图 4.4　"文件"选项卡

删除快速访问工具栏中的命令按钮。例如,单击"自定义快速访问工具栏"按钮 ✓,在下拉列表中选择添加的命令,如图 4.5 所示。此时,选中的命令就会被添加到快速访问工具栏中。

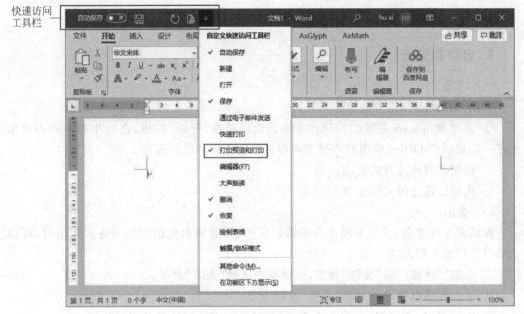

图 4.5　选择添加的命令

3. 标题栏

标题栏位于操作界面的顶端,中间位置用于显示正在编辑的文档名称,如图 4.6 所示。标题栏右侧有 4 个显示控制按钮,从左到右分别是功能区显示按钮,以及窗口最小化、最大化(还原)和关闭按钮。

图 4.6　标题栏

4. 状态栏

状态栏位于操作界面的最底部,用于显示当前的编辑状态,如图 4.7 所示。同时,状态栏还包含了一些控制按钮,如"视图模式"按钮和视图显示比例尺等。

图 4.7　状态栏

4.1.2 Office 办公软件的通用操作

Office 办公软件中的不同应用在使用时往往具有一些相同的基本操作。

1. 启动和退出

（1）启动

启动 Office 的常用方法有以下几种。

① 通过 Windows 系统的"开始"菜单启动。单击"开始"按钮，在应用程序列表中单击任一已安装的 Office 应用的快捷方式即可启动相应的应用程序。

② 利用桌面快捷方式启动。

③ 利用已建立的 Office 文档启动。

（2）退出

在结束工作之前，应先关闭正在编辑的文档，再退出相应的应用程序。退出时，可以选择以下任意一种方法。

① 单击"功能区"的"文件"标签，在菜单中选择"关闭"命令。

② 单击程序窗口右上角的"关闭"按钮 ✕ 。

③ 按下 Ctrl＋W 键执行退出命令，或按下 Alt＋F4 键执行关闭操作。

④ 在标题栏上右击，并在弹出的快捷菜单中选择"关闭"命令。

2. 新建文档

在 Office 的各个应用程序中，新建文档的方式都是相同的。可以根据文档内容将其分为新建空白文档和用模板新建文档两种。

（1）新建空白文档

空白文档就是没有编辑过的文档。新建空白文档的常见方式有 2 种，分别是使用右键快捷菜单命令和使用 Office 组件程序的菜单命令。

① 使用右键快捷菜单命令。在没有启动 Office 应用程序的情况下，用户可以使用右键快捷菜单命令直接新建所需要的 Office 文档。

② 使用 Office 组件程序的菜单命令。启动 Office 应用程序后，用户可以直接新建文档。此时，用户既可以新建空白文档，也可以根据 Office 自带的设计模板新建文档。

（2）用模板新建文档

在新建文档时，有时需要创建具有某种格式的新文档。在这种情况下，可以根据 Office 提供的模板来创建新文档。模板中包含了一类文档的共同特征，即这一类文档中都要具备的文字、图形以及用户在处理这一类文件时所使用的样式，甚至预先设置了版面、打印方式等。用户选择一种特定模板来新建一个文档时，得到的是这个文档模板的复制品。

3. 打开文档

不同的 Office 应用程序具有相同的文档打开方法。打开文档的基本方法有以下

2 种：

① 找到目标文档，然后双击该文档图标，即可启动相应的 Office 应用程序打开该文档。

② 启动 Office 应用程序，通过"文件"→"打开"命令打开目标文档。

4. 保存文档

在工作中，养成随时保存文档的习惯，可以避免很多意外情况造成的损失。

保存文档的方法有以下 2 种：

① 选择"文件"→"保存"命令；

② 选择"文件"→"另存为"命令。

其中，如果选择"保存"命令，Office 将按照该文档上次保存的方式来保存文档；但如果是第一次保存，则将打开"另存为"对话框。而"另存为"命令提供了更丰富的保存功能，包括重新设置文档的保存位置、文件名以及保存的文档类型。

在 Office 办公软件中，Word、Excel 和 PowerPoint 等应用程序均提供文档自动恢复功能，即程序能自动定时保存当前打开的文档。当遇到突然断电等意外情况时，能够使用自动保存的文档来恢复未保存的文档，从而避免重大损失。

至此，我们以 Word 应用程序为例，对 Office 的操作界面和通用操作有了一个初步的了解。下面将对 Office 办公软件的三个主要应用程序 Word、Excel 和 PowerPoint 分别进行详细的介绍。

4.2 Word——文档排版与设置

文字处理软件是办公软件的核心模块之一，一般用于文档的编辑、管理和排版等。在 Office 办公软件中，Word 拥有强大的文字处理能力，使用它能够方便地创建各种图文并茂的办公文档，并且可以对已创建的各类办公文档进行编辑、排版和打印等操作。此外，Word 还可以进行各类表格、图形和图像的添加、绘制和效果设计，制作出内容丰富、样式美观的图文混排文档。

4.2.1 文档的排版

1. 段落格式设置

一个段落就是文字、符号或其他项目以及最后面的一个段落结束标记↵的集合。段落结束标记不仅标识一个段落的结束，还存储着这一个段落的格式设置信息。

移动或复制段落时，注意选定的文字块应包括其段落结束标记，以便在移动或复制段落后仍保持其原来的格式。因此，在文档创建和编辑过程中最好显示出段落结束标记，这可以单击"段落"组中的"显示/隐藏编辑标记"按钮来进行设置。

段落格式设置通常包括对齐方式(例如,左对齐、居中对齐、右对齐、两端对齐或分散对齐);行间距和段落之间的间距;缩进方式(首行的缩进以及整个段落的缩进等);制表位的设置等。

(1) 对齐方式

文本对齐是指如何使段落的左、右边缘对齐。在 Word 中,文本对齐的方式有左对齐、居中对齐、右对齐、两端对齐、分散对齐等 5 种。在"段落"组中,分别用 5 个命令按钮(左对齐 ≡、居中对齐 ≡、右对齐 ≡、两端对齐 ≡ 和分散对齐 ≡)来标明它们的功能,先选定段落,或将光标置于目标段落的任一位置,然后单击所需的命令按钮,就可以进行对齐设置。默认对齐方式为两端对齐。

① 左对齐。如果将某种文字设成左对齐,本段的右边可能呈现锯齿状,尤其是英文字符更明显,所以大部分情况下是设成两端对齐。单击"左对齐"按钮,可将文字与左页边距对齐。具体方法操作方法如下:将插入点光标置于要设置左对齐的段落任意位置处,如果要设置多个段落,则必须先选定它们。然后单击"段落"组中的"左对齐"命令按钮即可实现与页面左边距对齐。调整其他对齐方式的操作方法基本相同。

② 居中对齐。单击该按钮,可将文字置于页面的中间位置,如文章的标题等。

③ 右对齐。单击该按钮,可将文字与右页边距对齐,如作者的署名及日期一般设置成右对齐。

④ 两端对齐。两端对齐是指在键入文本时,Word 自动调整字或词(英文是词)之间的距离,使一行文本恰好从左页边距到右页边距均匀地填满。

⑤ 分散对齐。分散对齐是指在输入文本时,Word 自动调整字符间距,甚至不惜分散单词的每个字母,使一行文本恰好从左页边距到右页边距均匀地填满。

(2) 设置段落缩进

段落缩进是指段落中的文本相对于左、右页边距的位置。段落缩进有 4 种类型:左缩进、右缩进、首行缩进和悬挂缩进。

① 左缩进,是指段落的左边界相对于左页边距的缩进量。

② 右缩进,是指段落的右边界相对于右页边距的缩进量。

③ 首行缩进,段落的首行一般都采用首行缩进来标明段落的起始。

④ 悬挂缩进,可缩进段落除首行以外的所有行,从而实现悬挂效果。

段落缩进设置方法如下。

方法一:使用标尺设置段落缩进

Word 的默认设置为不显示标尺,要想显示标尺,只要打开"视图"选项卡,在"显示"组中勾选"标尺"复选框即可。

在标尺上有用于设置段落缩进的标记(▢左缩进、△右缩进、▽首行缩进和△悬挂缩进),如图 4.8 所示。通过移动这些缩进标记来设置段落缩进。具体操作方法如下。

图 4.8　标尺

① 将插入点移到需设置段落中,或选择若干段落。

② 用鼠标拖动标尺上的缩进标记,将段落边界设置到新的位置。

方法二:使用"段落"对话框设置精确缩进

使用"段落"对话框可以更精确地设置段落缩进。单击"段落"组中的对话框启动器按钮,或右击鼠标,在弹出的快捷菜单中选择"段落"命令,打开如图 4.9 所示的"段落"对话框。使用"段落"对话框设置段落缩进的操作方法如下。

① 将插入点(光标)移到段落中,或选择若干段落。

② 单击"段落"组中的对话框启动器按钮,打开"段落"对话框。在对话框中"缩进"栏的"左侧"数值栏中设置段落左缩进量。在"右侧"数值栏中设置段落右缩进量。在"特殊"下拉列表框中选择"首行缩进"或"悬挂缩进",并在"缩进值"框中设置缩进量。

③ 单击"确定"按钮关闭对话框,即可完成段落缩进设置。

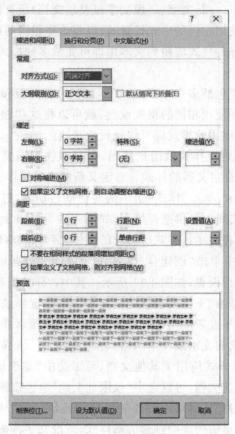

图 4.9 "段落"对话框

(3) 设置行距与段落间距

行距是指行与行之间的距离。如不设置行距,则采用默认行距。调整行距有单倍行距、1.5 倍行距、2 倍行距、最小值、固定值及多倍行距 6 种选择。

段落间距分为段前间距和段后间距两种。段前间距是指该段与前一段落之间的距离,段后间距是指该段与后一段落之间的距离。

设置段落行距和段间距的操作方法如下。

① 将插入点光标置于段落中或选择若干段落。

② 单击"段落"组中的对话框启动器命令,弹出"段落"对话框,如图4.9所示,选择"缩进和间距"选项卡。

③ 若要设置行距,打开"行距"下拉列表,选择一种行距类型。如果选择的行距类型为"多倍行距"或"固定值"时,还需要在"设置值"框中设定一个行距值。

④ 若要设置段落间距,在对话框中的"段前"数值框中设置段前间距;在"段后"数值框中设置段后间距。

2. 应用样式

样式是某个特定文本(一行文字、一段文字或整篇文档)所有格式的集合。在文档中,如果存在多处文本需要使用相同的格式设置,可以将这些相同的格式定义为一种样式,在使用时直接将这种定义好的样式应用到文本中即可完成多种格式设置。

(1) 新建样式

一段文字的格式设置包括多个方面,如字体、字号、行间距和段间距等。如果文档中有多处不相邻的文本需要使用相同的格式设置,就可以将这些相同的格式定义为一种样式,在需要时直接对文本应用此样式即可快速设置格式。

Word中提供了一些内置样式供用户使用,但是往往不能满足个性化的文档编辑需要,因此Word允许用户自定义新的样式。自定义新样式的操作方法如下。

① 打开"开始"选项卡,单击"样式"组中的对话框启动器,打开"样式"对话框。其中提供了Word内置的样式列表可供选择使用,如图4.10所示。此时如果将鼠标指针放置到列表中的某个样式上,将显示该样式所对应的字体、字号、段落格式等具体设置情况。

② 在"样式"对话框中单击"创建样式"按钮 A, ,打开"根据格式化创建新样式"对话框,在对话框中对样式进行设置,如图4.11所示。其中,"样式类型"下拉列表框用于设置样式使用的类型;"样式基准"下拉列表框用于指定一个内置样式作为设置的基准;"后续段落样式"下拉列表框用于设置应用该样式的文字的后续段落样式;如果勾选了"自动更新",则当应用了某种样式的文本或段落的格式发生改变后,该样式中的格式设置也随着自动改变;如果需要将该样式应用于其他文档,可以选中"基于该模板的新文档"单选按钮;如果只需要应用于当前文档,可以选中"仅限此文档"单选按钮。

③ 单击"确定"按钮关闭对话框,创建的新样式被添加到"样式"对话框的样式列表中。此时选中一段文本,单击列表中创建的新样式,该段文字将被应用新样式。

(2) 保存快速样式

在Word中,可以将当前已经完成格式设置的文字或段落的格式保存为样式放置在样式列表中,以便以后使用。具体操作方法如下。

① 选择文本,对文本的格式进行设置。

② 首先单击"开始"选项卡"样式"组中的对话框启动器,打开"样式"对话框。然后单击"新建样式"按钮,打开"根据格式化创建新样式"对话框,在"名称"文本框中输入新样

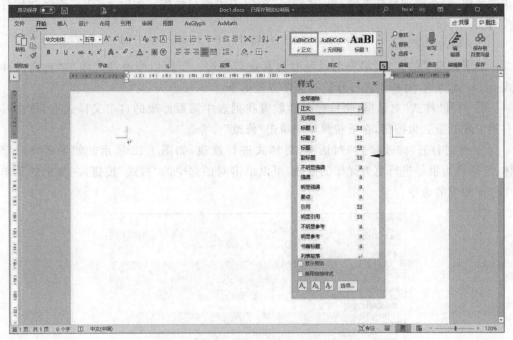

图 4.10 "样式"对话框

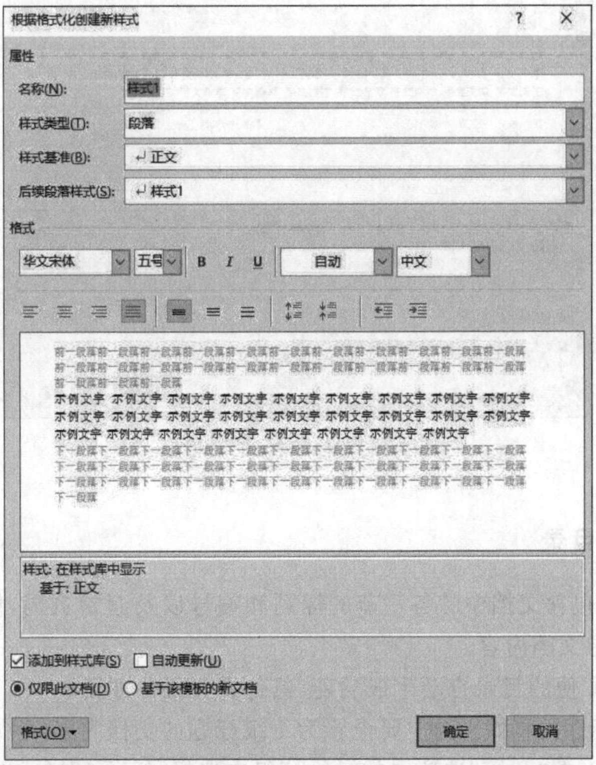

图 4.11 "根据格式化设置创建新样式"对话框

式的名称,勾选添加到样本库,单击"确定"按钮关闭该对话框。此时,该样式被保存到样式列表中。

（3）修改样式

对于自定义的样式,用户可以随时对其进行修改。下面以修改列表中的"自定义样式-01"样式为例,对样式进行修改的操作方法如下。

① 打开"样式"对话框,将鼠标指针放置在列表中需要修改的自定义样式上,单击其右侧出现的下三角按钮,在下拉菜单中单击"修改"命令。

② 此时打开"修改样式"对话框,对样式进行修改,如图4.12所示。如果需要对字体、段落或边框等进行更为详细的修改,可以单击对话框中的"格式"按钮,在弹出的菜单中选择相应的命令。

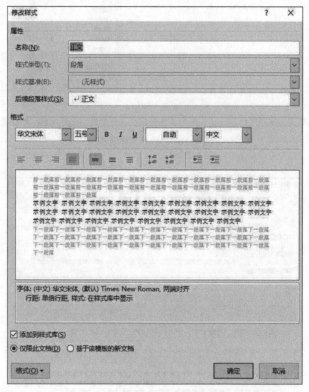

图4.12 "修改样式"对话框

3. 创建文档目录

文档目录一般包含文档中的各章节的标题和编号以及起始页码,使用目录便于读者了解文档结构,把握文档内容。

Word提供了方便的目录自动生成功能,具体操作方法如下。

① 设定多级标题的样式:选中要设置为1级标题的文档内容,例如在图4.13中选择标题"第1章 绪论",在"开始"选项卡的"样式"组中选择"标题1"样式即可;再选择要设置

为2级标题的文档内容,例如选择"1.1 电子计算机的发展、特点和应用",在"样式"组中选择"标题2"样式即可;其他标题级别的设置以此类推。

② 将插入点光标置于准备创建文档目录的位置,例如文档的开始位置。

③ 打开"引用"选项卡,单击"目录"组中的"目录"按钮,在弹出的下拉菜单中选择一款自动目录样式,如图4.13所示。此时就会在插入点光标处创建所选样式的目录。目录创建完成后,用户只需按住Ctrl键并单击目录中某一章节的标题,就可以自动跳转到正文中对应的章节标题处。

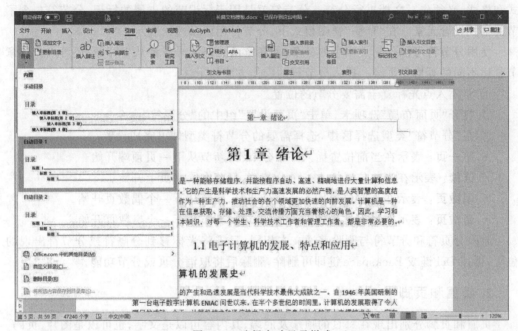

图 4.13　选择自动目录样式

利用Word提供的目录生成功能所生成的目录,可以随时进行更新,以反映文档中标题内容、位置以及对应页码的变化,而不必重新生成目录。如要更新目录,可以单击"引用"选项卡"目录"组中的"更新目录"按钮,在弹出的"更新目录"对话框,选择"只更新页码"或"更新整个目录"。

4.2.2　文档的页面设置

1. 分页与分节

（1）分页

在输入文本时,当输入完一页内容之后,Word会自动分页,即在上一页结束和下一页开始的位置之间自动插入一个分页符,称为软分页。如果需要在页中指定位置进行分页,例如每一章的起始页都要另起一页,可以在需要分页的位置手动插入分页符进行强制分页,这就是硬分页。在"页面视图"模式下,每页内容独立显示,分页符不可见;而在"草稿视图"模式下,分页符用一条虚线表示。Word 自动产生的分页符不能删除,人工插入的分页符可以被删除。插入分页符的操作方法如下。

① 将插入点光标置于需要分页的位置。

② 打开"页面布局"选项卡,单击"页面设置"组中的"分隔符"命令。

③ 在"分页符"类型选择区中,单击"分页符"按钮即可完成设置。

(2) 分节

在默认情况下,Word 将整篇文章作为一节。为了给文档的不同部分设置不同的版式和格式,必须先对文档进行分节。分节符就是用于标识节的末尾的标记,分节符包含了节的格式设置元素。在"草稿"视图模式下,分节符用两条虚线表示。

使用分节符可以分割文档中的各章,使各章的页码编号单独从 1 开始;还可以为各章节创建不同的页眉和页脚。插入分节符的操作方法如下。

① 将插入点光标置于需要分节的位置。

② 打开"页面布局"选项卡,单击"页面设置"组中的"分隔符"命令。

③ 在"分节符"类型选择区中,选择需要的分节符类型即可完成设置。

- **下一页**:表示在当前位置插入一个分节符,新节从下一页顶端开始。
- **连续**:表示在当前位置插入一个分节符,新节在同一页上开始。
- **偶数页**:表示在当前位置插入一个分节符,新节从下一个偶数页开始。
- **奇数页**:表示在当前位置插入一个分节符,新节从下一个奇数页开始。

删除分页符和分节符与删除普通文本相同,只需将光标移到分隔符或分节符出现的位置,再按 Del 键或 Backspace 键即可删除,删除后将取消分页或分节功能。

2. 页眉和页脚

页眉和页脚分别出现在每页的顶端及底端,其内容可以是文字,也可以是图片、页码、日期及时间等。最简单的页眉和页脚就是页码。

(1) 添加页眉和页脚

添加页眉和页脚的操作方法如下。

① 打开"插入"选项卡,在"页眉和页脚"组中单击"页眉"或"页脚"按钮,从下拉列表中选择一种内置的页眉/页脚类型,即可在文档中插入页眉/页脚,并进入页眉/页脚编辑状态,如图 4.14 所示。

② 移动插入点光标至页眉或页脚区中,输入页眉或页脚的内容,这些内容可以与普通文本一样进行格式编排。使用"页眉和页脚工具"中的功能按钮,还可以对页眉或页脚进行编辑设计,如图 4.15 所示。

③ 单击"页眉和页脚工具"中的"关闭页眉和页脚"按钮,即可返回文档正文。

(2) 修改或删除页眉和页脚

要对页眉和页脚进行修改或删除,其操作方法如下:

① 将插入点光标置于要修改或删除页眉和页脚的节中。

② 打开"插入"选项卡,在"页眉和页脚"组中单击"页眉"或"页脚"按钮,在下拉菜单中选择"编辑页面"或"编辑页脚"命令;或者直接双击页面中的页眉或页脚,打开"页眉和

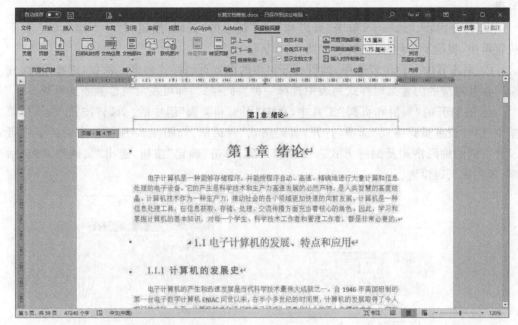

图 4.14　页眉编辑区

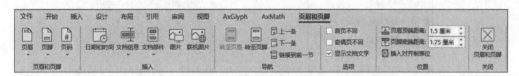

图 4.15　页眉和页脚工具

页脚"编辑窗口及"页眉和页脚工具"。此时可以对页眉和页脚进行修改或删除。

③ 要修改或删除其他节中的页眉和页脚,单击"页眉和页脚工具"中的"上一条"或"下一条"按钮,查找并进行修改或删除。

④ 单击"关闭页眉和页脚"按钮,返回文档正文。

说明:如果整个文档属于同一节,每一页的页眉、页脚都是相同的。在任意页面上直接修改或删除页眉和页脚的内容,Word 将自动更改所有页中的页眉和页脚。如果奇偶页的页眉和页脚是不同的,则在任意奇数页上的更改将会自动更改所有的奇数页;在任意偶数页上的更改将会自动更改所有的偶数页。

3. 插入页码

页码用于标识页在文档中的相对位置,通常位于页面的页眉或页脚中。行号用于标识文档中行的相对位置,通常出现在行的左边。

插入页码实际上是在页眉或页脚区域中插入一个页码域,除了在设置页眉或页脚时直接插入页码外,还可以采用下列方法插入页码。操作方法如下。

① 将插入点光标置于需要添加页码的节中。若没有分节,则是对整篇文档添加

页码。

②　打开"插入"选项卡，单击"页眉和页脚"组中的"页码"按钮，打开下拉菜单。在下拉菜单中，提供了 4 种位置选项，如图 4.16 所示。

③　单击其中一种位置选项，即可打开对应的内置页码样式列表。例如，选择"页面底端"，在其对应的内置页码样式列表中选择一种页码样式，即可在对应位置添加页码。

④　在打开的"页眉和页脚"工具中，单击"页眉和页脚"组中的"页码"按钮，在下拉菜单中选择"设置页码格式"选项，打开"页码格式"对话框，如图 4.17 所示。在对话框中可设置页码的编码格式及编排方式。设置结束后，单击"确定"按钮，退出"页码格式"对话框，即完成页码设置。

图 4.16　"页码"下拉菜单

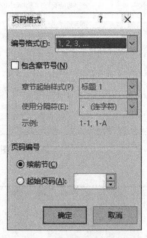

图 4.17　"页码格式"对话框

如果需要删除页码，需将插入点光标置于要删除页码的节中。若没有分节，则删除整篇文档的页码。用鼠标双击页码，进入页眉和页脚编辑状态，选中页码后删除即可，再单击"页眉和页脚"工具栏中的"关闭页眉和页脚"按钮即可。

4. 分栏

分栏排版常见于杂志、报刊等读物。进行分栏排版后，文档更易于阅读，版面也显得紧凑、美观。

Word 的页面布局选项卡中提供了用于创建分栏的按钮，使用相关按钮能够将选择的文本进行分栏。具体操作如下：

①　将插入点光标置于需要进行分栏的节中，或者选中需要分栏的文档或节。

②　打开"页面布局"选项卡，单击"页面设置"组中的"分栏"按钮，在下拉菜单中选择需要的内置分栏形式，如图 4.18 所示，即可将文本分栏。

③　如果对内置分栏形式不满意，可以选择下拉菜单中的"更多分栏"命令打开"分栏"对话框，如图 4.19 所示。在对话框中对分栏格式进行自定义，然后单击"确定"按钮关闭对话框，即可完成对文本的分栏。

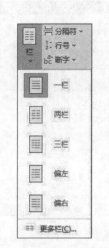

图 4.18 "分栏"下拉菜单

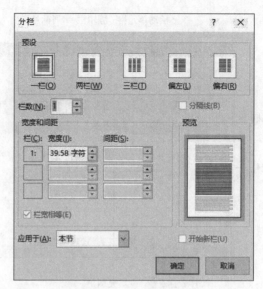

图 4.19 "分栏"对话框

4.3 Excel——数据处理和分析

Excel 电子表格软件是 Microsoft Office 系列办公软件的一个组成部分,它既可以帮助用户制作普通的表格,又可以实现普通的加、减、乘、除运算,还能够通过内置的函数完成诸如逻辑判断、时间运算、财务管理、信息统计、科学计算等复杂的运算。

4.3.1 Excel 概述

1. Excel 的工作表区

工作表是使用 Excel 的主要工作区域,图 4.20 给出了工作表的主要组成元素。

① 名称框:主要用于定义或显示当前单元格的名称与地址。

② 编辑栏:位于选项组的下面,左边为名称框,右边为编辑区,显示活动单元格的内容。要向单元格输入数据时,可在单元格中键入,也可在编辑区中输入和编辑。

③ 工作表区:位于编辑栏下方,占据屏幕的大部分,用来记录和显示数据。

④ 行标号:表示工作表中行的编号。

⑤ 列标号:表示工作表中列的标号。

⑥ 工作表标签:用来标识工作簿中不同的工作表,以便快速进行工作表间切换。

⑦ 活动单元格:用户选中且正在编辑的单元格。

⑧ 填充柄:是活动单元格黑框中右下角的小黑十字,用它可以填充数据和复制数据。

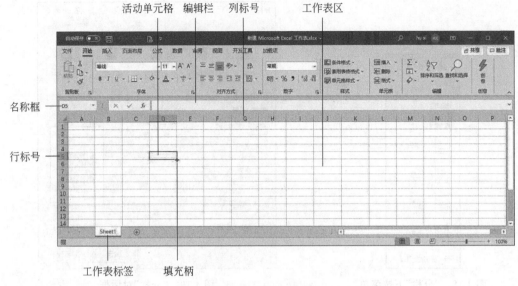

活动单元格　编辑栏　列标号　　　工作表区

名称框

行标号

工作表标签　　填充柄

图 4.20　Excel 窗口

2. Excel 的基本概念

（1）工作簿

工作簿是 Excel 用来计算和存储数据的文件。

启动 Excel,我们会创建一个空白工作簿（默认文件名是"工作簿 1"）,一般包含 1 个工作表（默认名为 Sheet1）

（2）工作表

工作表又称为电子表格,是工作簿的重要组成部分,是工作簿的其中一页。它是一个由行和列组成的二维表。

如果要编辑某个工作表,就单击该工作表标签,该工作表称为活动工作表或当前工作表。

（3）行、列和单元格

一张工作表是由行和列组成的,列标号由大写英文字母 A,B,…,Z,AA,AB,…,IA,IB,…,ZZ 标识;行标号由 1,2,3,…数字标识。

行与列相交形成的矩形区域就称为单元格,或者说工作表中的每一个方格就是一个单元格。单元格是 Excel 工作的基本单位,按其所在列、行的位置来命名,例如,单元格 E5 就是位于第 E 列和第 5 行相交处的单元格。

（4）活动单元格

活动单元格是指当前正在使用的单元格,单击单元格可使其成为活动单元格,其四周有一个粗线框,右下角有一黑色填充柄。活动单元格名称显示在名称框中。只有在活动单元格中方可输入字符、数字、日期等数据。

（5）单元格的地址

在工作表中，每一个单元格都有其固定的地址，单元格与地址是一一对应的。同样，一个地址也只表示一个单元格。例如，地址 E4 唯一表示第 E 列第 4 行相交的单元格。

4.3.2 数据的处理

1. 数据的输入

Excel 中常见的数据类型有数字、文本、时间和日期等。

（1）输入数据的一般方法

① 单击要输入数据的单元格，然后直接输入数据。

② 双击单元格，单元格内出现插入点光标，即可开始输入，这种方法通常用于修改单元格中的内容。

③ 首先单击单元格，然后单击编辑栏，可以在编辑栏中编辑单元格中的数据。反之，当用户向活动单元格中输入一个数据时，输入的内容同样会显示在编辑栏里。

（2）数值型数据的输入

在 Excel 中，当建立新的工作表时，所有单元格都采用默认的通用数字格式。在通用格式下，数值型数据输入后默认为右对齐。

（3）文本型数据的输入

文本是指字母、汉字以及非计算性的数值型数据，默认情况下输入的文本在单元格中以左对齐形式显示。在输入文本型数据时有以下一些约定：

① 在输入学号、电话号码等数字形式的文本信息时，必须在第一个数字前先输入一个英文半角状态的单引号" ' "，例如"'302030405"或"'010-8836757"；或将其数字格式设置为"文本"。

② 只要输入的数值不符合数值型数据类型或日期等其他类型，Excel 一律将其视为文本。

（4）相同数据的输入

要在同一行或同一列中输入相同的数据，只要选中此行或此列第一个数据所在的连续两个单元格，使用鼠标拖动填充柄至合适的位置后松开，就可以得到一行或一列相同数据。

（5）序列数据的输入

在工作中，经常需要输入一系列的日期、数字或文本。例如，要在某列上输入序列号，如 1、2、3 等；或者填入一个日期序列，如一月、二月、三月等，此时可以使用 Excel 提供的序列填充功能来快速完成此类数据的输入。

① 序列号的填充。选定要生成序列数据的第一个单元格，并输入起始序号。然后按住 Ctrl 键，拖动填充柄，这时在鼠标旁出现一个小"＋"号以及随鼠标移动而变化的数字标识，当数字标识与需要的最大序列号相等时，松开 Ctrl 键和鼠标即可。

② 序列数据的填充。首先按照序列的规律在第一个和第二个单元格中输入序列的

第一个和第二个数据,如输入1、3。然后选定这两个单元格,并将鼠标指向填充柄。按下鼠标左键并拖动填充柄,当到达目标单元格时,松开鼠标左键,即可完成序列数据填充,如1、3、5、7、9、11、…。

③ 创建自定义序列的填充。自动填充只能填充系统中已有的序列数据,而在日常工作中经常会遇到需要频繁输入一些系统中没有的序列数据。在这种情况下,用户可以定义自己的序列,实现自定义序列的填充。具体操作方法如下:单击"文件"标签,在左侧窗格的列表中单击"选项"命令,弹出"Excel 选项"对话框。在左侧列表中单击"高级"命令,然后单击"常规"选项栏中的"编辑自定义列表"按钮。在"自定义序列"对话框的"输入序列"文本框中输入自定义序列项,并以回车键进行分隔。输入完成后,单击"添加"按钮,则自定义的序列将出现在"自定义序列"框中,如图 4.21 所示。此时,用户只要在单元格中输入自定义序列的第一项,然后拖动填充柄,就可以自动完成自定义序列的填充。

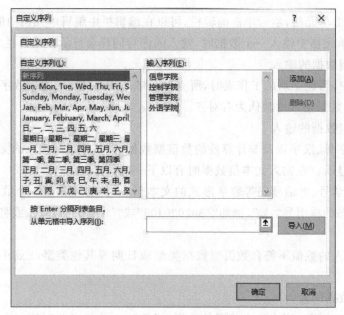

图 4.21 "自定义序列"对话框

2. 数据的格式化

Excel 工作表往往包含大量的数据,其中包括数值、货币、日期、百分比、文本和分数等类型。默认情况下,在单元格中输入数据,Excel 会自行判断该数据的类型,并根据其类型对数据进行格式化。例如,当输入 $12345 时,Excel 会将其格式化成 $12,345;当输入 1/3 时,Excel 会显示 1 月 3 日。

但是 Excel 认为适当的格式,有时会与用户需要的格式不一致,例如用户需要以分数形式显示数值,但是 Excel 会将输入的分数以日期的格式显示。此时就需要用户对数据进行格式化,具体操作方法如下:

① 选中要设置格式的单元格或区域。

② 打开"数字"组的"数字格式"选择框的下拉列表,选择需要的常用格式按钮,即可完成数据格式化。

4.3.3　公式和函数

1. 单元格地址的引用方式

单元格作为一个整体,以单元地址的描述形式参与运算,称为单元格引用。通过引用,可以在公式中使用不同单元格中的数据,或者在多个公式中使用同一单元格中的数据,还可以使用工作簿中不同工作表的单元格数据。

单元格地址的引用方式有四种:相对引用、绝对引用、混合引用和外部引用。

(1) 相对引用

相对引用是指当把一个含有单元格地址的公式复制到一个新的位置时,公式中的单元格地址也随之改变。

相对引用使用"A1"形式的地址描述来引用单元格,其中字母表示列表号,数字表示行标号,例如"＝ROUND(SUM(Q17：S17),0)"。

(2) 绝对引用

绝对引用是指在把公式复制到新位置时,其中的单元格地址保持不变。

绝对地址的描述是在列标号和行标号前面分别加上"＄"符号,例如"＄A＄1"。

(3) 混合引用

混合引用是指在单元格地址中,既有绝对地址引用又有相对地址引用。也就是说,公式中相对引用部分随单元格的改变而改变,绝对引用部分则固定不变。

(4) 外部引用

外部引用是指引用本工作表以外的单元格,可以是同一工作簿其他工作表中的单元格地址,也可以是其他工作簿中某工作表的单元格地址。

例如,要在工作表 Sheet1 的 A1 单元格的公式中引用工作表 Sheet2 的 B4 单元格,则在公式中使用"Sheet2!B4"的格式进行引用。

如果要引用另一个工作簿中的单元格,则要在公式中加上路径。例如,要在 A1 单元格的公式中引用 D 盘 file 文件夹下的 book2 工作簿中的 Sheet2 工作表的 B4 单元格,则在公式中使用"'d:\file\[book2.xlsx]sheet2'!b4"的格式进行引用(注意,这里不区分大小写),其中单引号里的是路径部分,其中工作簿名用方括号[]括上,工作表名称与单元格之间用!号分隔。

2. Excel 的运算符

运算符用于对公式中的元素进行特定类型的运算。常用的运算符有算术运算符、文本运算符、比较运算符和引用运算符,如表 4.1 所示。

表 4.1　Excel 的运算符

类　型	符　号	说　明
算术运算符	＋(加)、－(减)、－(负数)、＊(乘)、/(除)、%(百分号)、^(乘方)	
文本运算符	&(文本连接符)	例如,B5 中输入公式为"＝A2&"大学"&A5",其中 A2 单元格中输入了"北京",A5 单元格中输入了"校长"。B5 单元格的结果为"北京大学校长"
比较运算符	＝(等于)、＜(小于)、＞(大于)、＜＞(不等于)、＜＝(小于或等于)、>=(大于或等于)	
引用运算符	:(区域运算符)	对两个引用之间,包括两个引用在内的所有单元格进行引用。例如 SUM(A1:A5)
	,(联合运算符)	将多个引用合并为一个引用。例如,SUM(A2:A5,C2:C5)
	空格(交叉运算符)	表示几个单元格区域所重叠的那些单元格。例如,SUM(B2:D3,C1:C4)这两相交区域的共有单元格为 C2 和 C3

3. 使用公式

公式是对数据进行计算、分析的基本工具。公式必须以"＝"开始,后面紧接具体的表达式。具体操作如下。

① 选中要编辑公式的单元格。

② 在编辑栏的输入框中输入公式"＝(A2＋A3)/2"。其中"＝"并不是公式的组成部分,而是系统识别公式的标志。

③ 如果输入完毕,按下回车键或单击编辑栏中的"√"按钮。此时,单元格中将显示公式的计算结果,如果需要查看公式,则可选中该单元格,在编辑栏中查看具体公式。

4. 使用函数

Excel 包含了大量的函数,包括数学、财务、统计、文字、逻辑、查找与引用、日期与时间等。这些函数可以直接使用以实现某种功能。直接使用函数可以避免用户花费大量的时间和精力来编写、调试需要的公式,从而提高工作效率。因此,函数实际上是 Excel 内置的公式,其使用具有一定的语法规则。

(1) 手动输入函数

对一些简单的函数,可以直接在单元格中输入。手动输入函数的方法与在单元格中输入公式的方法相同,即先输入"＝",然后再输入函数本身。例如,在单元格中输入函数"＝COUNT(A5:A20)",其中 COUNT 是函数名,而 A5:A20 是函数的参数,也就是参与计算的数值,参数可以是常量、数组、单元格引用、逻辑值、函数等。

(2) 使用函数向导输入

对于一些比较复杂的函数,用户往往不知道正确的函数表达式,此时可以使用函数向导来完成函数的输入。具体操作方法如下:

① 选定要输入函数的单元格,单击编辑栏左侧的"插入函数"按钮 f_x,或者在"公式"选项卡中单击"插入函数"按钮。

② 此时打开"插入函数"对话框。在"或选择类别"下拉列表中选择需要使用的函数类别,例如"常用函数"类别,然后在"选择函数"列表中选择具体的函数,完成后单击"确定"按钮,如图 4.22 所示。

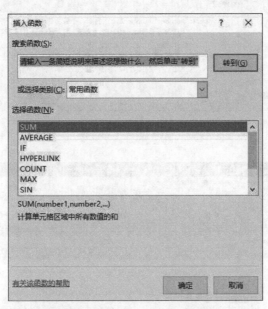

图 4.22 "插入函数"对话框

③ 此时打开"函数参数"对话框,如图 4.23 所示。单击 Number1 文本框右侧的参照按钮 ,此时文本框被收缩,在工作表中拖动鼠标选择需要参加计算的单元格,如图 4.24 所示。完成参数设置后再次单击参照按钮 ,返回"函数参数"对话框。

④ 完成函数设置后,单击"确定"按钮关闭"函数参数"对话框,单元格中将显示函数的计算结果。

4.3.4 数据的图表化

在 Excel 中,图表是基于数据系列而形成的,它将数据转换为图形图表表示,是数据的直观表现形式,可以使数据更加直观、生动、醒目,易于阅读和理解,可以帮助人们分析数据和比较数据,从而找出事物的规律。

Excel 可以建立两种类型的图表:嵌入式图表和图表工作表。其中嵌入式图表是置于数据工作表中而非独立的图表;而图表工作表是指图表单独放置在另外的工作表中,并

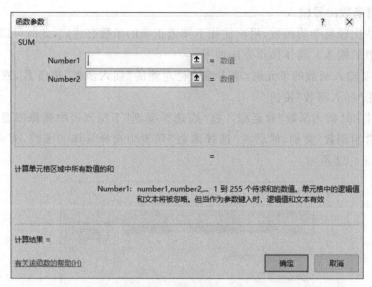

图 4.23 "函数参数"对话框

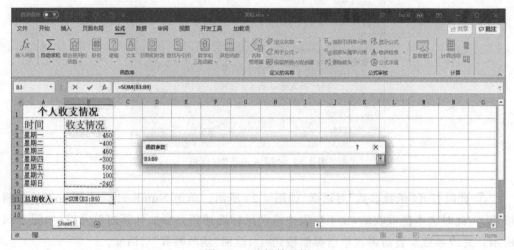

图 4.24 选择单元格

将这种工作表称为图表工作表。图表工作表包括以下组成部分。

① 图表区域：整个图表及其包含的元素。

② 绘图区：在二维表中，以坐标轴为界并包含全部数据系列的区域。在三维图表中，绘图区以坐标轴为界并包含数据系列、分类名称、刻度线和坐标轴标题的区域。如图 4.25 所示，图中显示了一个二维表中的各个元素。

③ 图表标题：是说明性的文本，可以自动与坐标轴对齐或者在图表顶端居中。

④ 数据点：一个独立的数据部分，是工作表的一个单元格中的数据。Excel 图表是基于这些数据建立起来的。

⑤ 数据系列：绘制在图表中的一组相关数据点，来源于工作表中的行或列。图表中

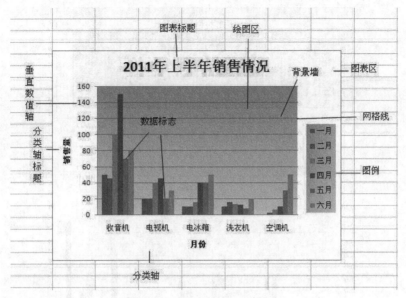

图 4.25　二维图表中的各个元素

的每一个数据系列都具有选定的颜色或图案。

⑥ 数据标志：图表中的条形、线条、柱形、面积、圆点、扇区或他类似符号，来源于工作表单元格的单一数据点或数值。

⑦ 坐标轴：分类轴的水平 X 轴和数值轴的垂直 Y 轴。若是三维图，用 Z 轴作为第三个坐标。

⑧ 网格线：可添加到图表中以方便查看和计算数据的线条。网格线是坐标轴上刻度线的延伸。

⑨ 图例：位于图表中适当位置处的一个方框，内含各个数据系列名。

Excel 中提供了 11 种类型图：柱形图（默认）、条形图、折线图、饼图、XY 散点图、面积图、圆环图、雷达图、曲面图、气泡图、股价图。每种图表类型又包含了若干子类型，如二维图表、三维图表等。

1. 图表的建立

在 Excel 中创建图表，首先建立一张包含数据的工作表，然后选中数据区域并选择需要创建的图表类型来建立图表。下面介绍具体的操作方法。

① 建立"2011 年上半年销售情况表"，并选中表中的数据区域，如图 4.26 所示。

② 在"插入"选项卡中，单击"图表"组的对话框启动器，弹出"插入图表"对话框。选择"所有图表"选项卡，在左侧的图表类型列表中选择合适的图表类型，在右侧将显示该类型的可选子类型及对应的预览效果图。

③ 单击"确定"按钮关闭对话框，即在数据工作表中建立了如图 4.27 所示的图表（以簇状柱形图为例）。

图 4.26　2011 年上半年销售情况表

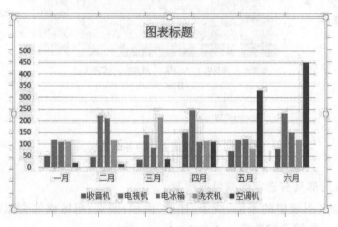

图 4.27　建立的图表

2. 编辑图表

（1）修改图表数据

创建图表之后，用户往往由于某种原因需要再次编辑图表数据，以实现对图表的修改。

① 添加数据。建立图表之后，可以向工作表中添加数据序列，操作方法如下：选中要修改的图表。此时，数据表格中与该图表相关联的不同数据区域将自动添加不同颜色的边框，如图 4.28 所示。此时将鼠标指针指向蓝色边框的右下角，当鼠标指针变成黑色双向箭头时，按下鼠标左键并拖动边框将新数据包含进来，松开鼠标即可完成图表中数据的添加，如图 4.29 所示。

② 修改和删除数据。如果要修改图表中的数据，首先需要选中有错误的图表，然后在对应的数据表格中修改错误数据，按回车键确认后图表中的数据也将随之修改；如果要删除图表中的某项数据，首先需要选中该图表，然后在对应的数据表格中删除该项数据，最后按回车键确认。

（2）编辑图表标题

① 添加图表标题。选中图表，打开"图表工具"的"设计"选项卡，单击"图表布局"组中的"添加图表元素"按钮。在下拉列表中选择"图表标题"，并在打开的下一级下拉列表中选择"图表上方"命令。此时，会在图表的上方添加一个文本框，即为该图表的标题，其

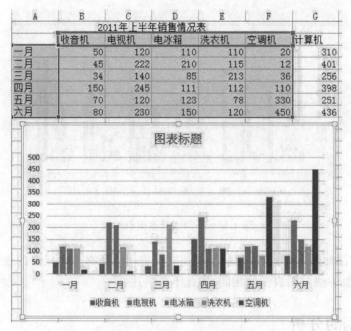

图 4.28 选中图表后的数据表格

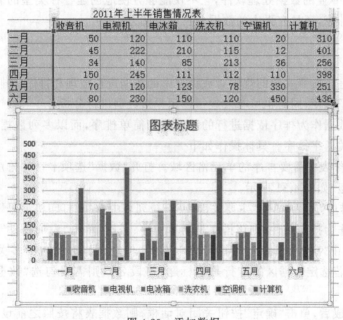

图 4.29 添加数据

中默认显示"图表标题"字样,如图 4.30 所示。

② 修改图表标题。首先单击选中图表标题的文本框,然后在标题文字中间再次单击鼠标,进入文本编辑状态,如图 4.30 所示。此时删除原有的标题文本,输入替换的新标题文本即可。

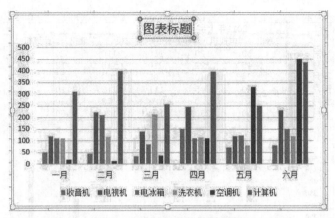

图 4.30　添加或修改图表标题

提示：在"添加图表元素"按钮的下拉列表中提供了所有图表元素的设置选项。这些图表元素的设置方法与图表标题相同，因此不再赘述。

4.3.5　数据的分析

Excel 也是专业的数据处理软件，它不仅能够方便地创建各种类型的表格、图表和进行各种类型的计算，还具有强大的数据分析处理能力。

1. 排序

数据排序是指按照一定的规则对数据表中的数据进行整理和排序。排序为数据的进一步处理提供了方便，同时也可有效地帮助用户对数据进行分析。

只以单列数据作为排序依据进行的排序称为简单排序，而以多列数据作为排序依据的排序称为多关键字排序。具体操作如下。

① 选择工作表中需要排序的单元格区域。打开"数据"选项卡，在"排序和筛选"组中单击"排序"按钮，如图 4.31 所示。

② 打开"排序"对话框，在"主要关键字"下拉列表中选择"打印机型号"。如果只设置"主要关键字"作为排序条件，则该排序是简单排序；否则，单击"添加条件"按钮继续添加排序条件，此时在"次要关键字"下拉列表中选择"价格（元）"，此时为多关键字排序，如图 4.32 所示。若选定数据区的首行是列标题（字段名），则需要勾选"数据包含标题"复选框。

③ 设置完成后，单击"确定"按钮关闭对话框，则数据表将按照之前设置的条件进行排序。

2. 筛选

筛选就是按照设定的条件对工作表中的数据进行有条件显示，它能够帮助用户从拥有大量数据记录的数据列表中快速查找符合条件的记录。在进行筛选时，不能同时筛选

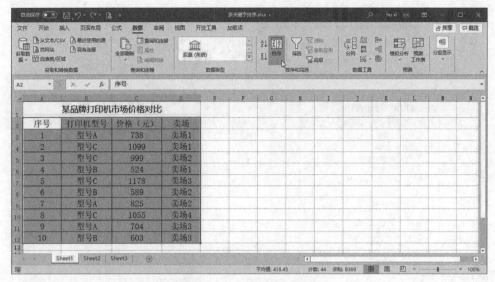

图 4.31　单击"排序"按钮

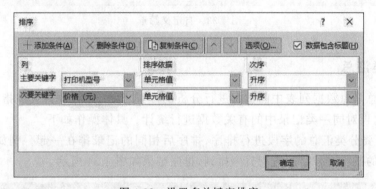

图 4.32　设置多关键字排序

两张数据表,且数据表的每一列必须有列标题。具体操作方法如下。

　　① 选定要筛选的数据表中的任意一个单元格。

　　② 打开"数据"选项卡,单击"排序和筛选"组中的"筛选"按钮。此时,在每个列标题的右侧出现一个下三角按钮。

　　③ 单击想要筛选的列的下三角按钮,单击"卖场"列标题(字段名)右侧的下三角,在下拉菜单的复选列表中选中"卖场 1",如图 4.33 所示。

　　④ 此时,将筛选出卖场 1 的所有记录。

　　提示:①筛选完成后,筛选列的列标题(字段名)右侧的下三角按钮 ▼ 将变为下三角＋漏斗的形状 ▼,表示是依据该列进行的筛选。②如果单击某一筛选列列标题右侧的 ▼ 按钮,在下拉菜单中选择"清除筛选"选项,此时可以清除对该列进行的筛选;如果想要一次清除多次筛选结果,则可以单击"数据"选项卡"排序和筛选"组中的"清除"按钮,此时,可以清除所有的筛选结果。

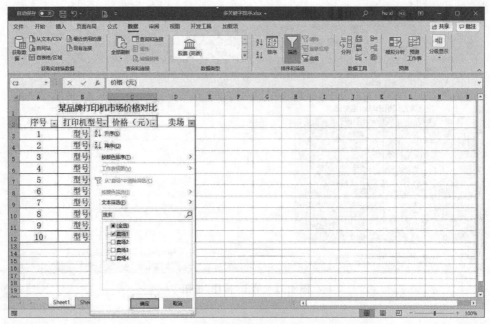

图 4.33 自定义筛选

3. 分类汇总

分类汇总是对数据列表中的数据进行分析的一种方法,先对数据表中指定字段的数据进行分类,再对同一类记录中的有关数据进行统计。具体操作如下。

① 对需要分类汇总的字段进行排序,排序后相同的记录排在一起。例如,在资金支出明细表中的按"部门"字段进行升序排列,排序结果如图 4.34 所示。

图 4.34 按照"部门"字段升序排列资金明细表

② 选定数据表中的任意一个单元格。打开"数据"选项卡，单击"分级显示"组中的"分类汇总"按钮，出现如图 4.35 所示的"分类汇总"对话框。

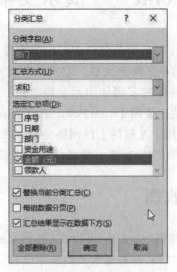

图 4.35 "分类汇总"对话框

③ 在"分类字段"下拉列表框中，选择排序依据字段，这里选择"部门"；在"汇总方式"下拉列表框中，选择"求和"汇总方式；在"选定汇总项"下拉列表框中，选择汇总对象列，这里选择"金额(元)"。

④ 单击"确定"按钮关闭对话框，在工作表中将根据设置创建分类汇总，如图 4.36 所示。

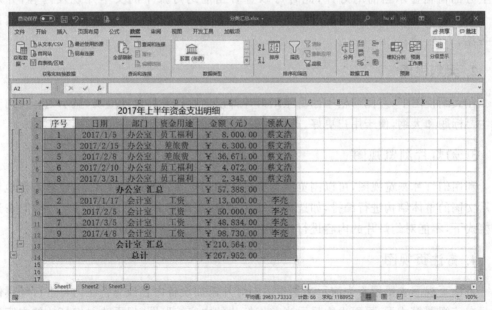

图 4.36 分类汇总结果

4.4　PowerPoint——演示文稿制作和设计

　　PowerPoint 是微软 Office 办公套装软件中的一个重要组成部分,专门用于设计和制作信息展示领域的各种类型的电子演示文稿。它能够制作出集文字、图形、图像、声音以及视频剪辑等多媒体元素于一体的多媒体演示文稿,可用于介绍公司产品、展示学术成果、会议报告、课堂教学等活动。使用 PowerPoint 创建的演示文稿不仅能够通过计算机和投影设备进行播放,还可以用于互联网上的网络会议或在 Web 上展示。本节着重介绍 PowerPoint 的基本操作和应用,为今后进一步的学习打下良好基础。

4.4.1　PowerPoint 的视图

　　启动 PowerPoint,打开"视图"选项卡,可以在"演示文稿视图"组中选择合适的视图模式,有些视图适合创建演示文稿,有些适合放映演示文稿。

1. 普通视图

　　普通视图是 PowerPoint 的默认视图模式,是创建幻灯片最常使用的视图模式。在该视图下,可以方便地编辑和查看幻灯片的内容、调整幻灯片的结构以及添加备注内容。

　　在普通视图下,文档窗口的左侧窗格中显示该演示文稿中所有幻灯片的缩略图;右侧上方的窗格显示当前幻灯片,此时可以查看当前幻灯片中的文本外观及内容,并对整个演示文稿和当前幻灯片进行编辑处理;而右侧下方的窗格显示当前幻灯片的演讲者备注。

2. 大纲视图

　　在大纲视图下,左侧窗格中的每张幻灯片都以内容提要的形式呈现,显示幻灯片内容的主要标题和大纲,便于用户更好、更快地编辑幻灯片内容。

3. 幻灯片浏览视图

　　利用幻灯片浏览视图,可以浏览演示文稿中的幻灯片。在这种模式下,能够方便地对演示文稿的整体结构进行编排,如选择幻灯片、创建新幻灯片以及删除幻灯片等,但在这种模式下,不能对幻灯片的内容进行修改。

4. 备注页视图

　　备注页视图主要用于为演示文稿中的幻灯片添加设备内容或对备注内容进行编辑修改。在该视图模式下,页面上方显示当前幻灯片的内容缩览图,但无法对幻灯片的内容进行编辑。下方显示备注内容占位符,在占位符中输入内容(即幻灯片的备注)。

5. 阅读视图

阅读视图适用于审阅演示文稿内容。放映时,也将采用全屏播放的方式进行放映,但会在屏幕的上端显示标题栏,而在下方包含一些简单的控件以便轻松翻阅幻灯片。

4.4.2 演示文稿的制作

1. 创建演示文稿

PowerPoint 为用户提供了多种创建新的演示文稿的方法,用户可以根据设计模板创建新的演示文稿,还可以创建一个空白的演示文稿。

(1) 使用空白幻灯片创建演示文稿

PowerPoint 在启动时会自动创建一张"主、副标题"版式的空白幻灯片,可以在该幻灯片的占位符中输入标题文字。也可以单击"开始"选项卡中"幻灯片"组中的"幻灯片版式"按钮,在下拉菜单中选择一种内置的幻灯片版式来替换当前幻灯片的版式。

(2) 利用模板创建演示文稿

PowerPoint 内置了很多模板,可以方便地利用已有的模板创建符合要求的演示文稿。

2. 编辑演示文稿

(1) 幻灯片的基本操作

在制作演示文稿的过程中,常常需要对演示文稿中的幻灯片进行一些操作。

基本方法是:在普通视图下,窗口左侧是"幻灯片窗格"区域,其中显示该演示文稿包含的所有幻灯片的缩略图,进而可以通过鼠标和键盘对某些幻灯片进行选择、插入、删除、复制、移动和隐藏等操作。

(2) 在幻灯片中插入对象

① 插入表格。

PowerPoint 中内置了插入表格的功能,不但可以直接创建所需要的普通表格,还可以插入 Excel 表格。

单击"插入"选项卡"表格"组中的"表格"按钮:在打开的"插入表格"区域中拖动鼠标,选中合适的列数与行数,然后单击鼠标,普通表格即被创建;或者在弹出的菜单中单击"插入表格"命令,在打开的"插入表格"对话框中,输入列数与行数,单击"确定"按钮即可创建普通表格;或者在弹出的菜单中执行"Excel 电子表格"命令,此时,在幻灯片中就会出现一个可以改变位置及大小的 Excel 电子表格,可以像操作 Excel 一样,输入各种数据和函数。

② 插入图像和插图。

PowerPoint 能够使用外部图片来丰富幻灯片的内容,增强幻灯片的演示效果。

• 插入图片:在"插入"选项卡中,单击"图像"组中的"图片"按钮,此时打开"插入图片"对话框,在查找范围下拉列表中选择目标图片所在文件夹,然后选中目标图片,单击"插入"按钮即可将选中的图片插入。

- 插入形状:PowerPoint 中提供的形状主要包括线条、矩形、基本形状、箭头总汇、公式形状、流程图、星与旗帜、标注、动作按钮等。在"插入"选项卡中,单击"插图"组中的"形状"按钮。在打开的"形状选择"窗口中,单击想要插入的形状,此时鼠标指针会变成"十"形状。在幻灯片编辑区,单击鼠标,该形状便出现在鼠标单击的位置上。此外,还可以通过拖动鼠标的方式,创建自由大小的图形。

- 插入图表:为了使表格的数据表达得更直观,还可以在幻灯片中插入图表。在"插入"选项卡中,单击"插图"组中的"图表"按钮。打开"插入图表"对话框,选择要创建的图表类型。单击"确定"按钮,系统会自动打开 Excel,并在其中预备了示例数据。同时在 PowerPoint 的幻灯片编辑区域,对应该数据的图表也显现出来。在 Excel 窗口中,输入真正的数据。随着数据的修改,幻灯片编辑区中的图表形状也会相应地发生变化。数据输入完成后,关闭 Excel,图表的插入便完成了。图表插入后,可以通过功能区中的"图表工具设计"选项卡中的相关命令,调整图表的形状、大小和位置等。也可以通过"图表工具设计"选项卡中"数据"组中的命令对图表中的原始数据进行修改。

4.4.3　演示文稿的设计

1. 幻灯片的修饰

(1) 应用主题

演示文稿中的主题就是一组统一的设计元素,使用统一的颜色、字体和图形设置文档的外观,使整个演示文稿具有统一的风格。应用主题的操作方法如下。

① 在"设计"选项卡的"主题"组中,单击"其他"按钮 ⤓,在打开的主题列表中选择需要使用的主题,即可将其应用到幻灯片中。

② 如果要对主题的颜色、字体或效果进行修改,可以在"设计"选项卡的"字体"组中,单击"其他"按钮 ⤓,在下拉列表中根据设计需要选择"颜色""字体""效果"或"背景样式"按钮来修改幻灯片的主题元素。

(2) 使用幻灯片母版

幻灯片母版本身是一张特殊的幻灯片,是用于创建幻灯片的框架。使用幻灯片母版可以确定幻灯片中共同出现的内容,以及各个构成要素(如背景、标题和正文等)的格式,用户可以在创建每张幻灯片时直接套用设置好的格式。

在"视图"选项卡中,单击"母版视图"组中的"幻灯片母版"命令,则进入"幻灯片母版"视图,如图 4.37 所示。其中标号①指示的母版幻灯片称为"Office 主题幻灯片母版",而标号②指示的所有母版幻灯片均称为"幻灯片版式"。

幻灯片版式包含要在幻灯片上显示的全部内容的格式设置、位置和占位符。占位符是版式中的容器,可容纳如文本(包括正文文本、项目符号列表和标题)、表格、图表、

SmartArt 图形、影片、声音、图片及剪贴画等内容。尽管每个幻灯片版式的设置方式都不同,然而与给定幻灯片母版相关联的所有幻灯片版式均包含相同主题(配色方案、字体和效果)。

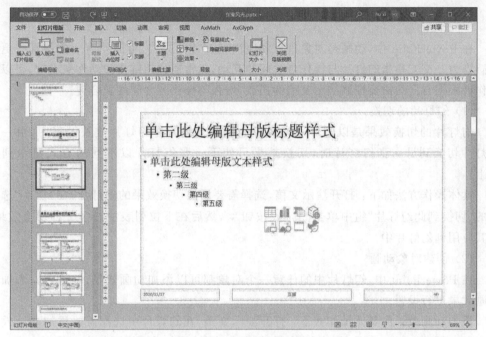

图 4.37　幻灯片母版视图

图 4.38 显示了一个应用"离子"主题的幻灯片母版,以及与之关联的多个幻灯片版

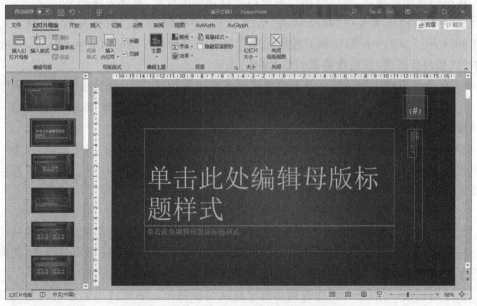

图 4.38　具有多种不同版式的幻灯片母版

式。不同的幻灯片版式展现了不同版本的"离子"主题——使用相同的配色方案,但版式排列方式有所不同。此外,每个版式在幻灯片上的不同位置提供文本框和页脚,并可以在不同文本框中使用不同的字号。

2. 幻灯片的动画和交互

在 PowerPoint 中,动画是对象进入和退出幻灯片的方式,可以使演示文稿具有更强的感染力。交互是指幻灯片与操作者之间的互动,通常通过超链接或动作来实现,可以使操作者根据自己的需要控制演示文稿的播放,增强与操作者之间的契合度。

（1）幻灯片的切换

幻灯片的切换效果是以幻灯片为对象的动画效果。在幻灯片放映过程中,由一张幻灯片切换到另一张幻灯片时,切换效果可使下一张幻灯片以不同的方式显示到屏幕上。

具体操作方法如下:打开演示文稿,选择需要添加切换效果的幻灯片,在"切换"选项卡的"切换到此幻灯片"组中单击"其他"按钮 ,然后在下拉列表中选择一种切换效果,将其应用到幻灯片中。

（2）创建对象动画

在 PowerPoint 中,幻灯片中的任意一个对象都可以添加动画效果,并可以对添加的动画效果进行设置。

添加动画效果的具体操作如下:打开演示文稿,在幻灯片中选择需要添加动画效果的对象。打开"动画"选项卡,单击"高级动画"组中的"添加动画"按钮,在下拉列表中可以直接选择预设动画应用到选择的对象。当向对象添加动画效果后,对象上将出现编号,编号表示动画播放的先后顺序。

在添加动画效果后,可以使用动画窗格进行详细的设置,具体方法如下:

① 在"动画"选项卡中"高级动画"组中单击"动画窗格"按钮,打开"动画窗格",如图 4.39 所示。窗格中按照动画的播放顺序列出了当前幻灯片中的所有动画效果,单击窗格中的"播放所选项"按钮将播放幻灯片中的动画。

② 在动画窗格中拖动某一动画改变其在列表中的位置,即可改变动画的播放顺序。

③ 使用鼠标拖动时间条左右两侧的边框可以改变时间条的长度,长度的改变意味着动画播放时长的改变。

④ 在"动画窗格"的动画下拉列表上单击某个动画选项右侧的下三角按钮,在下拉列表中选择"效果选项",如图 4.40 所示。此时打开该动画的设置对话框,分别可以对动画的效果、计时选项进行设置,如图 4.41 所示。

（3）使用超链接

在幻灯片中为各种对象添加超链接,通过单击该对象即可实现从演示文稿的一个位置跳转到另一个位置,也可以实现启动外部程序或打开某个 Internet 网页等操作,协同其他程序拓展演示文稿的内容。

创建超链接,一般分为创建链接和指定链接目标两步。下面将以创建跳转超链接为例介绍具体的操作方法。

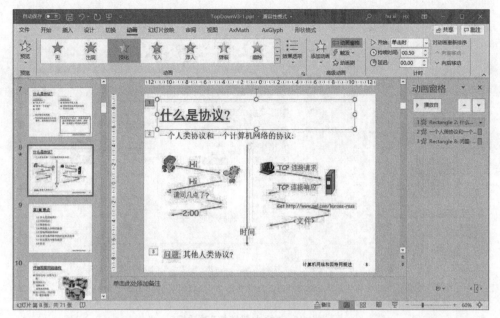

图 4.39　打开"动画窗格"

图 4.40　动画下拉列表

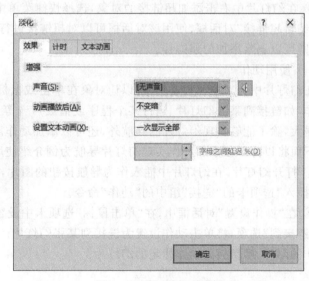

图 4.41　动画设置对话框

　　① 打开需要创建超链接的幻灯片,选择需要创建超链接的对象。在"插入"选项卡中选择"链接"组中的"超链接"命令。

　　② 在打开的"插入超链接"对话框中,在"链接到"列表中选择"本文档中的位置"选项,在其右侧"请选择文档中的位置"列表中选择链接的目标幻灯片,如图 4.42 所示。然后单击"确定"按钮关闭该对话框,即为选择的对象添加了超链接。

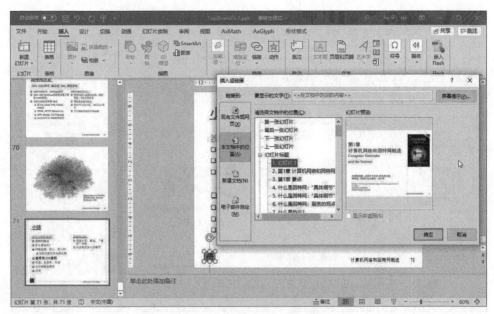

图 4.42　"插入超链接"对话框

③ 在幻灯片中右击添加超链接的对象,选择快捷菜单中的"编辑超链接"命令。此时打开"编辑超链接"对话框,使用该对话框可以对超链接进行修改;如果选择"取消超链接"命令,则可以删除添加的超链接。

（4）使用动作

在幻灯片中为对象添加动作,可以让对象在单击或鼠标移过该对象时执行某个特定的操作,如链接到某张幻灯片、运行某个程序或播放声音等。动作与超链接相比,其功能更加强大,除了能够实现幻灯片的导航外,还可以添加动作声音。

下面将以为对象添加动作实现幻灯片导航为例介绍使用动作的具体操作方法。

① 打开幻灯片,在幻灯片中插入作为导航按钮的图片,并以该图片为对象添加动作。选择"插入"选项卡的"链接"组中的"动作"命令。

② 在"操作设置"对话框中,在"单击鼠标"选项卡中设置单击鼠标时的动作。例如选择"超链接到"选项,将单击动作设置为链接到某张幻灯片。在播放该幻灯片时,单击添加了动作的图片,则切换到动作指定的幻灯片。

4.4.4　演示文稿的放映

放映幻灯片,最简单的方法就是使用按键或用鼠标单击一张一张地顺序播放,但这种方式并不适用于所有场合。因此,在幻灯片放映前需要对播放进行设置,以适应不同播放场合的需要。

1. 设置放映类型

放映幻灯片前,可根据放映场合的需要对幻灯片的放映进行设置。这里主要包括设置幻灯片的放映类型、需要放映的幻灯片以及幻灯片是否循环播放等。具体操作方法如下。

① 打开演示文稿,在"幻灯片放映"选项卡中单击"设置"组中的"设置幻灯片放映"按钮。

② 此时打开"设置放映方式"对话框,在对话框中对演示文稿的放映方式进行设置,如图 4.43 所示。

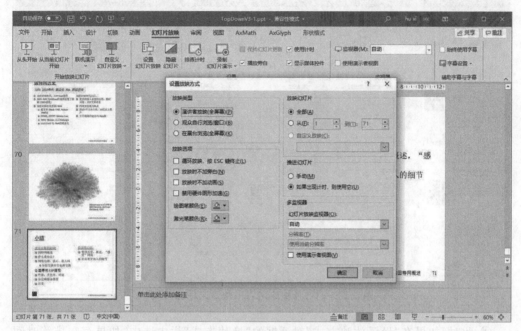

图 4.43 "设置放映方式"对话框

提示:①演讲者放映(全屏幕)是默认的放映方式,在观众面前全屏幕演示幻灯片,演讲者对幻灯片的放映过程有完全的控制权;②观众自行浏览(窗口)方式,让观众在带有导航菜单或按钮的标准窗口中通过滚动条、方向键或控制按钮来自行控制浏览演示内容;③在展台浏览(全屏幕)方式,让观众手动切换或通过设置好的排练计时时间自动切换幻灯片,并且演示文稿循环播放。

2. 使用排练计时放映

如果希望幻灯片能够按照事先计划好的时间进行自动播放,就需要先通过排练计时来记录真实播放过程中每张幻灯片的放映时间,然后在设置放映方式对话框中设置按照记录的排练计时时间进行幻灯片的放映。具体操作方法如下。

① 打开演示文稿,在"幻灯片放映"选项卡中单击"设置"组的"排练计时"按钮。

② 此时幻灯片进行播放,播放时在屏幕左上角会出现一个"录制"工具栏,其中显示当前幻灯片放映时间和总放映时间,如图 4.44 所示。切换到新的幻灯片时,"录制"工具栏中的当前幻灯片放映时间将重新计时,但总放映时间将继续计时。

③ 逐个完成每张幻灯片排练计时后，退出幻灯片放映状态。此时 PowerPoint 会提示"是否保留新的幻灯片计时"，单击"是"按钮保存排练计时。切换到幻灯片浏览视图模式，排练计时过的幻灯片的右下角将会出现计时时间，而没有排练计时的幻灯片则没有计时时间，如图 4.45 所示。

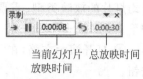

当前幻灯片　　总放映时间
放映时间

图 4.44　"录制"工具栏

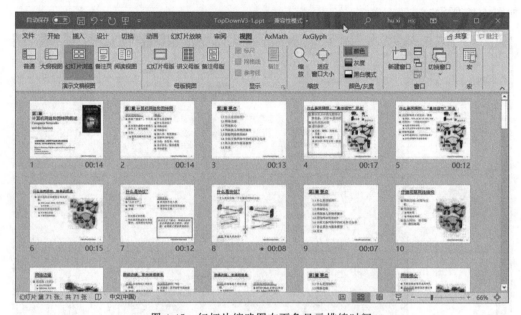

图 4.45　幻灯片缩略图右下角显示排练时间

④ 此时，如果在"设置放映方式"对话框的"换片方式"栏中选中"如果存在排练时间，则使用它"单选按钮，在放映类型栏中同样选中"演讲者放映（全屏）"单选按钮，那么在幻灯片放映时，既可以使用手动控制幻灯片放映，且排练时也可以发挥作用。

4.5　思政篇——中国自主办公软件的旗帜 WPS

　　WPS 是由中国金山软件公司自主研发的一款办公软件，始终致力于把最简单高效的办公体验和服务带给每个人。自 1989 年诞生以来，WPS 经历了中国软件产业的跌宕起伏。无论顺境逆境，WPS 都以一种舍我其谁的姿态去迎接办公软件市场中的挑战。经过 30 多年艰苦卓绝的创新和发展，它已经成长为中国唯一一款能够与 Microsoft Office 同场竞技的办公软件。WPS 是中国自主软件产业的一面旗帜，它的成长充分体现了中华民族不畏困难，勇于挑战的进取精神，是我们不断开拓创新的榜样。

　　故事 1：1988—1994 年，WPS 1.0 诞生，称雄 DOS 时代。

1988年，一个名为求伯君的年轻人加入当时的香港金山公司，开始研发中国第一款字处理软件WPS(Word Processing System)。1989年，中国办公软件的开山之作WPS 1.0正式发布。

20世纪80年代的计算机仍然是DOS操作系统的天下，WPS却应用了窗口技术，并独创"模拟显示"功能，让使用者可以在打印之前看到和调整打印效果，极大地提高了办公效率，如图4.46所示。凭借技术上的巨大优势，WPS占据超过90%的中国字处理软件市场份额。

图4.46　DOS时代的WPS

求伯君依靠一往无前的信念和埋头苦干的责任心研发出WPS，而WPS也成就了求伯君"中国程序员第一人"的美誉，成为中国未来无数程序员的偶像。

WPS 1.0的意义不仅在于独创的技术和功能，更重要的是，这是中国人自主研发的字处理软件，体现了中国在软件产业不断开创的决心和行动。

故事2：1995—2000年，Windows时代的交锋，失败与重生。

1992年，微软公司带着Windows操作系统和Microsoft Office来到中国。从此，Windows开始取代DOS成为计算机用户的首选操作系统，而Microsoft Office的Word与WPS开始了正面的交锋。

求伯君意识到Microsoft Office的Word将会是WPS在Windows时代的最大挑战，于是迅速推出类似于Microsoft Office套件的WPS版本——"盘古套件"，其中包括WPS、电子表格以及字典工具。但是，这个产品不仅没有赢得市场，而且丢掉了WPS在DOS操作系统中的领先优势。

终于，在1996年压倒WPS的"最后一根稻草"落了下来。微软公司提出希望Microsoft Office的Word与WPS可以在文件格式方面互通，也就意味着使用Microsoft Office的Word的用户可以打开WPS文档，而WPS的用户也可以打开Microsoft Office的Word文档，这个看似有利于用户体验且实现共赢的合作协议很快就得到WPS方面的同意。但没有想到的是随着这项合作的展开，Microsoft Office 伴随 Windows 系统的普及在中国迅速打开市场，WPS 用户也逐渐通过"格式开放"这座桥梁转移到了 Microsoft Office 的 Word 旗下，从此 Microsoft Office 取代 WPS 成为中国办公软件的新霸主。

求伯君和金山软件人并没有被打倒，在经历了 2 年困境和失败之后，在极其艰苦的条件下，于 1997 年推出了 WPS 97，短短两个月就卖出了 1.3 万套，位列办公软件销售榜首。1998 年，联想公司入股金山软件公司，注入了新的活力，并于 1999 年 3 月发布了 WPS 2000。WPS 2000 开始集成文字办公、电子表格、多媒体演示制作和图像处理等多种功能。从此，WPS 走出了单一字处理软件的定位。

故事 3：2001—2008 年，破茧成蝶，WPS Office 重铸辉煌。

2001 年 2 月，WPS 2000 获国家科技进步二等奖，同时金山软件公司还推出了《WPS 2000 繁体版（香港版、台湾版）》，一经推出就迅速占领了中国香港、台湾和澳门等使用繁体字地区的市场。

2001 年 5 月，WPS 正式采取国际办公软件通用定名方式，更名为 WPS Office。在产品功能上，WPS Office 从单模块的文字处理软件升级为以文字处理、电子表格、演示制作、电子邮件和网页制作等一系列产品为核心的多模块组件式产品。在用户需求方面，WPS Office 细分为多个版本，其中包括 WPS Office 专业版、WPS Office 教师版和 WPS Office 学生版，力图在多个用户市场里全面出击。同时为了满足少数民族的办公需求，WPS Office 蒙文版发布。

2001 年 12 月 28 日，中国政府首次进行大规模正版软件采购。经过历时半年的甄选，WPS Office 通过采用国家机关最新公文模板，支持国家最新合同标准和编码标准 GB18030 等实实在在的"中国特色"，得到了政府部门的青睐，WPS Office 打响政府采购第一枪：北京市政府采购 WPS Office 11143 套。从此，WPS Office 势如破竹，成为上至国务院 57 部委、下至全国 31 个省市机关的标准办公平台。

2002 年，微软公司撕毁了他们在 1996 年和金山软件公司签订的协议，将与 WPS 兼容的中间转换功能删除了，用户只能在 Word 和 WPS 之间二选一。为此，金山软件公司发出了"先继承、后创新、决胜互联之巅"的铮铮誓言，WPS 踏上二次创业的征途。百名研发精英彻底放弃 14 年技术积累，新建产品内核，重写数十万行代码，开始了长达三年的卧薪尝胆。春去秋来，经过千余个日夜鏖战，终于研发出了拥有完全自主知识产权的 WPS Office 2005。它在功能上实现了 Microsoft Office 当时的所有功能，完美适配于 Windows、Linux 两大平台，并且在软件体积上，实现了较大的突破。

在 2006 年 3 月的《电脑报》"2005 年度—2006 年度中国 IT 品牌调查"中，WPS Office 以 20.22% 的市场份额继续成为国内市场占有份额最高的国产办公软件产品。

2006 年，WPS Office 吹响进军海外的号角。9 月，WPS 日文版在日本东京发布。2007 年 5 月，WPS Office 英文版在越南发布，开始进入英文市场。

凭借优秀的产品品质，WPS Office 在 2007 年再次获得国家科技进步二等奖。

2007 年，WPS 宣布个人版永久免费。而专业版的 WPS，则因其较高的性价比，成为越来越多政府单位以及海外公司的选择。2008 年 7 月，WPS Office 又一举拿下国家电网的千万订单，为央企的正版化建设奠定了良好的基础。

自此，WPS 再创辉煌。

故事 4：至今。

2009 年，科技部公布了关于"核心电子器件、高端通用芯片及基础软件产品"的科技重大专项，政府投资百亿，组织开展基础软件重大专项的科研工作。其中实现办公软件的自主可控，是保护国家信息安全的关键之一，而 WPS Office 则是能扛起这面大旗的国产办公软件之一。

从此，WPS 一方面在保障用户信息安全上投入更多的精力，另一方面加快创新的步伐，于 2011 年率先推出移动版 WPS，将办公软件从本地转移到线上，成功领跑移动办公软件市场。

2019 年，WPS 所属公司金山办公软件股份有限公司在科创板上市……

雷军说："WPS 和金山的历程，就是一个坚持梦想并最终取得胜利的励志故事。"这个故事是中国自主软件发展的一个缩影，WPS 已经成为中国自主软件的一面旗帜，展现了中国软件人不屈不挠、迎难而上的大无畏精神，体现了我们坚持自主研发、把握自己命运的决心和责任。

习　题

Word 部分

4.1 Word 窗口由哪些主要元素组成？

4.2 默认情况下，Word 功能区中有哪些选项卡？各选项卡有哪些组？

4.3 在 Word 中，有哪几种视图？它们之间有何区别？视图的切换方法是什么？

4.4 选定文本的方法有哪些？

4.5 怎样复制、移动和删除文本？

4.6 字体、字号与字形的设置有哪些方法？哪一种方法较方便？

4.7 页面设置包括哪些内容？插入页码的操作步骤如何？

4.8 在 Word 文档的排版中使用"样式"有何优越性？

4.9 怎样插入分页符与分节符？它们之间有何区别？

4.10 怎样自动生成目录？

4.11 操作题：在 D 盘上建立文件 THEWORD.DOCX，内容为 4.1.1 节从"4.1.1 Office 的操作界面"到"如图 4.3 所示。"的所有文字内容和图片。请完成如下操作：

① 设置标题字体为：黑体、三号、红色、下画线且居中。

② 给正文第一段加红色、单波浪线阴影边框。

③ 设置正文第二段的行距为双倍行距。

④ 将正文中的所有"Office"都替换为"Microsoft Office"。

⑤ 设置页边距：上、下、左、右都为 2.5cm。

Excel 部分

4.12 工作簿与工作表的区别是什么？

4.13 什么是 Excel 的单元格？单元格名有几种表示方式？什么是活动单元格？在窗口的何处能够得到活动单元格的特征信息？

4.14 什么是单元格的绝对引用？什么是单元格的相对引用？什么是单元格的混合引用？表示这三种引用的方法是什么？在什么情况下适合用绝对引用、相对引用或混合引用？分别举例说明。

4.15 Excel 中的公式是什么？怎样在单元格中输入公式？

4.16 什么是函数？写出 5 个常用函数并说明其功能。

4.17 工作表中有多页数据，若想在每页上都留有标题，则在打印设置中应如何设置？

4.18 图表的作用是什么？如何修改图表的数据源、图表类型、图表标题和图例？

4.19 工作表的排序过程中主关键字和次关键字的含意有何不同？如何在工作表中进行自定义排序？

4.20 在数据表中进行数据筛选有几种方式？数据的筛选和分类汇总有什么区别？分类汇总前必须先做什么工作？

4.21 操作题

(1) 编制 10 月份的职工工资统计表，计算合计，然后保存职工工资统计表，文件名为"10 月工资"。具体数据如下表。

职工工资统计表

月份：10 月   制表日期：2020-10-20

姓名	性别	出生日期	职称	基本工资	补贴工资	奖金	扣款
王付成	男	1981-2-2	教授	5500	2000	2000	800
马立丽	女	1990-6-4	助教	3300	1210	1200	350
张帆	男	1977-8-12	讲师	4350	1500	1500	430.5
李英伦	男	1981-2-25	助教	3260	1320	1230	300
夏晓萍	女	1970-6-3	教授	5550	2300	2350	200
合计							

(2) 设置职工工资统计表的报表格式，要求如下：

① 报表标题居中(楷体、加粗、16 号)。

② 数值型数据保留两位小数。

③ 数据在水平、垂直两个方向上均居中对齐。

④ 表格的外边框为粗线，内边框为细线，合计行的上边线为双细线。

⑤ 合计行数字为蓝色并加上浅灰色底纹。

⑥ 报表标题行的行高为 40 像素，其余行的行高为 30 像素。

(3) 在职工工资统计表中插入列和行。

① 在姓名列前插入两列,列标题分别为"序号"和"职工编号"。用自动填充数据的方式输入序号,然后输入职工编号(01101、01102、01103 等)。

② 在职工工资统计表的职称列前插入一列,列标题为"学院",用设置有效性数据方式输入数据,共有四个学院,即自动化学院、经济学院系、管理学院和语言学院。

③ 在职工工资统计表的合计行前增加 20 行,采用冻结单元格的方式,输入 20 名职工的有关数据。

(4) 在职工工资统计表中,设置页眉为"XX 大学职工工资报表"(居中、隶书、16 号),设置页脚为打印日期(居左)、页码和总页数(居右)。

(5) 打印职工工资统计表。

① 用 B4 打印纸(横向)打印职工工资统计表,要求每页都输出顶端标题行。

② 用 B4 打印纸(横向)打印职工工资统计表,要求只打印第 5~10 名职工的数据。

(6) 统计职工工资表中的有关数据。

① 在职工工资统计表的扣款列后面加入一列,列标题为"实发工资",计算出每名员工的实发工资(实发工资=(基本工资+补贴工资+奖金)-扣款)。

② 在职工工资统计表的部门列前插入一列,列标题为"年龄",计算出每名员工的年龄。

③ 在职工工资统计表的后面增加三行,分别计算出年龄、基本工资、补贴工资、奖金、扣款,以及实发工资的最大值、最小值和平均值。

④ 在职工工资统计表中增加一列,用于对实发工资超过 9000 元的人员加上标记。

(7) 对职工工资统计表中的数据进行统计分析。

① 筛选出"语言学院"的全体职工,然后进一步筛选出职称为"教授"的人员。

② 在所有人员中,按职称进行分类汇总,计算出各种职称人员个数。

③ 根据上一步的分类汇总结果,建立图表(饼图)。

(8) 在工作簿中,分别再建立 11 月和 12 月这 2 个月的职工工资统计表,分别命名为 11 月和 12 月。

(9) 根据 10 月、11 月和 12 月的职工工资统计表中的数据,计算出第 4 季度职工工资总额。

(10) 为每名职工发一个 10 月的工资单。

PowerPoint 部分

4.22 创建演示文稿的步骤是什么?

4.23 在 PowerPoint 中有哪几种视图?其作用是什么?怎样切换?

4.24 什么是版式?什么是母版?母版的功能是什么?

4.25 怎样在幻灯片放映中插入动画?

4.26 什么是备注?什么是讲义?

4.27 怎样打印演示文稿讲义?

4.28 操作题:为一个公司制作宣传某种产品的演示文稿,要求有声音和动画效果。

4.29 操作题:制作一个介绍自己家乡的演示文稿。

第 **5** 章 算法与程序设计基础

利用计算机求解问题的关键是对问题(需要)的描述和分析,并设计正确的算法才能够快速高效地得到正确的结果。本章主要介绍算法、程序设计方法、程序的三大基本结构以及用 Python 语言设计简单程序等知识。

5.1 认 识 算 法

5.1.1 算法的概念

算法(Algorithm)是指解题方案的准确而完整的描述,是一系列解决问题的清晰指令,算法表示用系统的方法描述解决问题的策略机制。也就是说,能够对一定规范的输入,在有限时间内获得所要求的输出。如果一个算法有缺陷,或不适合于某个问题,执行这个算法将不会解决这个问题。完成同样的任务,不同的算法可能需要使用不同的时间、空间或效率。一个算法的优劣可以用空间复杂度与时间复杂度来衡量。

算法中的指令描述的是一个计算,当其运行时能从一个初始状态和(可能为空的)初始输入开始,经过一系列有限而清晰定义的状态,最终产生输出并停止于一个终态。一个状态到另一个状态的转移不一定是确定的。

也可认为,算法是一组明确的、可执行的有限步骤的有序集合。“明确”是指不能模棱两可,每一步骤是必须“可执行的”。可执行不是指一定要能被计算机所直接执行,即它不一定直接对应计算机的某个指令,但至少对阅读算法的人来说,相应步骤是有效和可以实现的。例如,“列出所有自然数”就是不可执行的,因为有无穷多的自然数。

【例 5.1】 求 $1+2+3+\cdots+100$ 的和。

方法 1:

步骤 1:求 1+2 的和,得到值 3。
步骤 2:求 3+3 的和,得到值 6。
……
步骤 99:将步骤 99 的和与 100 相加得到结果 5050。

方法 2:

步骤 1:求 1+99 的和,得到值 100

> 步骤 2:求 2+88 的和,得到值 100
>
> ……
>
> 步骤 49:求 49 与 51 的和,得到值 100
>
> 步骤 50:将前面所有步骤的和加上 100,再加上 50 得到结果 5050。

上面两种解题方法是较常见的方法,但不容易扩展与描述,比较烦琐。如果要计算从 1 加到 10000 甚至更多,用上面两种方法显然是不可取的,应该找一种更通用、可描述、容易实现的算法。

对于方法 1,每一个步骤可以进行以下描述:

> 步骤 i:将步骤 i-1 的和 s_{i-1}(可用变量 s 表示)加 i 得到值 s_i。

在这里,用到两个变量 s 和 i,可以用循环结构的算法来求得结果,描述如下:

> 步骤 1:将 s 赋 0,写成 s←0;i 的值赋为 1,写成 i←1。
>
> 步骤 2:将 s 与 i 加,得到的值赋给变量 s,写成 s←s+i;i 的值增加 1,写成 i←i+1。
>
> 步骤 3:如果 i 的值小于或等于 100(i<=100),返回步骤 2,否则执行步骤 4。
>
> 步骤 4:输出 s 的值。

如果要计算 1 加到 10000,只需将步骤 3 中的"i<100"改成"i<10000"即可。由此可见,该算法具有可描述性、通用性和可实现性。

5.1.2　算法的特征

一个有效的算法应该具有以下 5 个特征。

1. 确定性

算法的每一步骤必须有确切的定义,每一条指令,每一个操作都是确定的,不能是模棱两可的。

2. 有穷性

算法的有穷性是指算法必须能在执行有限个步骤之后终止,算法的有穷性还包括合理执行时间的含义,例如,如果预测明天气候的算法需要执行超过 24 小时,显然就失去了实用价值。

3. 输入项

一个算法有 0 个或多个输入,以刻画运算对象的初始情况,所谓 0 个输入是指算法本身定出了初始条件。

4. 输出项

一个算法有一个或多个输出,以反映对输入数据计算后的结果。没有输出的算法是毫无意义的。

5. 可执行性

算法中执行的任何计算步骤都是可以被分解为基本的、可执行的操作步,即每个计算步都可以在有限时间内完成(也称之为有效性)。

5.1.3 算法的描述方法

描述算法的方法有多种,常用的有自然语言、流程图、N-S 图和伪代码等,其中使用最普遍的是流程图。

1. 用自然语言描述算法

自然语言就是指用人们日常使用的语言来描述解决问题的方法和步骤,这种描述方法通俗易懂,即使不熟悉计算机语言的人也很容易理解。但是,自然语言在语法和语义上往往具有多义性,并且比较烦琐,对程序流向等描述不明了、不直观。

【例 5.2】 给出 n 个数,求最大数。

使用自然语言的算法描述如下:

> 步骤 1:假设第 1 个数是最大数 max,计数器 i 的值为 1。
> 步骤 2:如果 i 的值小于或等于 n,执行步骤 3,否则执行步骤 5。
> 步骤 3:如果第 i 个数的值大于 max,则将第 i 个数的值赋给 max。
> 步骤 4:i 的值增加 1。
> 步骤 5:输出最大值 max。

2. 用流程图描述算法

以特定的图形符号加上说明来表示算法的图,称为流程图或框图。流程图是流经一个系统的信息流、观点流或部件流的图形代表。常用程序图符号如图 5.1 所示。

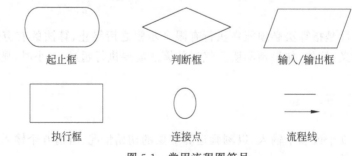

图 5.1　常用流程图符号

【例 5.3】 求 s＝1＋2＋…＋100,使用流程图描述实现算法。

使用流程图表示的算法如图 5.2 所示。

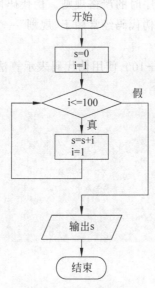

图 5.2 流程图描述算法

3. N-S 图

N-S 图,又称为盒图或 NS 图(Nassi Shneiderman 图),是结构化编程中的一种可视化建模。

1972 年,美国学者 I.Nassi 和 B.Shneiderman 提出了一种在流程图中完全去掉流程线,全部算法写在一个矩形阵内,在框内还可以包含其他框的流程图形式,即由一些基本的框组成一个大的框,这种流程图就称为 N-S 结构流程图(以两个人的名字的头一个字母组成)。N-S 图包括顺序、选择和循环三种基本结构,如图 5.3 所示。

图 5.3　N-S 图的三种结构表示方法

【例 5.4】　求 $s=1+2+\cdots+100$,使用 N-S 图描述实现算法。

使用 N-S 图描述的实现算法如图 5.4 所示。

4. 伪代码

伪代码是介于自然语言和计算机语言之间的文字和符号,它与一些高级编程语言(如 Visual Basic 和 Visual C++)

图 5.4　使用 N-S 图表示算法

类似,但不需要遵循真正编写程序时的严格规则。伪代码用一种自上而下、易于阅读的方式表示算法。在程序开发期间,伪代码经常用于"规划"一个程序,然后再转换成某种语言程序。

【例 5.5】 求 s=1+2+…+100,使用伪代码表示算法。

使用伪代码表示的算法如下。

```
s=0
i=1
do while i<=100
    s=s+i
    i=i+1
end do
output s
```

5.1.4 典型算法举例

在本节中,将分别对顺序结构、选择结构和循环结构的几种结构进行举例。

1. 两数互换

两数互换的算法是顺序结构中最典型的算法,它应用在数组排序等较复杂的算法中。实现两数互换最常用的算法是使用一个临时变量来过渡,从而使两个变量中的值互换。

将变量 x 与变量 y 值互换的算法,用伪代码表示如下:

```
t=x
x=y
y=t
print x,y
```

2. 判断某个年份是否是闰年

闰年的条件是能被 4 整除且不能被 100 整除,或者能被 400 整除的年份。

能被 4 整除在数学上可表示为"与 4 求余其值为 0",求余可用符号 mod 来表示。所以表示闰年条件的自然语言语句可换成以下伪代码语句:

```
if y mod 4=0 and y mod 100<>0 or y mod 400=0
```

在这里 y 表示年份。

使用伪代码表示如下:

```
input y
if y mod 4=0 and y mod 100<>0 or y mod 400=0 then
```

```
    print y 是闰年
else
    print y 不是闰年
endif
```

3. 循环结构算法举例

【例 5.6】 求 s＝n!,使用流程图描述实现算法。

本题与求 s＝1＋2＋…100 算法类似,只需要把 100 改为 n,n 从键盘输入,将加号改为乘号。注意,在累加中,s 的初值一般从 0 开始,在累乘中,s 的初值则需要从 1 开始。

使用流程图表示的算法如图 5.5 所示。

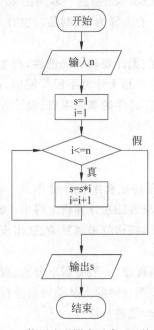

图 5.5　使用流程图表示求 n! 的算法

【例 5.7】 求 s＝1!＋2!＋…＋n!,使用伪代码描述实现算法。

在本题中,需要用到循环的嵌套,内循环为求 n!,外循环为将所求阶乘累加。

使用伪代码表示的算法如下:

```
input n
s=0
i=1
do while i<=n
    f=1 //f为所求的i的阶乘
    j=1
    do while j<=i
```

```
        f=f*j
        j=j+1
    end do
    i=i+1
end do
output s
```

5.2 程序设计方法

计算机程序也就软件,软件(Software)这一名词在 20 世纪 60 年代初从国外传来,当时许多人说不清它的确切含意。有人译为"软制品",也有人译为"软体",现在统一称它为软件。

早期的软件开发具有随意性、无计划和不规范性,产生了像软件开发无计划、需求分析不充分、开发过程无规范、软件产品无评测手段等问题,出现了"软件危机"。人们开始重新思考程序设计的基本问题,即程序的基本组成、设计方法等。

5.2.1 程序设计过程

20 世纪 70 年代以前,人们曾经把程序设计看作是一种任人发挥创造才能的技术领域。当时一般认为,写出的程序只要能在计算机上得出正确的结果,程序的写法可以不受任何约束。但随着程序越来越长,结构越来越复杂,就出现了很多问题,直到出现"软件危机"。

设计一个功能全面的计算机程序,一般有需求分析、程序设计、程序编码、程序测试和程序交付等 5 个步骤。这 5 个步骤在时间上从前向后进行,但没有特别严格的规定,在进行后一个步骤时,也可对前面的步骤进行修改。

1. 需求分析

需求分析是系统分析员对用户的需求与实际问题进行分析,包括已知是什么,需求是什么。此步骤解决软件要做什么,而不是软件应该怎么做。

2. 程序设计

程序设计包括概要设计和详细设计。概要设计包括系统的基本处理流程、系统的组织结构、模块划分、功能分配、接口设计、运行设计、数据结构设计和出错处理设计等,为软件的详细设计提供基础。

在概要设计的基础上,开发者需要进行软件系统的详细设计。在详细设计中,描述实现具体模块所涉及的主要算法、数据结构、类的层次结构及调用关系,需要说明软件系统各个层次中的每一个程序(每个模块或子程序)的设计考虑,以便进行编码和测试。

3. 程序编码

在程序编码阶段,开发者根据《软件系统详细设计报告》中对数据结构、算法分析和模块实现等方面的设计要求,开始具体地编写程序工作,分别实现各模块的功能,从而实现对目标系统的功能、性能、接口、界面等方面的要求。

4. 程序测试

软件在交付用户前要进行测试,程序测试的目的和任务是要发现程序中的错误。如果软件交付给用户后再发现错误,付出的代价会是在测试中发现错误的几倍甚至几十倍。一个好的测试方法是在尽量少的时间里发现更多的错误。

5. 程序交付

在程序测试达到要求后,软件开发者应向用户提交开发的目标安装程序、数据库的数据字典、《用户安装手册》《用户使用指南》《需求报告》《设计报告》《测试报告》等文档。

5.2.2 程序设计方法

程序设计方法主要有结构化程序设计方法与面向对象程序设计方法。

1. 结构化程序设计方法

结构化程序设计方法的主要特点是采用自上而下、逐步求精的程序设计方法。使用三种基本控制结构构造程序,任何程序都可由顺序、选择、循环三种基本控制结构构造。以模块化设计为中心,将待开发的软件系统划分为若干相互独立的模块,这样使每一个模块的工作变单纯而明确,为设计一些较大的软件打下良好的基础。

(1) 结构化程序设计主要原则

① 自上而下。程序设计时,应先考虑总体,后考虑细节;先考虑全局目标,后考虑局部目标。不要一开始就过多追求众多的细节,先从最上层总目标开始设计,逐步使问题具体化。

② 逐步细化。对复杂问题,应设计一些子目标作为过渡,逐步细化。也就是说,把一个较大的复杂问题分解成若干相对独立且简单的小问题。

③ 模块化。一个复杂问题,肯定是由若干简单的问题构成。模块化是把程序要解决的总目标分解为子目标,再进一步分解为具体的小目标,把每一个小目标称为一个模块。模块化的目的是降低程序复杂度,使程序设计、调试和维护等操作简单化。

一个模块可以是一段程序、一个或多个函数或过程等。

(2) 结构化程序设计的优缺点

① 优点。由于模块相互独立,因此在设计其中一个模块时,不会受到其他模块的牵连,因而可将原来较为复杂的问题化简为一系列简单模块的设计。模块的独立性还为扩充已有的系统、建立新系统带来了不少的方便,因为我们可以充分利用现有的模块作

扩展。

② 缺点。

- 通常情况下，用户对自己的需要也不是特别明确，在软件的开发过程中会发生变化。用户需求难以在系统分析阶段准确定义，致使系统在交付使用时产生许多问题。
- 用系统开发每个阶段的成果来进行控制，不能适应事物变化的要求。
- 系统的开发周期长。

所以，对于大型软件的开发，一般使用面向对象的程序设计方法。

2. 面向对象的程序设计方法

面向对象的程序设计方法（Object-Oriented Programming，OOP）是对面向过程程序设计方法（Process-Oriented Programming，POP）的继承和发展，它吸取了面向过程程序设计方法的优点，同时又考虑到计算机程序与现实世界的联系。OOP 将客观世界看成是由各种各样的实体组成的，这些实体就是 OOP 中的对象。

（1）基本概念

在面向对象的程序设计中，引入了类、对象、属性、事件和方法等一系列概念以及编程思想。

① 类。类（Class）是具有共同属性的事物的抽象。通常来说，类定义了事物的属性和它可以做到的动作（它的行为）。例如类"人"，具有共同的属性：姓名、身高、出生日期等，具有共同的行为：工作、休息等。

② 对象。对象（Object）是类的实例。类是抽象的，对象是具体的。例如对于类"人"，其实例"张三"是一个具体的人，该实例继承了类"人"的属性和行为。对于属于同一类的不同对象，其属性和行为是不同的。

在程序的运行过程中，系统为对象分配内存空间，而不会为类分配内存空间。这很好理解，类是抽象的，系统不可能给抽象的东西分配空间，而对象则是具体的。

③ 属性。类的属性是一个数据项，用于描述类的所有对象的一个共同特征，对于任何对象实例，它的属性值是相同的。不同的编程语言对属性有不同的定义，在面向对象的编程语言 Python 中，类属性就是在类中定义的变量。

④ 事件和方法。事件和方法均是对象的行为，在不同的面向对象的计算机语言中，这两者的定义有细微的差别。一般来讲，程序员需要为事件编写程序代码，否则该事件对应的行为不起任何作用，但不需要为方法编写程序代码，可以直接调用，不过，根据方法的定义格式，有时需要设置某些参数。例如，在窗体 Form1 上画一个半径为 5 厘米的圆，可用以下类似语句：

```
Form1.SetCircular(5)
```

在这里，Form1 是对象名称；SetCircular 是方法名；5 是方法的参数，单位是厘米。

⑤ 消息。消息是对象之间传递的信息，它请求对象执行某一处理或回答某一要求的信息，统一了数据流和控制流。消息是对象之间交互的唯一途径，一个对象要想使用其他

对象的服务,必须向该对象发送服务请求消息;而接收服务请求的对象必须对请求做出响应。

(2)面向对象程序设计特征

面向对象程序设计(OOP)是以数据为中心,将数据和处理相结合的一种方法,这种方法具有以下3个基本特征。

① 封装性。封装性是指将对象相关的信息和行为状态捆绑成一个单元,即将对象封装为一个具体的类。封装隐藏了对象的具体实现,当要操纵对象时,只需调用其中的方法,而不用管方法的具体实现。

② 继承性。一个类继承自另一个类,继承类可以获得被继承类的所有方法和属性,并且在继承类中可以根据实际的需要添加新的方法或者对被继承类中的方法进行覆盖,被继承类称为父类或者超类。继承类称为子类或导出类。继承提高了程序代码的可重用性。例如,Java语言中一个子类只能继承自一个父类,Object类是所有类的最终父类。

③ 多态性。多态性是指在一般类中定义的属性或行为。从同一类继承而来的不同子类,可以具有不同的数据类型或表现出不同的行为,即同样的消息被不同的对象接收时,可产生不同的行为。在同一个子类中,当给方法传递的参数不一样时也会产生不同的行为。

实现多态性的方法有覆盖和重载两种。覆盖是指子类重新定义父类的虚函数的做法;重载,是指允许存在多个同名函数,而这些函数的参数类型或数量不同。

例如,"动物"类有"叫"的行为。对象"猫"接收"叫"的消息时,叫的行为是"喵喵",而对象"狗"接收"叫"的行为是"汪汪"。这就是用覆盖来实现这种多态性的。

再如,在窗体中画一个圆可调用以下类似方法。

```
SetCircular(5)
```

可以表示在窗体的正中心画一个5厘米的圆,此行为是由程序员定义的。该方法还可以有其他功能。例如,在窗体中画一个圆也可以调用以下类似方法。

```
SetCircular(20,30,5)
```

此方法与上面的方法名称是一样的,只是参数不一样,它表示在窗体的坐标(20,30)处画一个半径为5厘米的圆。这就是用重载来实现这种多态性的。

5.3 使用 Python 语言设计简单程序

程序设计是程序员利用计算机编程语言为解决某个问题而设计算法并编写程序过程,是软件工程过程中的重要组成部分。本节以 Python 语言为开发环境,通过介绍 Python 语言的数据结构、基本语法等知识,使读者学会应用使用 Python 语言解决简单问题,编写基本的基于 Python 的程序。

5.3.1　认识 Python 语言

Python 语言是一种面向对象的解释型计算机程序设计语言,由荷兰人 Guido van Rossum 于 1989 年发明,第一个公开发行版发行于 1991 年。

1. Python 语言的特点

Python 语言的发明人给其定位是"优雅""明确""简单",所以 Python 程序简单易懂,初学者容易入门,也可使用 Python 语言解决复杂的问题。

Python 语言主要有以下特点。

① 简单:Python 是一种代表简单主义思想的语言。阅读一个良好的 Python 程序就感觉像是在读英语文字一样。它使你能够专注于解决问题而不是去搞明白语言本身。

② 易学:Python 极其容易上手,因为 Python 有极其简单的说明文档。

③ 速度快:Python 的底层是用 C 语言编写的,很多标准库和第三方库也都是用 C 语言编写的,运行速度非常快。

④ 免费开源:Python 是 FLOSS(自由/开放源码软件)之一。使用者可以自由地发布这个软件的副本、阅读它的源代码、对它做改动、把它的一部分用于新的自由软件中。这里的 FLOSS 是一个基于团体分享知识的概念。

⑤ 可移植性:由于它的开源本质,Python 已经被移植在许多平台上(经过改动使它能够工作在不同平台上)。这些平台包括 Linux、Windows、FreeBSD、Macintosh、Solaris、OS/2、Amiga、AROS、AS/400、BeOS、OS/390、z/OS、Palm OS、QNX、VMS、Psion、Acom RISC OS、VxWorks、PlayStation、Sharp Zaurus、Windows CE、PocketPC、Symbian 以及 Google 基于 Linux 开发的 Android 平台。

⑥ 解释性:Python 程序运行时,Python 解释器把源代码转换成字节码的中间形式,然后再把它翻译成计算机使用的机器语言并运行。这使得使用 Python 更加简单,也使得 Python 程序更加易于移植。

⑦ 面向对象:Python 既支持面向过程的编程也支持面向对象的编程。在面向过程的语言中,程序是由过程或仅仅是可重用代码的函数构建起来的。在面向对象的语言中,程序是由数据和功能组合而成的对象构建起来的。

⑧ 丰富的库:Python 标准库很庞大。它可以帮助处理各种工作,包括正则表达式、文档生成、单元测试、线程、数据库、网页浏览器、CGI、FTP、电子邮件、XML、XML-RPC、HTML、WAV 文件、密码系统、GUI(图形用户界面)、Tk 和其他与系统有关的操作。除了标准库以外,还有许多其他高质量的库,如 wxPython、Twisted 和 Python 图像库等。

⑨ 规范的代码:Python 采用强制缩进的方式使得代码具有较好可读性。

2. Python 语言的应用

Python 语言用广泛,主要应用有以下方面。

① 系统编程:提供 API(Application Programming Interface,应用程序编程接口),

能方便进行系统维护和管理,是 Linux 下标志性语言之一,是很多系统管理员理想的编程工具。

② 图形处理:有 PIL、Tkinter 等图形库支持,能方便进行图形处理。

③ 数学处理:NumPy 扩展提供大量与许多标准数学库的接口。Python 有 MATLAB 的大部分功能,但使用简单,更方便快速,而且 Python 是免费软件。

④ 文本处理:Python 提供的 re 模块能支持正则表达式,还提供 SGML、XML 分析模块,许多程序员利用 Python 进行 XML 程序的开发。

⑤ 数据库编程:程序员可通过遵循 Python DB-API(数据库应用程序编程接口)规范的模块与 Microsoft SQL Server、Oracle、Sybase、DB2、MySQL、SQLite 等数据库通信。Python 自带有一个 Gadfly 模块,提供了一个完整的 SQL 环境。

⑥ 网络编程:提供丰富的模块支持套接字编程,能方便快速地开发分布式应用程序。很多大规模软件开发计划例如 Zope、Mnet、BitTorrent、Google 都在广泛地使用它。

⑦ Web 编程:应用的开发语言,支持最新的 XML 技术。

⑧ 多媒体应用:Python 的 PyOpenGL 模块封装了 OpenGL 应用程序编程接口,能进行二维和三维图像处理。PyGame 模块则可用于编写游戏软件。

3. Python 语言开发环境

(1) 下载并安装 Python

Python 是免费软件,可以从官方网站的下载页面(https://www.python.org/downloads/)下载。目前 Python 主要有 2.x 和 3.x 两个版本。

下载合适的版本,安装到本机后就可以使用。本章以 Python 3.6.4 作为开发环境,操作系统采用 Windows。

安装成功后,在"开始"菜单选择"所有程序→Python 3.6→Python 3.6(32-bit)"进入 Python 命令行方式,然后输入:print("Hello World!"),如果输出"Hello World!",就表明安装成功,如图 5.6 所示。

图 5.6　Python 命令行方式

(2) Python IDE(Integrated Development Environment,集成开发环境)

在"开始"菜单中"所有程序→ Python 3.6"中选择"IDLE(Python 3.6 32-bit)",进入 Python 自带的集成开发环境,如图 5.7 所示。启动 Python 的 IDLE 后,可以在提示符后输入 Python 命令运行。

(3) 保存 Python 程序

可以使用任意一种文本编辑器编辑来保存 Python 程序,Python 程序的默认扩展名

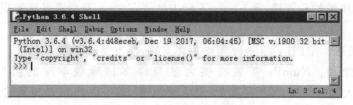

图 5.7　Python 集成开发环境

为".py",也可以使用 Python 集成开发环境自带的文本编辑器来编写 Python 程序。建议用户使用 Python 自带的编辑器编写 Python 程序,因为它可以提供 Python 关键字颜色标记、调试等功能。

在 Python IDLE 中选择菜单"File→New File",打开编辑器窗口,输入 Python 程序,如上面的"Print("Hello World!")",将程序以文件名"Hello.py"保存,编辑窗口如图 5.8所示,然后按 F5 键可直接运行该程序,运行结果如图 5.9 所示。

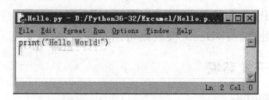

图 5.8　Python 编辑器窗口

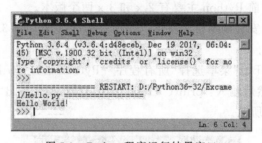

图 5.9　Python 程序运行结果窗口

5.3.2　Python 语言编程基础

要掌握任何一门计算机语言,首先必须要掌握适用于该语言的相关数据类型、规定的运算符以及这些运算符与操作数怎样结合起来参与运算,即表达式。其次就是要掌握相关的命令,也就是关键字。最后还要掌握相关的语法结构,为解决一个问题而设计合理的算法。就好比人类社会的语法首先是由字与词组成,而这些字与词有具体的含义,一条完整的语言还需满足相应的语法结构。

本节将介绍 Python 中的数据类型、运算符、表达式等知识。

1. 基本数据类型

(1) 对象、值和类型

对象是 Python 对数据的抽象。Python 程序中的所有数据都由对象或对象之间的关系表示。

每个对象由 ID、类型以及值组成。对象一旦建立,它的 ID 永远不会改变;你可以认为它是该对象在内存中的地址。is 操作符可以比较两个对象的 ID;id()函数则可以返回一个表示对象 ID 的整数。

对象的类型决定对象所能支持的操作(例如,它是否具有长度?)、定义该类型的对象可能具有的值。type()函数可以返回对象的类型。

Python 有 5 种基本对象类型,分别是整数、浮点数、布尔数、字符串和复数。

① 整数(integer)。整数可以用十进制、八进制和十六进制三种形式表示。默认情况下是十进制。

在 32 位系统上,整数存储空间占 32 位,取值范围为 $-2^{31} \sim 2^{31}-1$;在 64 位系统上,整数存储空间占 64 位,取值范围为 $-2^{63} \sim 2^{63}-1$。

② 浮点数(float)。浮点数即带小数的数值,也称为浮点型。浮点数有十进制小数形式和指数形式两种表示形式。

十进制小数形式由正号、负号、数字 0~9 和小数点组成,当整数部分是 0(或-0)时,0 可以省略。以下均是合法的浮点数。

$1.2, 2.0, -1.2, .2, 0.0$

指数形式由三部分组成:尾数、字符 E(或 e)和阶码。E 之前必须有数字,即尾数,且 E 后面的阶码必须为整数。指数形式适用于表示较大或较小的数。以下均是合法的指数形式的浮点数。

$1.2e3$(即 1.2×10^3),$1.2E-5$(即 1.2×10^{-5})

③ 布尔数(boolean)。布尔数即逻辑型数据,在 Python 中,"真"值用 True 表示,"假"值用 False 表示。

④ 字符串(string)。在 Python 中,字符串是用单引号、双引号或三引号括起来的一组字符,如"Hello World!"。单引号与双引号的作用完全相同;三引号可以表示一个由多行组成的字符串,可以在三引号中还自由地使用单引号和双引号。例如执行以下程序:

```
str1='''Line 1
Line 2'''
print(str1)
str2="""Line A
Line B"""
print(str2)
```

运行结果如下:

```
Line 1
```

```
Line 2
Line A
Line B
```

要输出单引号或双引号本身可以使用三引号,例如 print("""'""")会输出一个单引号,在 Python 中,也可以使用转义词符,转义字符用符号\表示。例如执行以下程序:

```
print('What\'s your name? ')
```

运行结果如下:

```
What's your name?
```

⑤ 复数(complex)。复数由实数部分和虚数部分组成,在 Python 的表现形式为 x+yj,其中 x 是复数的实数部分,y 是复数的虚数部分,这里的 x 和 y 都是浮点数。虚数部分的字母 j 大小写均可以。

【例 5.8】 运行下列程序,查看结果。

```
c1=2+3j
c2=3+4j
c3=c1+c2
print("复数 c3=",c3)
print("复数 c3 的实数部分为:",c3.real ,",虚数部分为:",c3.imag )
```

运行结果为:

```
复数 c3= (5+7j)
复数 c3 的实数部分为:5.0 ,虚数部分为:7.0
```

(2) 常量和变量

在程序设计过程中,经常要用到一些数据,有些数据是不可改变的,如自然数 1、2、3 等,这些数被称为常量;还有一些不可改变的数,用一个符号去表示,例如用 PI 表示 π(约为 3.1415926),称为符号常量。有些数据是可以改变的,例如用 xh 来表示学号,针对不同的学生,xh 的值是不同的,把它称为变量。不管是常量还是变量,它们均有确定的数据类型。

① 常量。常量就是不可改变的量,在 Python 中,常量的来源通常有三种,一种是用户具体使用的数值,如 1、"张三"等,第二种是 Python 内置的符号常量如 True、False、None 等;第三种是用户自定义的符号常量,Python 中没有用来定义符号常量的语句,需要使用对象的方法来创建。

② 变量。变量就是值可以改变的量,变量包含三个基本要素。
• 变量名:定义和引用变量时使用的名称。
• 变量的类型:Python 中的变量赋值不需要类型声明,变量需要赋值后才可以使用,系统会根据变量值的类型来确定变量的类型。

- 变量的值:变量的值是可以改变的,可以通过赋值语句来改变变量的值。

Python 给变量或其他标识命名需要遵循以下规则。

- 必须字母、数字或下画线组成的字符串,并且第 1 个字符必须是字母或下画线。如 1a、a * b 均是不合法的标识符。
- 标识符区分大小写,如 myname 与 MyName 是不同的标识符。
- Python 保留字不能作为变量名,保留字指在系统中已经定义过的字,有特殊的含义,用户不能再将这些字作为变量名或其他自定义标识符。Python 中的主要保留字如表 5.1 所示。

表 5.1 Python 中的保留字

and	as	assert	break	class	continue
def	del	elif	else	except	finally
for	from	global	if	import	in
is	lambda	not	or	pass	print
raise	return	try	while	with	yield

(3) 查看常量或变量的类型

常量的类型是确定的,变量的类型在赋值后确定,如果不能确定常量或变量的类型,可以使用函数 type() 来查询数据类型。

【例 5.9】 运行程序,查看结果。

```
a=1
print("变量 a 的数据类型为:",type(a),"值为",a)
a=1.0
print("变量 a 的数据类型为:",type(a),"值为",a)
a="1"
print("变量 a 的数据类型为:",type(a),"值为",a)
a=True
print("变量 a 的数据类型为:",type(a),"值为",a)
a=2+3j
print("变量 a 的数据类型为:",type(a),"值为",a)
```

运行结果为:

```
变量 a 的数据类型为: <class 'int'> 值为 1
变量 a 的数据类型为: <class 'float'> 值为 1.0
变量 a 的数据类型为: <class 'str'> 值为 1
变量 a 的数据类型为: <class 'bool'> 值为 True
变量 a 的数据类型为: <class 'complex'> 值为 (2+3j)
```

2. 运算符与表达式

数据参与运算就要用到运算符,运算符加上操作数就构成了表达式。Python 中的运算符主要包括算术运算符、关系运算符与逻辑运算符。

(1) 算术运算符与算术表达式

算术运算符是最常用的运算符,一般用来执行数值型数据的运算。常用算术运算符如表 5.2 所示。

表 5.2　常用算术运算符

算术运算符	说　明
+	加法运算符
−	减法运算符
*	乘法运算符
/	除法运算符
**	幂运算符,2**3 值为 8
//	整除运算符,返回值的整数部分,小数舍去
%	求余数运算符,8%3 值为 2

对于 +、−、* 和 / 运算符,在这里不作介绍,主要介绍其余几个运算符。

① **:幂运算符,x**y 的值为 x^y,其中 x 与 y 为浮点型数据。

② //：整除运算符,返回值的整数部分,小数舍去,不是四舍五入。例如,7.0//2 的值为 3.0。

③ %：用于求余数运算。例如,8%3 的值为 2。

求余运算应用很广,例如,给定任意一个十进制整数 x,求 x 的个位数,只需要将 x 与 10 求余运算,得到的结果就是 x 的个位数。再例如判断某个数是否能被 x 整除,只需要将这个数与 x 求余运算,如果值为 0,则表示该数能被 x 整除,否则不能被 x 整除。

(2) 关系运算符和关系表达式

关系运算符用于关系运算,返回的值为一个逻辑值,即 True 或 False。Python 中的主要关系运算符如表 5.3 所示。

表 5.3　主要关系运算符

关系运算符	说　明	关系运算符	说　明
==	等于	>=	大于或等于
!=	不等于	<	小于
>	大于	<=	小于或等于

【例 5.10】　判断下列表达式的值。

① 3<2 * 3。

② "ABC">"ab"。

解析：对于第 1 个表达式，值为 True，因为算术运算符 * 的优先级比关系运算符的优先级要大，所以先计算 2 * 3，再判断大小。对于第二个表达式，值为 False，字符串大小的比较，是比较第 1 个字符的 ACSII 码，如果第 1 个字符相同，则比较第 2 个字符的 ASCII 码，因为 A 的 ASCII 码比 a 的小，所以表达式的值为 False。

（3）逻辑运算符与逻辑表达式

逻辑运算符主要有 3 种，如表 5.4 所示。

表 5.4　主要逻辑运算符

逻辑运算符	说　　明
and	逻辑与，同时为真返回值为真，否则为假
or	逻辑或，同时为假返回值为假，否则为真
not	逻辑非，非真值为假，非假值为真

逻辑表达式中的操作数必须为一个逻辑值（True 或 False）或整数。True 转换为整数，其值为 1；False 转换为整数，其值为 0。当一个整数参与逻辑运算时，0 认为是"假"，非 0 认为是"真"。

【例 5.11】　判断下列表达式的值。

① 4>3 and 4<2 * 3。

② not 4<3 or 4<2 * 3。

③ not(4<3 or 4<2 * 3)。

④ 1+(3>2)。

解析：在表达式①中，4>3 值为 True，4<2 * 3 值也为 True，所以整个表达式的返回值为 True。

在表达式②中，4<3 为 False，not False 为 True，所以整个表达式值为 True。

在表达式③中 4<3 or 4<2 * 3 值为 True，所以 not(True)的值为 False，即整个表达式值为 False。

在表达式④中，3>2 为真，转换成整数值为 1，所以整个表达式值为 2。

（4）用于连接字符串的运算符

将两个字符串进行连接，可以用运算符"＋"。例如，"全国" ＋ "人民" 值为"全国人民"。

5.3.3　Python 语言控制结构

Python 语句在写法上采用独特的缩进格式，建议用 4 个空格或一个 Tab 键来达到缩进的效果，同一语句块中的语句具有相同的缩进字符，如果不满足缩进要求，将会产生语法错误，这是 Python 语句不同于其他大部分计算机语言的一个特点。Python 默认将回车符作为语句的结束标志，可以使用反斜杠"\"将一个语句分为多行显示，同一行如果有多条语句,用分号间隔。

Python 中的注释有单行注释和多行注释,其中单行注释以 # 开头,多行注释用三个单引号 ''' 或者三个双引号"""将注释括起来。例如:

```
# 本行是一个注释
print("Hello, World!")
'''
这是多行注释,用三个单引号
这是多行注释,用三个单引号
'''
```

1. 赋值与输入输出语句

(1) 赋值语句

Python 中的变量不需要声明,变量的赋值操作既是变量声明也是变量定义的过程。变量在使用前必须先赋值,变量赋值后才会被创建。变量赋值的基本格式为:

```
变量名=表达式
```

例如:

```
var=10        #整型
var=10.0      #浮点型
var="Jack"    #字符串
```

Python 允许同时为多个变量赋值,此功能与 C 语言相似,如 a＝b＝c＝10 表示给 3 个变量赋值,其值均为 10。Python 也可同时为多个变量赋给不同类型的值,例如:

```
a,b,c=1,2.0,"Jack"
```

表示创建了 3 个变量,a 是整型变量,值为 1;b 是浮点型变量,值为 2.0;c 是字符串对象,值为"Jack"。

(2) 输入/输出语句

Python 的输入/输出语句可用 input()函数与 print()函数实现,这两个语句是最简单的输入/输出语句。

print()函数使用灵活、简单,可使用多种格式,使用该函数输出有以下特点。

- 输出常量:字符串和数值类型 可以直接输出。
- 输出变量:无论什么类型,数值、布尔、列表、字典等都可以直接输出。
- 格式化输出 类似于 C 语言中的 printf()函数。

① 基本输出格式。

```
print(data1,data2,…)
```

data1,data2,…可以为常量、变量、表达式等对象。

例如：

```
name="Jack"
age=18
print("我的名字叫:",name,",年龄为:",age)
```

运行结果为：

```
我的名字叫: Jack ,年龄为: 18
```

print()函数有一个默认特性：在输出时会自动加一个换行符。但是，只要在输出时添加一个逗号，就可以改变它这种自动换行的特性，变为自动添加一个空格。

② 使用格式控制符。如果要在输出时对格式进行控制，则需要使用格式控制符%来实现，其使用格式如下：

```
print("格式字符串" % (data1,data2,…))
```

格式说明：%左边部分的格式字符串包含普通字串和以%开头的格式控制字符序列，如%d表示输出十进制整数，常见的格式字符如表 5.5 所示。%右边的输出对象如果有 2 个以上需要用小括号括起来，中间用逗号隔开。在此格式中，普通字符原样输出，遇到%开始的格式字符用输出表列中的数据替换，例如：

```
print("我的名字是:%s,年龄是:%d" % ("Jack",18))
```

输出结果如下：

```
我的名字是:Jack,年龄是:18
```

对以上 print()函数各参数及字符串说明如下：
- "我的名字是:"为提示性字符，原样输出。
- %s：格式字符串，与"Jack"对应。
- ",年龄是:"为提示性字符，原样输出。
- %d：格式控制字符串，与 18 对应。
- %：格式控制字符串与数据系列之间的分隔符。
- 如果有多个数据，需要用括号将数据系列括起来。

表 5.5　常用格式字符

格 式 字 符	含　　义
%d	十进制整数
%f	浮点数

格 式 字 符	含　义
%s	字符串
%u	无符号整数
%o	八进制整数
%x 或 %X	十六进制整数,如果用大写 X,则十六进制数中的字母部分用大写输出
%e	浮点数整数

input()函数的基本输入格式如下:

```
变量名=input("提示性字符串")
```

例如:

```
a=input("请输入你的姓名:")
b=input("请输入你的年龄:")
print("姓名为:",a,"年龄为:",b)
```

运行以上程序,并输入相关数据,结果如图 5.10 所示。

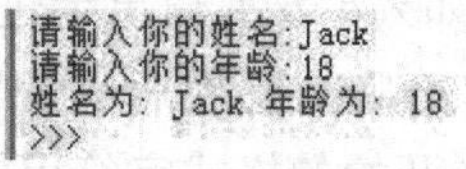

【例 5.12】　设计一个实现两个变量的值互换的程序。

解析:要实现两个变量中的值互换,通常的方法是:增加一个临时变量,先将第 1 个变量的值赋给临时变量,再将第 2 变量的值赋给第 1 个变量,最后是将临时变量的值赋给第 2 个变量,即可实现两个变量的值互换。

```
请输入你的姓名:Jack
请输入你的年龄:18
姓名为: Jack 年龄为: 18
>>>
```

图 5.10　输出结果

具体程序代码如下:

```
x=input("请输入第 1 个变量值:")
y=input("请输入第 2 个变量值:")
t=x;x=y;y=t #实现两个变量互换的语句
print("互换后的两个变量的值为:",x,",",y)
```

【例 5.13】　设计一个程序,其功能是将一个 4 位整数的千、百、十和个位数拆分出来。

解析:一个 4 位整数的千位数可将该整数整除 1000 来求得,百位数可将该数减去千位数乘以 1000 的数,再整除 100 求得,以此类推可求其他位数,对于任意一个整数都可以通过与 10 求余来取得个位数。

具体程序代码如下:

```
x=input("请输入一个 4 位整数:")
x=int(x) #x 为字符串,用 int()函数把它转换为整数
a1=x//1000 #整除 1000 得千位数
a2=(x-a1*1000)//100　#百位数
```

```
a3=(x-a1*1000-a2*100)//10 #十位数
a4=x%10  #与10求余得个位数
print(x,"的千位数是:",a1,",百位数是:",a2,",十位数是:",a3,",个位数是:",a4)
```

2. 选择结构

程序中常用到对给定的条件进行判断,并根据不同的判断结果执行相关的操作,这就是选择结构。

基本的选择结构如图 5.11 所示。

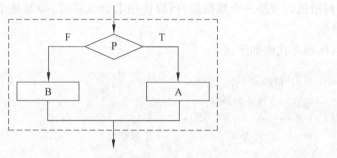

图 5.11　基本的选择结构

图 5.11 选择结构的执行顺序是:判断条件 P 的值,如果为真,执行语句块 A;否则执行语句块 B。语句块 A 或语句块 B 均可省略,不管是什么情况下,语句块 A 或语句块 B 仅被执行一次,执行语句块 A 就不可能执行语句块 B,反之亦然。

选择结构常用 if 语句来实现。if 语句的结构有多种,以下是 if 语句的两种结构形式。

① 块状结果的 if 语句的格式如下:

```
if(条件 P):
    语句块 A
else:
    语句块 B
```

语句块中可含有多条语句,也可以含有 if 语句或其他结构的语句。

② 多条件 if 语句。当程序中有多个条件时,可以使用多条件 if 语句。多条件 if 语句的格式如下。

```
if(条件 1):
    语句块 1
elif(条件 2):
    语句块 2
...
elif(条件 i):
    语句块 i
```

```
else:
    语句块 n
```

多条件 if 语句的执行顺序是：如果满足条件 1，则执行语句块 1，然后执行 if 结构后面的语句；否则判断条件 i，如果满足条件 i 则执行语句块 i，如果所有条件均不满足，则执行 else 后面的语句。

【例 5.14】 创建一个应用程序，输入一个年份，判断是否是闰年。闰年的标志是：能被 4 整除且不能被 100 整除，或能被 400 整除。

解析：这里只需判断闰年的条件，如果条件是真输出"是闰年"，否则输出"不是闰年"。判断能否被某一个数整除，可以使用求余运算符，即与某个数求余等于 0 则能被这个数整除。

具体程序代码如下：

```
y=input("请输入一个年份")
y=int(y)      #转换为整型
if(y % 4 == 0 and y % 100 != 0) or (y % 400 == 0):
    print(y,"年是闰年!")        #注意缩行
else:
    print(y,"年不是闰年!")      #注意缩行
```

在 Python IDLE 开发环境中按 F5 键，即可查看本程序的执行效果。

3. 循环结构

当在程序执行中需要多次反复执行重复动作时需要使用循环语句来完成相应的工作。Python 中提供了两种语句实现循环结构。

（1）while 语句

while 语句的基本格式如下。

```
while <条件表达式>:
    循环体语句块
```

即当条件成立时执行循环体语句块。其循环结构如图 5.12 所示。

while 语句的执行顺序是：如果条件是真，则执行循环体语句块，再判断条件，如此循环，直到当条件为假时退出循环。

使用 while 语句时应该注意：

- 如果循环体由多条语句组成，每条语句应该在同一层次的缩进块中。
- 循环体语句块中必须有使用循环趋向于结束（即使条

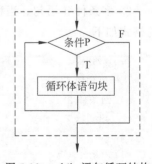

图 5.12 while 语句循环结构

件表达式的值为假)的程序代码,否则会造成无限循环。

(2) for 语句

for 语句的基本格式如下。

```
for 控制变量 in 可遍历的表达式:
    循环体语句块
```

对以上语句的说明如下。

for 语句为循环说明语句,关键词 in 是 for 语句的组成部分,每执行一次循环,都会将"控制变量"设置为"可遍历的表达"的当前元素,然后循环体语句开始执行,执行完循环体语句后,将"可遍历的表达式"的下一个值赋给"可控制变量",再执行循环体语句,依次循环。当"可遍历的表达式"中的元素遍历一遍后,即没有元素可供遍历时,退出循环。

【例 5.15】 创建一个应用程序,分别使用 while 语句和 for 语句实现求 1+2+⋯+n 之和,其中 n 的值通过用户输入得到。

① 使用 while 语句,程序如下:

```
n=input("请输入 n:")
n=int(n)          #将字符串 n 转变为整型
s=0               #s 为累加和
i=0               #i 为循环控制变量
while i<=n:
    s=s+i
    i=i+1
print("1+2+ … +n=",s)
```

循环程序的执行过程是:首先,从 while 语句开始执行,当 i 小于或等于 n 时,执行循环体中的两条语句,再返回 while 语句判断表达式"i<=n"的值,如果为真,则执行循环体语句;否则结束循环,执行 print 语句。

如果输入 100,则输出 5050,如下所示:

```
请输入 n:100
1+2+ … +n= 5050
```

② 使用 for 语句,程序如下:

```
n=input("请输入 n:")
n=int(n)          #将字符串 n 转变为整型
s=0               #s 为累加和
i=0               #i 为控制变量
for i in range(n+1):
    s=s+i
print("1+2+...+n=",s)
```

循环程序的执行过程是:

- for 语句开始执行时,range()函数会生成一个由 0 至 n+1 组成的序列。
- 将序列中的第 1 个值即 0 赋给变量 i,并执行循环体语句。
- 执行循环体语句后,range()函数产生的序列中的下一个值将赋予变量 i,继续循环,直到遍历完序列中的所有元素为止。

在使用 for 语句时,如果需要循环执行一定的次数,可以使用 range()函数。该函数会产生一个含有逐步增加的数字序列,例如:

range(10)可以产生 10 个由 0 到 9 组成的数值序列。

range()函数的另一种格式为:

```
range(起始值,终值,步长)
```

格式说明:产生一个从起始值到终值的半开区间序列,不包括终值。如果缺少起始值,默认起始值为 0。终值是必要参数,终值本身不包含在系列中。步长值是元素之间的差值,如果缺省,默认值为 1。如果函数中只有一个参数,则该参数就是"终值";如果只有两个参数,则第一个是起始值,第二个是终值,默认步长为 1。

在上面的例子中,可将函数 range(n+1)改为 range(0,n+1,1),效果是等价的。

(3) break 和 continue 语句

Python 中的 break 语句可以结束当前循环,跳转到循环体下一条语句,类似 C 语言中的 break。常用在当某个外部条件被触发(一般通过 if 语句检查),需要立即从循环中退出时。break 语句可以用在 while 和 for 循环中。

Python 中的 continue 语句和其他高级语言中的 continue 并没有什么不同,它可以用在 while 和 for 循环中。while 循环是条件性的,而 for 循环是迭代的,所以在开始下一次循环前 continue 要满足一些先决条件,否则循环会正常结束。

程序中当遇到 continue 语句时,程序会终止当前循环,并忽略剩余的语句,然后回到循环的顶端。在开始下一次迭代前,如果是条件循环,将验证条件表达式;如果是迭代循环,将验证是否还有元素可以迭代。只有在验证成功的情况下,才会开始下一次循环。

【例 5.16】 输出 100~200 的所有素数。

分析:素数又称质数,定义为在大于 1 的自然数中,除了 1 和它本身以外不再有其他因数。对某个自然数 x,如果能被 2 至 x-1 中任意一个数 i 整除,则 x 不是素数,没有必要再去判断 i 后面的数是否被 x 整除,此时,可用 break 语句来结束循环。

具体程序代码如下:

```
for i in range(100,201):
    flag=1                    #flag是一个标志,1表示是素数,0表示不是素数,先假设是素数
    for j in range(2,i):#判断i能否被2至i-1的数整除
        if(i%j==0):           #能被j整除,则不是素数
            flag=0            #不是素数,标志改为0
            break             #结束循环
    if(flag==1):              #如果是素数,则输出
        print(i,",")
```

5.3.4　函数

把复杂的应用程序划分为多个模块,是程序设计常用的方法。模块是可以命名的一个程序段,一个文件即是一个模块。在 Python 中,模块中主要包含代码、函数和类等。

1. 自定义函数

函数是一个命名的程序代码块,是完成某些操作的功能单位。本章前面用到的所有函数均是 Python 系统定义的函数,这些是 Python 的内置函数,其定义部分对用户来说是透明的。用户只需关注函数的功能与使用方法,而不必关注函数是如何定义的。

函数的主要组成有:函数名、函数类型、函数参数、函数体语句块和返回值等。

自定义函数语法格式如下:

```
def 函数名(参数列表):
    函数体语句块
```

【例 5.17】 定义一个函数,实现求 $1+2+\cdots+n$ 的值。

具体函数定义语句如下:

```
def sum1toN(n):
    s=0
    for i in range(1,n+1):
        s=s+i
    return s
```

函数定义说明如下:

def:定义函数的关键字。

sum1toN:函数名,命名规则与变量的命名规则相同。

n:函数的参数,用括号括起来,定义时的参数称为形式参数;在函数调用时的参数称为实际参数,必须与形式参数一一对应。

return:函数的返回语句,也是函数结束的标志,后面表达式的值即函数的返回值。如果没有 return 语句,则函数没有返回值。

2. 函数调用

函数调用就是执行该函数体语句块并得到返回值的过程。

函数调用的一般形式是:

```
函数名(实际参数列表)
```

在调用函数时,实际参数的个数和类型需要与函数定义时的形式参数个数和类型对应。

在例 5.17 中，如果要调用该函数求 1 加到 100 的和，只需要执行语句"print (sum1toN(100))"即可。

习　题

5.1　基本程序结构有哪几种？Python 有哪些流程控制语句？

5.2　编写一个程序，实现两个数互换。

5.3　编写一个程序，实现输入一个年份，判断是否为闰年。闰年的条件为：能被 4 整除且不能被 100 整除或能被 400 整除的年份。

5.4　编写一个程序，求 s＝1＋2＋3＋…＋100 的值。

5.5　简述函数的定义与使用方法。

第 **6** 章　计算机网络基础

传统生活中,人们通过电话网络在朋友之间传递语音,通过邮政网络来寄达信函,通过有线电视网络观看各种节目,通过收音机来收听广播,而在科技高速发展的今天,当人们要做这些事情时,可以选择一个全新的网络来完成这些事情,那便是计算机网络。计算机网络是计算机技术和通信技术相结合的产物,是计算机应用发展的重要领域,是社会信息化的重要技术基础,是一门正在迅速发展的新技术。

6.1　计算机网络概述

6.1.1　计算机网络的定义

计算机网络的发展速度非常快,它的内涵和定义也在不断地演变。现在,大家比较认可的计算机网络定义为:计算机网络是将分散在不同地点且具有独立功能的多个计算机系统,利用通信设备和线路相互连接起来,在网络协议和软件的支持下进行数据通信,实现资源共享的计算机系统的集合。

从计算机网络的定义,可以从中总结出计算机网络涉及下面的几方面。

① 两台或两台以上的计算机相互连接起来才能构成网络。网络中的各计算机具有独立性。

② 计算机通过通信线路和通信设备连接。通信线路是指网络传输介质,它可以是有线的(如双绞线、同轴电缆等),也可以是无线的(如激光、微波等)。通信设备是在计算机与通信线路之间,按照一定通信协议传输数据的设备。

③ 通信的协议是计算机之间通信、交换信息的规则和约定,如 TCP/IP、HTTP、TELNET 等。

④ 计算机网络的主要目的是实现计算机资源共享,使用户能够共享网络中的所有硬件、软件和数据资源等。

6.1.2　计算机网络的功能与应用

1. 网络的功能

计算机网络可提供各种信息和服务,具体来说,主要有以下几方面的功能。

① 数据通信。这是计算机网络的最基本功能。数据通信功能为网络中各计算机之间的数据传输提供了强有力的支持。

② 资源共享。计算机网络的主要目的是资源共享。计算机网络中的资源有数据资源、软件资源、硬件资源三类，网络中的用户可以在许可的权限内使用其中的资源。如使用大型数据库信息、共享网络中的打印机和大容量存储器等。资源共享可以最大程度地利用网络中的各种资源。

③ 分布与协同处理。对于复杂的大型问题可采用合适的算法，将任务分散到网络中不同的计算机上，进行分布式处理。这样，可以用几台普通的计算机连成高性能的分布式计算机系统。分布式处理还可以利用网络中暂时空闲的计算机，避免网络中出现忙闲不均的现象。

④ 提高系统的可靠性和可用性。在一个系统内，单个部件或计算机的暂时失效必须通过替换资源的办法来维持系统的继续运行。但在计算机网络中，相同的资源可分布在不同的地方的计算机上，网络可通过不同的路径来访问这些资源。当网络中的某一台计算机发生故障时，可由其他路径传送信息或选择其他系统代为处理，以保证用户的正常操作，不会因为局部故障而导致系统瘫痪。

2. 网络的应用

随着 Internet 的迅猛发展，计算机网络在工业、农业、交通运输、邮电通信、文化教育、商业、国防和科学研究等各个领域，得到了日益广泛的应用，给人们的生活、学习和工作带来了耳目一新的改变，主要包括以下几方面。

① 网络通信：除了电子邮件，利用网络可以通过各种即时通信软件进行文字、语音、视频等多种方式沟通。

② 网络教育：学生可选择各种慕课平台，在线教育网站或教学平台进行课程学习或自主学习。

③ 电子商务：商家可以通过网络以很低的成本售卖商品，买家可以足不出户挑选遍布全国甚至是海外的商品，实现在线交易。

④ 网络媒体：网络成了除报纸、广播、电视等后的"第四媒体"，各大新闻网站、门户网站、企事业单位，都相继开通了这一宣传媒体。

⑤ 网络娱乐：网络提供多种多样的娱乐方式，包括各种网络游戏、网络音乐、网络直播等。

6.1.3　计算机网络的分类

计算机网络品种繁多、性能各异，根据不同的分类原则，可以定义各种不同的计算机网络。

1. 根据地理范围分类

通常根据网络范围和计算机之间互联的距离，将计算机网络分为局域网、广域网和互联网三类。

① 局域网(Local Area Network,LAN)。又称局部网,是有限范围内的计算机网络。局域网一般在10km以内,以一个单位或一个部门的小范围为限(如一所学校、一幢建筑物内),由这些单位或部门单独组建。这种网络组网便利、传输效率高。

② 广域网(Wide Area Network,WAN)。相对于局域网而言,广域网覆盖的范围大,一般从几十千米到几万千米,例如,一座城市、一个国家或洲际网络。它是通过通信线路,将区域的专用计算机连接起来,形成一个有机的通信网络。广域网为多个部门拥有通信子网的公用网,属于电信部门,而用户主机是资源子网,为用户所有。

③ 互联网。又称网际网,是用网络互连设备将各种类型的广域网和局域网连起来形成的网中网,可以说,网际网就是网络的网络,例如,Internet就是网际网的典型代表。

2. 根据拓扑结构分类

拓扑结构就是网络的物理连接形式。以局域网为例,其拓扑结构主要有总线型、星型、环型、树型和网状等5种拓扑结构。

① 总线型拓扑结构。总线型拓扑结构是指各工作站和服务器均通过一根传输线(或称总线)作为公共的传输通道,所有的节点都通过相应的接口连接到总线上,并通过总线进行数据传输。早期的局域网广泛采用了总线型拓扑结构,如图6.1所示。

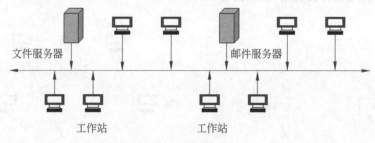

图6.1　总线型拓扑结构

② 星型拓扑结构。星型拓扑结构是指所有的网络节点都通过传输介质与中心节点相连,采用集中控制,即任何两节点之间的通信都要通过中心节点进行转发。星型拓扑结构以中央节点为中心,其他各节点通过单独的线路与中央节点相连,相邻节点之间的通信必须经过中央节点,如图6.2所示。这种拓扑结构属于集中控制,中央节点就是控制中心。星型拓扑结构简单,便于控制和管理,方便建网,网络延迟时间较小,传输误差较低。现在较广泛地应用于局域网中。

③ 环型拓扑结构。环型拓扑结构是将各个网络节点通过通信线路连接成一条首尾相接的闭合环,如图6.3所示,在环型结构网络中,信息既可以是单向的,也可以是双向的。单向是指所有的传输都是同方向的,所以,每个设备只能和一个邻近节点通信。双向是指数据能在两个方向上进行传输,因此,设备可以和两个邻近节点直接通信。令牌环就是这种结构的典型代表。环型拓扑的一个缺点是当一个节点要往另一个节点发送数据时,它们之间的所有节点都得参与传输。

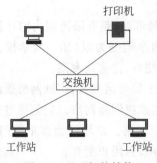

图 6.2　星型拓扑结构

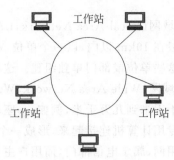

图 6.3　环型拓扑结构

④ 树型拓扑结构。树型拓扑结构是从总线型和星型结构演变而来的。各节点按照一定的次序连接起来,其形状像一棵倒置的树,所以命名为树型拓扑结构,如图 6.4 所示,在树型拓扑结构的顶端有一个根节点,它带有分支,每个分支也可以带有子分支。树型拓扑结构是总线型拓扑结构的扩展,它是在总线网上加上分支形成的,其传输介质可有多条分支,但不形成闭合回路,也可以把它看成是星型拓扑结构的叠加。当节点发送时,根接点收该信号,然后再重新广播送至全网。

⑤ 网状拓扑结构。网状拓扑结构又称无规则型拓扑结构,在网状拓扑结构中,节点之间的连接是任意的,没有规律,如图 6.5 所示。

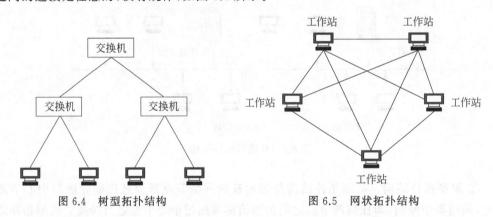

图 6.4　树型拓扑结构　　　　　　　　图 6.5　网状拓扑结构

大型互联网一般都采用网状拓扑结构,例如,中国教育科研示范网以及 Internet 的主干网。另外,也可以由上述两种或两种以上的网络拓扑结构组成一种混合型拓扑结构。

3. 按传输介质分类

网络传输介质就是网络中发送方与接收方之间的物理通信线路,可分为有线传输介质和无线传输介质,包括同轴电缆、双绞线、光纤、微波等有线或无线传输介质,相应的网络就分别称为同轴电缆网、双绞线网、光纤网、无线网等。

4. 按通信协议分类

通信协议是通信双方共同遵守的规则或约定,在网络进行信息传递过程中起着非常重要的作用,确保信息准确传输,正确使用。可以根据协议把网络分成以太网(采用CSMA/CD 协议)、令牌环网(采用令牌环协议)、分组交换网(采用 X.25 协议)等。

5. 按带宽速率分类

根据传输速率,可分为低速网、中速网和高速网。低速网传输速率低于 10kb/s,中速网络传输速率为几至几十 Mb/s,高速网络传输速率为 100Mb/s 至几 Gb/s。根据网络的带宽,可分为基带网(窄带网)和宽带网。一般说来,高速网是宽带网,低速网是窄带网。

6. 按交换方式分类

按交换方式可划分成电路交换网(如电话系统)、报文交换、分组交换(如因特网,ATM 网络)。

7. 按适用范围分类

按适用范围,可划分为公用网(如中国公用分组交换网 CHINAPAC)和专用网(如公司内部网)。

6.2 计算机网络的组成

6.2.1 计算机网络的基本组成

各种计算机网络在网络规模、网络结构、通信协议和通信系统、计算机硬件及软件配置等方面存在很大差异。但从网络的定义得知,一个典型的计算机网络主要是由计算机系统、数据通信系统、网络软件及协议三大部分组成。计算机系统是网络的基本构成,为网络内的其他计算机提供共享资源;数据通信系统是连接网络基本模块的桥梁,它提供各种连接技术和信息交换技术;网络软件是网络的组织者和管理者,在网络协议的支持下,为网络用户提供各种服务。

1. 计算机系统

计算机系统主要完成数据信息的收集、存储、处理和输出任务,并提供各种网络资源。计算机系统中,根据在网络中的用途,可分为服务器和工作站。

① 服务器(Server)。为网络提供共享资源并对这些资源进行管理的计算机,是网络的核心。服务器有文件服务器、通信服务器、数据库服务器、打印服务器、磁盘服务器等,其中文件服务器是最基本的。

② 工作站(Work Station)。与服务器相对应,其他网络计算机则称为网络工作站,简称工作站,一些场合下,也称为客户机(相对于服务器而言)。

2. 数据通信系统

数据通信系统主要由网络适配器、传输介质和网络互连设备等组成。

① 网络适配器（Network Interface Adapter，NIA）。网络适配器俗称网卡（Network Interface Card）或网络接口板，它是将服务器、工作站连接到通信介质上并进行电信号的匹配、实现数据传输的部件。网卡通常就是一块插件板，插在 PC 的扩展槽中，如图 6.6 所示。计算机通过网卡上的电缆接头接入网络的电缆系统。也有无线网卡，如图 6.7 所示即为无线 USB 网卡。

图 6.6　PCI 网卡　　　　　　　　　　图 6.7　无线 USB 网卡

② 网络传输介质。计算机网络传输介质充当网络中数据传输的通道。传输介质决定了网络的传输速率、网络段的最大长度、传输的可靠性及网卡的复杂性。一般来说，中、高速局域网中使用双绞线、同轴电缆；在对网速要求很高的场合，如视频会议，则采用光纤；在远距离传输中，使用光纤和卫星通信线路；在有移动节点的网络中采用无线通信。

③ 网络互连设备。网卡和传输介质将多台计算机连接起来后，通常网络中还需要用到一些专用的通信设备，其作用通常是网与网之间的互连及路径的选择。常用的互连设备有集线器（Hub）、中继器（Repeater）、交换机（Switch）、路由器（Router）等。

3. 网络软件

网上信息的流通、处理、加工、传输和使用则依赖于网络软件。网络软件大致分为网络操作系统、网络数据库管理系统和网络应用软件三个层次。

① 网络操作系统（Networking Operating System，NOS）。网络硬件是建网的基础，而决定网络的使用方法和使用性能的关键是网络操作系统。网络操作系统主要由服务器操作系统、网络服务软件、工作站软件、网络环境软件组成。网络操作系统能够让服务器和客户机共享文件和打印功能，也提供如通信、安全性和用户管理等服务。常见的网络操作系统有 Windows Server、NetWare、UNIX 和 Linux 等。

② 网络数据库管理系统。网络数据库管理系统可以看作是网络操作系统的助手或网上的编程工具。通过它，可以将网上各种形式的数据组织起来，科学、系统、高效地进行存储、处理、传输和使用。目前国内比较常见的网络数据库管理系统有 SQL Server、Oracle、Sybase、Informix、DB2、MySQL 等。

③ 网络应用软件。网络应用软件是指能够为网络用户提供各种服务的软件，它用于提供或获取网络上的共享资源，如浏览器软件、传输软件、远程登录软件等。

6.2.2　通信子网和资源子网

从逻辑上看,以资源共享为主要目的计算机网络可分成通信子网和资源子网两部分,如图 6.8 所示。

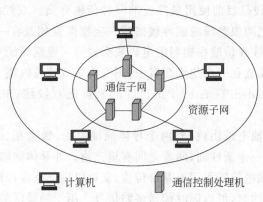

图 6.8　通信子网和资源子网

1. 通信子网

通信子网是指网络中实现网络通信功能的设备及其软件的集合。通信设备、网络通信协议、通信控制软件等属于通信子网,是网络的内层,负责信息的传输,主要为用户提供数据的传输、转接、加工、变换等。通信子网的设计一般有点到点通道和广播通道两种方式。通信子网主要包括中继器、集线器或交换机、网桥、路由器和网关等硬件设备。

2. 资源子网

计算机网络首先是一个通信网络,各计算机之间通过通信媒体、通信设备进行数字通信,在此基础上各计算机可以通过网络软件共享其他计算机上的硬件资源、软件资源和数据资源。从计算机网络各组成部件的功能来看,各部件主要完成两种功能,即网络通信和资源共享。把计算机网络中实现网络通信功能的设备及其软件的集合称为网络的通信子网,而把网络中实现资源共享功能的设备及其软件的集合称为资源子网。

在局域网中,资源子网主要由网络的服务器、工作站、共享的打印机和其他设备及相关软件所组成。资源子网的主体为网络资源设备,包括主要包括用户计算机(也称工作站)、网络存储系统、网络打印机、独立运行的网络数据设备、网络终端、服务器、网络上运行的各种软件资源和数据资源等。

6.2.3　网络传输介质及连接设备

1. 网络传输介质

网络传输介质是网络通信用的信号线路,它提供了数据信号传输的物理通道。按照传输介质的特征,可分为有线传输介质和无线传输介质两大类:有线传输介质包括双绞线、同轴电缆和光纤电缆等,无线传输介质包括无线电、微波、红外线、卫星通信和移动通信等。由于传输介质是计算机网络最基础的通信设施,因此,其性能好坏对网络的性能影响很大。衡量传输介质性能优劣的主要技术指标有传输距离、传输带宽、衰减、抗干扰能力、连通性和价格等。

①双绞线。双绞线是目前使用最广泛的一种传输介质。双绞线由两根具有绝缘保护层的铜导线组成。把两根绝缘的铜导线按照一定密度互相绞在一起,可以降低信号干扰的程度,每一根铜导线在传输中辐射的电磁波会被另一根铜导线上发出的电磁波抵消。若把一对或多对双绞线放在一个绝缘套管中,则变成了双绞线电缆。目前,双绞线可分为非屏蔽双绞线(Unshielded Twisted Pair,UTP)和屏蔽双绞线(Shielded Twisted Pair,STP),如图6.9所示。

②同轴电缆。同轴电缆由内、外两个导体同轴组成,如图6.10所示。其中,内导体是一根导线,外导体是一个圆柱面,两者之间有填充物。外导体能够屏蔽外界电磁场对内导体信号的干扰。同轴电缆即可用于基带传输,又可以用于宽带传输。基带传输时,只传送一路信号;而宽带传输时,可以同时传送多路信号。用于局域网的同轴电缆都是基带同轴电缆。

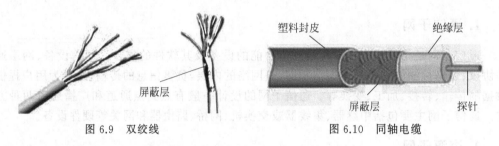

图6.9　双绞线　　　　　　　　　　图6.10　同轴电缆

③光纤电缆。光纤电缆简称光缆,是网络传输介质中性能最好、应用前途最广泛的一种。光纤由纤芯、包层及护套组成,如图6.11所示。纤芯由玻璃或塑料组成,包层则是玻璃的,护套由塑料组成,用于防止外界的伤害和干扰。

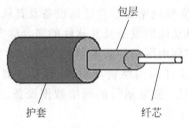

图6.11　光纤电缆

④无线传输。无线传输有无线电波、微波、红外线及无线激光通信等,联网方式较灵活,适用于在不易布线、覆盖面积大的地方。

网络传输介质性能比较表如表6.1所示。

表 6.1 网络传输介质性能比较

特性	介 质 名 称			
	双绞线	同轴电缆	光纤电缆	无线传输
物理性质	两根绝缘导线按一定密度相绞在一起,分为 UTP 和 STP	绕同一轴线的两个导体构成,内导体(铜芯)和外导体(导电铝箔)	中间是光导玻璃或塑料芯,周围由一层称为包层的玻璃构成,可将光纤折射到中心位置	利用大气传播电磁信号的方式:微波、红外线和激光等
价格	低廉	一般	昂贵	昂贵
连接	线路简单	连接简单	理想传输介质	需要中继站
传输频率	10Mb/s;16Mb/s;100Mb/s;1000Mb/s	基带:10Mb/s宽带:几百兆位每秒	一般为 10~100Mb/s,也可高达几吉位每秒。	微波频率 300MHz~300GHz
抗干扰	低	强	不受外界电磁场的影响	易受外界影响
传输距离	单段 100m(短)	500m(中等)	单模 2km 以上多模 2km 以内	长距离直线传输

2. 网络连接设备

① 中继器(Repeater)。又称为转发器,是局域网互联的最简单设备,如图 6.12 所示。利用中继器,可以增强网络线路上衰减的信号,它的两端既可以连接相同的传输媒体,也可以连接不同的媒体,例如一端使用同轴电缆,另一端使用双绞线。

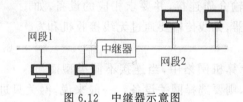

图 6.12 中继器示意图

② 集线器(Hub)。集线器是一种特殊的中继器,作为网络传输介质间的中央节点,它克服了介质单一通道的缺陷,是连接和汇集网络线路的装置。像树的主干一样,它是各分支的汇集点,通常它的一端与某一区域的各个 PC 相连,而另一端与另外一个区域的集线器或大型计算机相连。当网络系统中的某条线路或某节点出现故障时,不会影响网上其他节点的正常工作。集线器可分为无源(Passive)集线器、有源(Active)集线器和智能(Intelligent)集线器。依据总线带宽的不同,集线器分为 10/100M、10M 和 100M 自适应三种;按照配置形式不同,可分为独立型集线器、模块化集线器和堆叠式集线器三种;根据管理方式可分为智能集线器和非智能型集线器两种。目前使用的集线器是以上三种分类的组合,例如,10/100M 自适应智能型可堆叠式集线器。集线器根据端口数目的不同,主要分 8 口、16 口和 24 口集线器,如图 6.13 所示。

③ 交换机（Switch）。在外观上很像集线器，连接方式也相近，所以也称为交换式集线器，如图 6.14 所示。随着对网络应用的要求越来越高，目前对网络负荷的要求也越来越高。作为局域网的主要连接设备，交换机能够解决网络传输碰撞冲突的问题，提高网络的利用率。交换机的每个端口都有一条独占的带宽，当两个端口工作时，只有发出请示的端口和目的端口之间相互响应，而不影响其他端口的工作，因此，能够隔离冲突域，有效地抑制广播风暴的产生。交换机可以以全双工和半双工两种模式工作，能够保持网络带宽。

图 6.13　24 口 100M 集线器

图 6.14　8 口 10/100M 自适应以太网交换机

④ 路由器（Router）。用于连接多个逻辑上分开的网络，可以是几个使用不同协议和体系结构的网络，如图 6.15 所示是一款带无线传输和交换机功能的家用宽带路由器。当由一个子网传输到另一个子网时，可以用路由器来完成。路由器具有判断网络地址和选择路径的功能，能过滤和分隔网络信息流。它能对不同网络或网段之间的数据信息进行"翻译"，以使它们能够相互读懂对方的数据，从而构成一个更大的网络。路由器分为本地路由器和远程路由器，本地路由器是用来连接网络传输介质的，如光纤、同轴电缆和双绞线；远程路由器用来与远程传输介质连接，并要求相应的设备，如电话线要配置调制解调器，无线传输要通过无线接收机和发射机。

图 6.15　家用宽带路由器

⑤ 网关。在一个计算机网络中，当连接不同类型而协议差别又较大的网络时，则要选择网关设备。一般来说，网关只进行一对一转换，或是少数几种特定应用协议的转换，网关很难实现通用的协议转换。用于网关转换的应用协议有电子邮件、文件传输和远程工作站登录等。目前，网关已成为网络上每个用户都能访问大型主机的通用工具。

⑥ 调制解调器（Modem）。调制解调器通常称为"猫"，它的作用是将计算机的数字信号和能够以电话线路传递的模拟信号相互转换。调制就是把数字信号转换成电话线上传输的模拟信号，用于发送数据；解调是把模拟信号转换成数字信号，用于接收信息，如图 6.16 所示。家庭使用电话、光纤接入 Internet 均要使用相应的调制解调器。调制解调器有传统的速率为 56Kb/s 的调制解调器、ISDN 调制解调器、电缆调制解调器，ADSL 调制解调器光纤调制解调器等。

图 6.16　外置调制解调器

6.3 计算机网络协议及体系结构

6.3.1 网络协议

　　网络协议是计算机网络中,通信各方事先约定的通信规则的集合。正如交通行驶中,车辆和行人必须遵守交通规则,才能确保正常的交通和生命安全一样,协议作为联网的计算机之间或网络之间相互通信和理解的一组规则和标准,也是网络必不可少的组成部分。网络协议主要由语法、语义和时序 3 个要素组成。

　　① 语法是指数据与控制信息的结构和格式。

　　② 语义表明需要发出何种控制信息,以完成相应的响应。

　　③ 时序是对事件实现顺序的详细说明。

　　任何一台计算机如果想和其他计算机交换数据或通信,必须遵循一定的网络协议,由于不同网络的组成、拓扑结构和操作系统等都不尽相同,所以网络协议也有很多种,但它们基本都遵循一些国际通用的网络协议基本框架。人们称之为网络体系结构。下面简单介绍一些有关网络体系结构的基本知识。

6.3.2 OSI 参考模型

　　为了使不同体系结构的计算机网络都能互联,国际标准化组织(ISO)于 1984 年提出一个试图使各种计算机在世界范围内互联成网的标准框架,即著名的开放系统互连参考模型(Open Systems Interconnection Reference Model,OSI/RM,简称为 OSI)。

　　OSI 将整个网络的通信功能划分成七个层次,每个层次完成不同的功能。这七层由低层至高层,分别是物理层、数据链路层、网络层、传输层、会话层、表示层和应用层,如图 6.17 所示,其中应用层、表示层和会话层划做上三层,为用户提供服务;网络层、数据链路层、物理层划为下三层,用来处理通信细节;中间的传输层起到承上启下的作用。OSI 并不是一般的工业标准,而是一个为制定标准用的概念性框架,不涉及具体计算机网络应

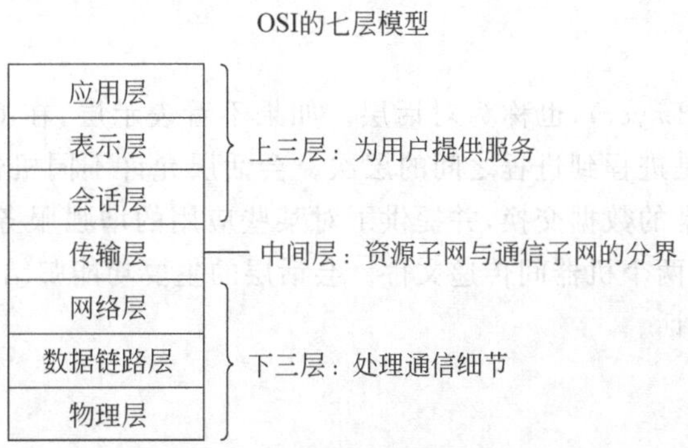

OSI的七层模型

图 6.17　OSI 七层模型

用,便于各网络设备厂商遵照共同的标准来开发网络产品,提供给开发者一个必须的、通用的概念以便对产品进行开发和完善。

1. 物理层

物理层(Physical Layer)传输数据的单位是比特。物理层不是指连接计算机的具体的物理设备或具体的传输媒体,因为它们的种类非常多,物理层的作用是尽可能地屏蔽这些差异,对它的上一层提供统一的服务。所以,物理层主要关心的是在连接各种计算机的传输媒体上传输数据的比特流。物理层提供为建立、维护和拆除物理链路所需要的机械的、电气的、功能的和规程的特性。

2. 数据链路层

数据链路层(Data Link Layer)传输数据的单位是帧,数据帧的帧格式中包括的信息有地址信息部分、控制信息部分、数据部分和校验信息部分。数据链路层的主要作用是通过数据链路层协议在不太可靠的物理链路上实现可靠的数据传输。

3. 网络层

网络层(Network Layer)传送的数据单位是报文分组或包。网络层的任务就是要选择最佳的路由,使发送站的运输层所传下来的报文能够正确无误地按照目的地址找到目的站,并交付给目的站的运输层。这就是网络层的路由选择功能。TCP/IP 中的 IP(网际协议)属于网络层。

4. 传输层

OSI 所定义的传输层(Transport Layer)正好是七层的中间一层,是通信子网(下三层)和资源子网(上三层)的分界线。传输层的基本功能是从会话层接收数据报文,并且在当所发送的报文较长时,首先在传输层把它分割成若干报文分组,然后再交给它的下一层(即网络层)进行传输。另外,这一层还负责报文错误的确认和恢复,以确保信息的可靠传递。TCP/IP 中的 TCP(传输控制协议)属于传输层,而登录 Netware 服务器所必须使用的 IPX/SPX 中的 SPX(顺序包交换协议)属于传输层。

5. 会话层

会话层(Session Layer),也称为对话层。如果不看表示层,在 OSI 的会话层就是用户和网络的接口,这是进程到进程之间的层次。会话层允许不同机器上的用户建立会话关系,目的是完成正常的数据交换,并提供了对某些应用的增强服务会话,也可用于远程登录到分时系统或在两个机器间传递文件。会话层的主要功能归结为允许在不同主机上的各种进程间进行会话。

6. 表示层

表示层(Presentation Layer)管理计算机用户之间进行数据交换时所使用的数据信

息。表示层将这些抽象数据结构在计算机内部表示和网络的标准表示法之间进行转换，即表示层关心的是数据传送的语义和语法两方面的内容。表示层的另一功能是数据的加密和解密。表示层的主要功能归结为是为上层提供共同需要数据或信息语法的表示变换。

7. 应用层

应用层(Application Layer)是 OSI 的最高层，是计算机网络与最终用户的界面，为网络用户之间的通信提供专用的程序。OSI 的七层协议从功能划分来看，下面六层主要解决支持网络服务功能所需要的通信和表示问题，应用层则提供完成特定网络功能服务所需要的各种应用协议，如文件传输协议 FTP。

6.3.3 TCP/IP 参考模型

OSI 参考模型研究的初衷是希望为网络体系结构与协议的发展提供一个国际标准，然而实际上其并未达到这一目标，计算机网络的事实标准为 TCP/IP 参考模型。Internet 的飞速发展为 TCP/IP 参考模型广泛应用起到了极大的推进作用。TCP/IP 参考模型有四层，与 OSI 参考模型的对应关系如图 6.18 所示。

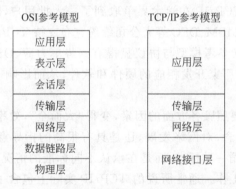

图 6.18 TCP/IP 参考模型与 OSI 参考模型的对应

TCP/IP 使用范围极广，是目前异种网络通信使用的唯一协议体系，适用于连接多种机型，既可用于局域网，也可用于广域网，许多厂商的计算机操作系统和网络操作系统产品都采用或含有 TCP/IP。TCP/IP 已成为目前事实上的国际标准和工业标准。TCP/IP 也是一个分层的网络的协议，不同的协议应用到不同的分层层次上。TCP/IP 从底至顶分为网络接口层、网络层、传输层、应用层等 4 个层次，各功能如下。

1. 网络接口层

为 TCP/IP 的最低一层，相当于 OSI 参考模型中数据链路层和物理层，主要功能是接收网络层传过来的 IP 数据报，即其上一层发送过来的数据，通过网络向外发送或接收处理从网上来的物理帧。

2. 网络层

网络层又称 IP 层,负责处理互联网中计算机之间的通信,向其上一层传输层提供统一的数据报,主要功能是处理来自传输层的分组发送请求、处理接收的数据包、处理互联的路径。该层的协议主要有 IP(网际协议)、ICMP(控制报文协议)等。

3. 传输层

传输层提供端到端,即应用程序之间的通信,主要功能是数据格式化、数据确认和丢失重传等。该层的主要协议有传输控制协议(TCP)和用户数据报协议(User Datagram Protocol,UDP)。

4. 应用层

TCP/IP 的应用层相当于 OSI 模型的上三层,它包括了所有的高层协议,并且总是不断有新的协议加入,应用层协议包括网络终端协议(TELNET)、文件传输协议(FTP)、电子邮件协议(SMTP)以及域名服务(DNS)等。

自从 TCP/IP 在 20 世纪 70 年代诞生以来,经历了 40 多年的实践检验,成功地赢得了大量的用户和投资。TCP/IP 的成功,促进了因特网的发展,因特网的发展又进一步扩大了 TCP/IP 的影响。TCP/IP 在学术界争取到了一大批用户,同时在计算机产业也受到了越来越多的青睐,像 IBM、DEC 等大公司纷纷宣布支持 TCP/IP,数据库 Oracle 支持TCP/IP。相比之下,OSI 参考模型与协议显得有些势单力薄,OSI 迟迟没有成熟的市场产品推出,妨碍了第三方厂家开发相应的硬件和软件,从而影响了 OSI 产品的市场占有率和今后的发展。

OSI 参考模型由于要照顾各方面的因素,变得"大而全",效率很低,但它的很多研究结果、方法以及提出的概念,对网络发展,还是具有很高的指导意义的。TCP/IP 模型的目的不是要求大家都遵循一种标准,而是在承认不同标准的情况下,解决差异,使互联网络中的各种计算机协同工作。通常所说的 TCP/IP 实际上包含了大量的协议和应用,是一个协议的集合,包括了很多协议,如 HTTP、FTP、TELNET 等,其中最主要的协议是TCP(传输控制协议)和 IP(网际协议)。

6.4 Internet 基础

随着 Internet 商业化的成功,使它在通信、资料检索、客户服务等方面,发挥了巨大的潜力。Internet 是目前世界上规模最大、用户最多、影响最广的计算机网络。它可通达几乎所有国家和地区。越来越多的人开始使用网络收发邮件、传送文件、查询资料、学习知识、娱乐和网上购物等,Internet 正以其日益丰富的功能成为人们生活、工作不可或缺的一部分。

6.4.1 Internet 概述

1. Internet 的起源与发展

因特网是"Internet"的中文译名,它诞生于 20 世纪 60 年代的美国,它的前身是美国国防部高级研究计划局(ARPA)主持研制的 ARPANET。出于国防军事的需要,美国军方与加利福尼亚大学洛杉矶分校(UCLA)、斯坦福研究所(SRI)、加利福尼亚大学圣巴巴拉分校(UCSB)、犹他大学(犹他州)这四所大学联手研究,1969 年,第一个互联网——由美国高级研究计划局(ARPA)资助的 ARPANET 正式连通。到 20 世纪 80 年代初,ARPANET 的规模仍不太大,正式注册的主机也只有几百台。20 世纪 80 年代中后期,美国国家科学基金会 NSF(National Science Foundation)在全美范围内建立了 NSF 主干网络,并在其后接管了 ARPANET,以满足大学、科研机构和政府机关对共享信息的要求。这个网络(NSFNET)也是目前全球范围内的 Internet 主干网络。

美国 Internet 的主要支撑网有 ARPANET、NSFNET、MILNET 和 BITNET。

① ARPANET。ARPANET 是由美国国防部高级研究计划局计划、研制和筹建的计算机网络。该网的设计目标是为联网主机之间提供正确和高效的通信,并实现硬件、软件和数据资源共享。ARPANET 是由通信子网和资源子网两部分组成的两级结构的计算机网络。它是 Internet 的原始骨干网络。

② NSFNET。NSFNET 是由美国国家科学基金会高级科学计算机办公室开发的一个广域网。NSFNET 是作为美国国防部专用网 ARPANET 的民用替代品而开发的,因 ARPANET 出于安全原因不对公众开放。

③ MILNET(Military Network,军用网络)。MILNET 是美国国防部为了向军用系统提供可靠的网络服务,于 1984 年将 ARPANET 中部分军用计算机系统独立划分出来组成网络。

④ BITNET。BITNET 是由一个非营利性教育组织 EDUCOM 开发组成的,用于学校通信的广域网。它提供的服务包括电子邮件和文件传送。BITNET 为不在一地又密切合作的学者提供了极大的便利,共连接了美国、加拿大和欧洲的 1000 多所大学和学院。它由美国 CERN(Corporation for Research and Education Net working)管理。

此后,许多民间企业也相继加入建设 Internet 的行列,Internet 网通过网络与网络的相互连接,真正起到了"网络的网络"的作用。

2. Internet 在中国的发展

从 20 世纪 90 年代初,Internet 进入了全盛的发展时期,发展最快的是欧美地区,其次是亚太地区,中国起步较晚,但发展迅速。Internet 在中国的发展大致可以分为两个阶段:

第一个阶段是 1987—1993 年,中国的一些科研部门通过与 Internet 联网,与国外的科技团体进行学术交流和科技合作,主要从事电子邮件的收发业务。

第二阶段是 1994 年以后,以中科院、北京大学和清华大学为核心的"中国国家计算机网络设施（The National Computing and Networking Facility of China, NCFC）"通过 TCP/IP 与 Internet 全面连通,从而获得了 Internet 的全功能服务。NCFC 的网络中心的域名服务器作为中国最高层的网络域名服务器,是中国网络发展史上的一个里程碑。

目前,国内的 Internet 主要由 9 大骨干互联网络组成,其中中国教育和科研计算机网（Cernet）、中国科技网（Cstnet）、中国公用计算机互联网（Chinanet）和中国金桥信息网（Chinagbn）是典型的代表。

3. 下一代 Internet

由于 WWW 技术的发明及推广应用,Internet 面向商业用户和普通公众开放,用户数量开始以几何级数增长,各种网上的服务不断增加,接入 Internet 的国家也越来越多,再加上 Internet 先天不足,比如,宽带过窄、对信息的管理不足,造成信息的严重阻塞。为了解决这一难题,1996 年 10 月,美国 34 所大学提出了建设下一代因特网（Next Generation Internet, NGI）的计划,表明要进行第二代因特网（Internet 2）的研制。其研究的重点是网络扩展设计、端到端的服务质量（QoS）和安全性三方面。第二代因特网又是一次以教育科研为向导,瞄准 Internet 的高级应用,是 Internet 更高层次的发展阶段。第二代因特网的建成,将使多媒体信息可以实现真正的实时交换,同时还可以实现网上虚拟现实和实时视频会议等。

6.4.2　IPv4 地址

网络中的计算机数量如同地球上浩如烟海的人群一样,多得不可胜数,如何能在纵横交错的网络中找到所要交流的计算机并准确地传递信息呢? 这个方式非常类似于人群中的信息交流,那就是找到那个人的住址。同样地,在数以亿计的 Internet 主机中寻找特定的主机,也要通过地址,那就是 IP 地址。

1. IP 地址分类

在固定电话通信中,为了能够相互通信,呼叫人必须知道被呼叫人所在的区号和电话号码,才能顺利通话,在 Internet 上也是如此。因特网上的数据能够找到它的目的地址的原因是:每一台连在 Internet 上的主机都有一个网络标识（NetID）,网络中的每台主机都有一个主机标识（HostID）,由网络标识和主机标识构成一个网络地址,称为 IP 地址。IP 地址是一种数字形标识,用小数点隔开的 4 字节,共 32 位二进制数表示。

为了方便记忆,通常将二进制数转换成相应的十进制数来表示。例如,用一个二进制数表示的 IP 地址:11000000.00001001.11001000.00001101,转换成对应的十进制数表示为 192.9.200.13。

最初设计互联网络时,为了便于寻址以及层次化构造网络,每个 IP 地址包括两个标识码（ID）,即网络 ID 和主机 ID。同一个物理网络上的所有主机都使用同一个网络 ID,网络上的一个主机（包括网络上工作站,服务器和路由器等）有一个主机 ID 与其对应。Internet 委员会定义了 5 种 IP 地址类型以适合不同容量的网络,即 A 类~E 类。其中

A、B、C 三类由 InterNIC 在全球范围内统一分配,D、E 类为特殊地址。A、B、C 类 IP 地址的范围与相关属性如表 6.2 所示。

表 6.2 IP 地址分类

网络类别	最大网络数	IP 地址范围	最大主机数	私有 IP 地址范围
A	$126(2^7-2)$	1.0.0.0~ 127.255.255.255	$16777214(2^{24}-2)$	10.0.0.0~ 10.255.255.255
B	$16384(2^{14})$	128.0.0.0~ 191.255.255.255	$65534(2^{16}-2)$	172.16.0.0~ 172.31.255.255
C	$2097152(2^{21})$	192.0.0.0~ 223.255.255.255	$254(2^8-2)$	192.168.0.0~ 192.168.255.255

(1) A 类 IP 地址

一个 A 类 IP 地址是指:在 IP 地址的 4 字节中,第 1 字节为网络号码,剩下的 3 字节为主机地址。即 A 类 IP 地址就由 1 字节的网络地址和 3 字节主机地址组成。网络地址的最高位必须是"0",所示 A 类 IP 地址第一段的取值范围为 00000001~01111111,即 1~127。也就是除了最高位"0"外,可用 7 位表示网络地址,但实际应用中,0 与 127 不能作为网络地址,所以最大网络数为 2^7-2。用于表示主机地址的有 24 位(3 字节),主机地址全 0(0.0.0)与全 1(255.255.255)不能作为主机地址,所以最大主机数为 $2^{24}-2$。A 类 IP 地址一般用于大型网络。

(2) B 类 IP 地址

一个 B 类 IP 地址是指,在 IP 地址的 4 字节中,前 2 字节为网络地址,剩下的 2 字节为主机地址。即 B 类 IP 地址就由 2 字节的网络地址和 2 字节主机地址组成。网络地址的最高位必须是"10",所示 B 类 IP 地址第一段的取值范围为 10000000~10111111,即 128~191。也就是除了最高位"10"外,可用 14 位表示网络地址,所以最大网络数为 2^{14}。用于表示主机地址的有 16 位(2 字节),主机地址全 0(0.0)与全 1(255.255)不能作为主机地址,所以最大主机数为 $2^{16}-2$。B 类 IP 地址一般用于中型网络。

(3) C 类 IP 地址

一个 C 类 IP 地址是指:在 IP 地址的 4 字节中,前 3 字节为网络地址,剩下的 1 字节为主机地址。即 C 类 IP 地址就由 3 字节的网络地址和 1 字节主机地址组成。网络地址的最高位必须是"110",所示 C 类 IP 地址第一段的取值范围为 11000000~11011111,即 192~223。也就是除了最高位"110"外,可用 21 位表示网络地址,所以最大网络数为 2^{21}。用于表示主机地址的有 8 位(1 字节),主机地址全 0(0)与全 1(255)不能作为主机地址,所以最大主机数为 2^8-2。C 类 IP 地址一般用于小型网络。

(4) D 类 IP 地址

D 类 IP 地址在历史上称为多播地址(Multicast Address),即组播地址。在以太网中,多播地址命名了一组应该在这个网络中应用接收到一个分组的站点。多播地址的最高位必须是"1110",所示 C 类 IP 地址第一段的取值范围为 11100000—11101111,即 224~239。D 类地址不能用作主机的 IP 地址。

（5）E 类 IP 地址

E 类前 5 位为 11110,留待后用。

2. 特殊用途的 IP 地址

① 每 1 字节都为 0 的地址(0.0.0.0)对应于当前主机。

② IP 地址中的每字节都为 1 的 IP 地址(255.255.255.255)是当前子网的广播地址。

③ IP 地址中凡是以"11110"开头的 E 类 IP 地址都保留用于将来和实验使用。

④ IP 地址中不能以十进制"127"作为开头,该类地址中数字 127.0.0.1 到 127.255.255.255 用于回路测试,如"127.0.0.1"可以代表本机 IP 地址,用"http://127.0.0.1"就可以测试本机中配置的 Web 服务器。

⑤ 网络 ID 的第一个 8 位组也不能全置为"0",全"0"表示本地网络。

⑥ 用于局域网的 IP 地址。

Internet 中的主机通信使用的是 TCP/IP,在一个局域网中也可以使用 TCP/IP,为了避免 IP 地址冲突和便于管理,InterNIC 将一部分 IP 地址保留用于局域网,任何一个局域网均可根据网络的规模选择以下 IP 地址作为本局域网中主机的 IP 地址。

① A 类:10.0.0.0~10.255.255.255。

② B 类:172.16.0.0~172.31.255.255。

③ C 类:192.168.0.0~192.168.255.255。

3. 子网掩码

子网掩码是用来判断任意两台计算机的 IP 地址是否属于同一子网络的根据。最为简单的理解就是两台计算机各自的 IP 地址与子网掩码进行逻辑与运算后,若得到的结果是相同的,则说明这两台计算机是处于同一个子网络上的,可以进行直接的通信。

例如,将 IP 地址 192.168.0.1,子网掩码 255.255.255.0 转换成二进制后,

IP 地址为:11010000.10101000.00000000.00000001

子网掩码:11111111.11111111.11111111.00000000

进行逻辑与运算后,二进制表示为:11000000.10101000.00000000.00000000,转化为十进制后为:192.168.0.0。

按照同样方法,将 IP 地址 192.168.0.4,子网掩码 255.255.255.0 进行与运算,转换后的十进制为:192.168.0.0。

可以看到它运算结果是一样的,均为 192.168.0.0,所以系统就会把这两台计算机视为是同一子网络。

通过 IP 地址与子网掩码进行逻辑与运算后得到的结果 192.168.0.0 为网络号标识,该网络所容纳主机的 IP 地址范围:192.168.0.1~192.168.0.254,其中 192.168.0.0 表示本网络,192.168.0.255 表示子网广播,均不可用。

4. 默认网关

TCP/IP 里的网关是最常用的,网关实质上是一个网络通向其他网络的 IP 地址。比如有网络 A 和网络 B,网络 A 的 IP 地址范围为 192.168.1.1~192.168.1.254,子网掩码为

255.255.255.0；网络 B 的 IP 地址范围为 192.168.2.1～192.168.2.254，子网掩码为 255.255.255.0。在没有路由器的情况下，两个网络之间是不能用 TCP/IP 进行通信的，即使是两个网络连接在同一台交换机（或集线器）上，TCP/IP 也会根据网络 ID 是否相同来判定进行通信的主机是不是处在同一子网中。而要实现这两个网络之间的通信，则必须通过网关。如果网络 A 中的主机发现数据包的目的主机不在本地网络中，就把数据包转发给它自己的网关，再由网关转发给网络 B 的网关，网络 B 的网关再转发给网络 B 的某个主机（如图 6.19 所示）。网络 B 向网络 A 转发数据包的过程也是如此。

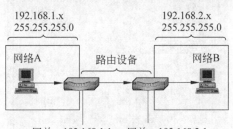

图 6.19　数据通过网关

默认网关的意思是，如果一台主机找不到可用的网关，就把数据包发给默认指定的网关，由这个网关来处理数据包。现在主机使用的网关一般指的是默认网关。

网关实际上是一台有两个及以上网络适配器或网络地址的主机，可以是一台网络设备，也可以是一台计算机。有了网关之后，不同网络中的两台主机就能通过网关间接进行通信。

5. Windows 操作系统中 IP 及默认网关的设置

根据 ISP 提供的 IP 地址或网络管理员的划分对 IP 地址及默认网关进行设置即更改网络适配器（网卡）的 TCP/IP 属性，具体步骤如下。

① 单击 Windows 控制面板中的"网络和共享中心"图标，打开的"网络和共享中心"窗口，如图 6.20 所示。

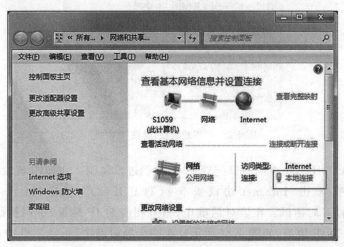

图 6.20　"网络和共享中心"窗口

② 在"网络和共享中心"窗口中,单击某个网络连接,如"本地连接",弹出"本地连接 状态"对话框,如图 6.21 所示。

③ 单击"属性"按钮,弹出"本地连接 属性"对话框,如图 6.22 所示。

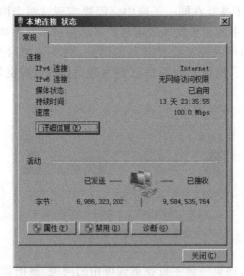

图 6.21 "本地连接 状态"对话框

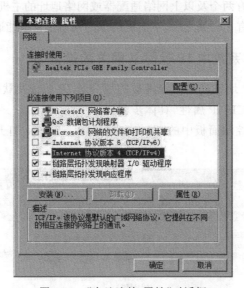

图 6.22 "本地连接 属性"对话框

④ 设置 TCP/IP。在本例中以配置 IPv4 为例进行说明。在如图 6.22 所示的本地连接属性对话框中,双击"Internet 协议版本 4(TCP/IPv4)",弹出"Internet 协议版本 4 (TCP/IPv4 属性)"对话框。在该对话框中,输入相应的 IP 地址、子网掩码、默认网关与 DNS,或使用动态 IP 地址,如图 6.23 所示。在一个局域网中,每台主机的 IP 地址是不一样的,子网掩码与默认网关是相同的。

大学计算机基础(第 3 版)

⑤ 单击"确定"按钮完成设置,为了验证网络,可在 Windows 命令行提示符窗口中输入命令"ping IP 地址",如"ping 192.168.1.233",若接收到连接响应,本主机与对应的 IP 地址主机是连通的,可以进行通信。

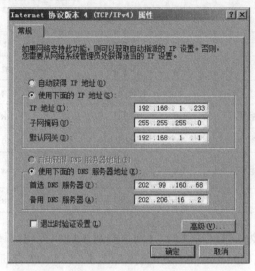

图 6.23 "Internet 协议版本 4 属性"对话框

6.4.3 域名系统 DNS

用户使用 Internet 中提供的服务实际上是访问 Internet 中的某一台主机,也就是访问某个 IP 地址,但是 IP 地址比较抽象,不容易记忆。为了方便用户,Internet 在 IP 地址的基础上,提供了一种面向用户的字符性主机命名机制,这就是域名系统(Domain Name System,DNS),即给网中的每台主机起一个文字名称,摆脱了数字的单调和难以记忆的缺点,也比较形象,域名系统负责把域名翻译成对应的数字型的 IP 地址。

域名是 Internet 上某一台计算机或计算机组的名称。在结构上,域名是用"."分隔的两个以上的子域名组成的。从右到左,子域名分别表示不同的国家或地区的名称、组织机构、组织名称、分组织名称、计算机名称。一般而言,最右边的子域名被称为顶级域名,其次是二级、三级子域名及主机名。

常见的域名构成如下:

主机名.组织名称.组织机构(二级域名).顶级域名

例如,www.tsinghua.edu.cn,其中从右往左:cn 是国家名(中国),edu 是机构名(教育机构),tsinghua 是组织名称(清华大学),www 是主机名。

由于 Internet 起源于美国,在美国默认的国家名称是美国,所以在美国的顶级域名是组织机构名,而不是国家名称。例如 microsoft.com,其中 microsoft 是组织名,com 是 Commercial 的缩写,是组织机构名。常用的地理性顶级区域名用两个字母表示,组织性顶级域名用 3 个字母表示,常用域名见表 6.3 所示。

表 6.3 常用域名意义对照表

组织性顶级域名		地理性顶级域名			
域　名	含　义	域　名	含　义	域　名	含　义
com	商业组织	au	澳大利亚	it	意大利
edu	教育机构	ca	加拿大	jp	日本
gov	政府机构	cn	中国	sg	新加坡
net	网络技术组织	de	德国	dk	丹麦
int	国际性组织	fr	法国	se	瑞典
org	非营利性组织	hk	中国香港特别行政区	tw	中国台湾地区
mil	军队	in	印度	uk	英国

在中国,顶级域名为 CN,二级域名分别为类别域名和行政区域名两类。类别域名有 6 种,分别是 ac(科研机构)、com(工、商、金融等企业)、edu(教育机构)、gov(政府部门)、net(互联网络、接入网络的信息中心和运行中心)和 org(非营利性组织);行政区域名共 34 个,包括省、自治区、直辖市,如河北的二级域名为 he,北京的二级域名为 bj。

为保证 Internet 上的 IP 地址或域名地址的唯一性,避免网络地址的混乱,用户需要使用 IP 地址或域名地址时,必须向网络信息中心 NIC 提出申请。目前世界上有 3 个网络信息中心:InterNIC(负责美国及其他地区)、ENIC(负责欧洲地区)和 APNIC(负责亚太地区)。中国电信数据通信局的 CHINANET 网络信息中心负责全国网络 IP 地址的分配和管理。

6.4.4 IPv6 地址

前面所讲的主要是 IPv4,IPv6 是互联网协议的下一版本。由于随着互联网的迅速发展,IPv4 定义的 IP 地址空间已经出现严重不足的现象,而地址空间的不足必将妨碍互联网的进一步发展。为了扩大地址空间,于是推出了 IPv6 协议,重新定义地址空间,以缓解 IP 地址的紧张局面。

IPv6 最明显的特征是它所使用的地址空间更大,IPv6 中地址的大小是 128 位,而 IPv4 所使用的地址大小为 32 位。在 IPv4 中,地址空间允许使用的地址个数为 2^{32} 个(或 4294967296 个),而在 IPv6 中,地址空间允许使用的地址个数为 2^{128} 个(或 340282366920938463463374607431768211456,即 3.4×10^{38})。

对于 IPv6,很难想象 IPv6 地址空间将会被耗尽,因为在理论上,在地球表面的每平方米内可以提供 6.6×10^{23} 个网络地址。与 IPv4 相同的是,因地址分层的运用,实际可用的总数要小得多,但保守的估计每平方米也有 1600 个 IP 地址。采用 IPv6 地址后,不仅每个人都可以拥有一个 IP 地址,甚至就连电话、冰箱等各种设备都可以拥有自己的一个

IP 地址,移动通信将会得到更好支持,人们借助于移动设备,可对与生活相关的设备进行控制,人们将体会到一种全新的生活。

对于 IPv4 地址,是以"."分隔的十进制格式表示,将 32 位地址按每 8 位划分一部分,每组 8 位转化成等价的十进制。而对于 IPv6 地址,128 位地址按每 16 位划分一部分,每个 16 位块转化成 4 位十六进制数字,用冒号分隔,最后将表示结果称为冒号十六进制。

IPv6 地址的各种具体表示如下。

下面是二进制格式的 IPv6 地址:

0010000111011010000000000110100110000000000000000000000101111100111011000000010
101010100000000011111111111111110001010001001110001011010

按每 16 位划分为一部分:

0010000111011010   0000000011010011   0000000000000000   0010111100111011
0000001010101010   0000000011111111   1111111000101000   1001110001011010

将每个 16 位块转换成十六进制,用冒号分隔:

21DA:00D3:0000:2F3B:02AA:00FF:FE28:9C5A

删除每个 16 位块中的前导"0",可以进一步简化 IPv6 表示。但是需要注意的是每个信息块至少要保留一位。最后地址表示为:

21DA:D3:0:2F3B:2AA:FF:FE28:9C5A

6.4.5 IPv4 到 IPv6 的过渡

由于 Internet 的规模以及目前网络中数量庞大的 IPv4 用户和设备,从 IPv4 到 IPv6 的过渡不可能一次实现。而且目前许多企业和用户的日常工作越来越依赖于 Internet,他们无法容忍在协议过渡过程中出现问题。所以 IPv4 到 IPv6 的过渡必须是一个循序渐进的过程,在 IPv6 的设计过程中就考虑到了两种机制的过渡问题,这两种主要机制为采用 IPv4/IPv6 双协议栈和隧道封装技术。

1. IPv6/IPv4 双协议栈技术

双协议栈技术就是使 IPv6 网络节点具有一个 IPv4 栈和一个 IPv6 栈,同时支持 IPv4 和 IPv6。IPv6 和 IPv4 是功能相近的网络层协议,两者都应用于相同的物理平台,并承载相同的传输层协议 TCP 或 UDP,如果一台主机同时支持 IPv6 和 IPv4,那么该主机就可以和仅支持 IPv4 或 IPv6 的主机通信。

2. 隧道封装技术

隧道封装技术就是必要时将 IPv6 数据包作为数据封装在 IPv4 数据包里,使 IPv6 数据包能在已有的 IPv4 基础设施(主要是指 IPv4 路由器)上传输的机制。随着 IPv6 的发展,出现了一些运行 IPv4 的骨干网络隔离开的局部 IPv6 网络,为了实现这些 IPv6 网络之间的通信,必须采用隧道封装技术。隧道对于源站点和目的站点是透明的,在隧道的入口处,路由器将 IPv6 的数据分组封装在 IPv4 中,该 IPv4 分组的源地址和目的地址分别是隧道入口和出口的 IPv4 地址，在隧道出口处，再将 IPv6 分组取出转发给目的站点。隧道封装技术的优点在于隧道的透明性，IPv6 主机之间的通信可以忽略隧道的存在，隧道只起到物理通道的作用。隧道封装技术在 IPv4 向 IPv6 演进的初期应用非常广泛。但是，隧道封装技术不能实现 IPv4 主机与 IPv6 主机之间的通信。

6.5　计算机网络安全

计算机网络对人类经济和生活的影响是其他信息载体无法比拟的，它的高速发展和全方位渗透，推动了整个社会的信息化进程。计算机网络技术的普及和随之而来的网络安全问题，使计算机网络安全保护变得越来越重要。从技术的角度讲，网络信息安全是一个涉及计算机科学、网络技术、通信技术、密码学、信息安全技术、应用数学、数论和信息论等多种学科的边缘性综合学科。通俗地说，网络信息安全是指保护网络信息系统使其不受威胁和攻击，也就是要保证信息的存储安全和传输安全。从网络信息安全指标来说，是对网络信息的可靠性、可用性、完整性和保密性的保护。

6.5.1　计算机网络安全面临的威胁

计算机系统及通信线路的脆弱性使计算机网络的安全受到潜在的威胁。这主要表现在计算机系统硬件和通信线路容易受自然灾害和人为破坏，以及软件资源的数据信息易受到非法复制、篡改和毁坏两方面。另外，系统的软硬件自然失效等因素均影响了网络系统的正常工作。国际标准化组织 ISO 对 OSI 环境中计算机网络进行深入研究以后，进一步定义了以下 11 种威胁。

① 伪装。威胁源成功地假扮成另一个实体，随后滥用这个实体的权利。

② 非法连接。威胁源以非法的手段获得合法的身份，在网络实体与网络之间建立非法连接。

③ 非授权访问。威胁源成功地攻破访问控制服务，如修改访问控制文件的内容，实现越权访问。

④ 拒绝服务。阻止合法的网络用户或其他合法权限的执行者使用某项服务。

⑤ 抵赖。网络用户虚假地否认递交过信息或接收到信息。

⑥ 信息泄露。未经授权的实体获取到传输中或存放着的信息，造成泄密。

⑦ 通信量分析。威胁源观察通信协议中的控制信息，或对传输过程中信息的长度、频率、源及目的进行分析。

⑧ 无效的信息流。对正确的通信信息序列进行非法修改、删除或重复，使之变成无效信息。

⑨ 篡改或破坏数据。对传输的信息或存放的数据进行有意地非法修改或删除。

⑩ 推断或演绎信息。由于统计数据信息中包含原始的信息踪迹，非法用户利用公布的统计数据，推导出信息源的来源。

⑪ 非法算改程序。威胁源破坏操作系统、通信软件或应用程序。

以上所描述的种种威胁大多由人为造成,威胁源可以是用户,也可以是程序。除此之外,还有其他一些潜在的威胁,如电磁辐射引起的信息失密、无效的网络管理等。研究网络安全的目的就是尽可能地消除这些威胁。

6.5.2　网络安全技术分类

面对网络中的各种威胁,网络安全技术分为主动防范技术和被动防范技术两类。
① 主动防范技术包括加密技术、验证技术、权限设置等。
② 被动防范技术包括防火墙技术和防病毒技术等。

6.5.3　网络安全策略

采用何种方法和何种技术来面对网络威胁,属于安全策略的范畴。安全策略是网络信息系统安全性的完整解决方案,不同的网络信息系统需要不同的安全策略。目前采用较多的安全策略主要有数据加密与认证、防火墙、入侵检测、计算机病毒防治等。

1. 数据加密与认证

加密可防止数据被查看或修改,并在不安全的信道上提供安全的通信信道。加密的功能是将明文通过某种算法转换成一段无法识别的密文。在古老的加密方法中,加密的算法和加密的密钥都必须保密,否则就会被攻击者破译。例如,古人将一段羊皮条缠绕在一根圆木上,然后在其上写下要传送书信的内容,展开羊皮条后这些书信内容将变成一堆杂乱的图文,那么这种将羊皮条缠绕在圆木上的做法可视为加密算法,而圆木棍的粗细、皮条的缠绕方向就是密钥。在现代加密体系中,算法的私密性已经不需要了,信息的安全依赖于密钥的保密性。一般的数据加密模型如图 6.24 所示。

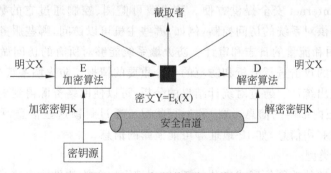

图 6.24　一般的数据加密模型

数字认证技术泛指使用现代计算机技术和网络技术进行的认证。数字认证的引入对社会的发展和进步有很大帮助,数字认证可以减少运营成本和管理费用。数字认证可以减少金融领域中的多重现金处理和现金欺诈。随着现代网络技术和计算机技术的发展,数字欺诈的现象越来越普遍,比如说,用户名下文件和资金传输可能会被伪造或更改。

数字认证提供了一种机制使用户能证明其发出信息来源的正确性和发出信息的完整性。数字认证的另一主要作用是操作系统可以通过它来实现对资源的访问控制。

数字认证证书是以数字证书为核心的加密技术,可以对网络上传输的信息进行加密和解密、数字签名和签名验证,确保网上传递信息的安全性、完整性。使用了数字证书,即使发送的信息在网上被他人截获,甚至丢失了个人的账户、密码等信息,仍可以保证的账户、资金安全。简单来说,就是保障在网上交易的安全。

2. 防火墙

(1) 防火墙的概念

在网络中,防火墙(Firewall)是设置在可信任的内部网络和不可信任的外部网络(即公众网络)之间的一道屏障,以防止不可预测的、潜在破坏性的入侵。它可以通过检测、限制、更改跨越防火墙的数据流,尽可能地对外部屏蔽内部网络的信息、结构和运行状况,实质上是一种隔离技术,如图 6.25 所示。

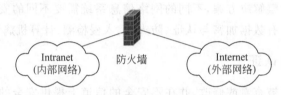

图 6.25 防火墙隔离内部网络和外部网络

(2) 防火墙的功能

不同的防火墙侧重点不同,实际上,一个防火墙体现了一种网络安全策略,即决定哪类信息可通过,哪类信息不能通过。防火墙通常可具有以下功能。

① 限制非法用户进入内部网络。防火墙能将所有安全软件(如口令、加密、身份认证等)配置在防火墙上,形成以防火墙为中心的安全方案。

② 为监控 Internet 安全提供方便。防火墙可监测、控制通过它的数据流向和数据流。这样可以提供对系统的访问控制,例如,哪些主机可以访问,哪些服务可以使用等。

③ 提供使用和流量的日志和审计。防火墙系统能够对所有的访问做日志记录,而日志是对一些可能的攻击进行分析和防范的十分重要的情报。防火墙系统也能够对正常的网络使用情况做出统计。通过对统计结果的分析,可以使网络资源得到更好使用。

④ 对外屏蔽内部网的信息、结构和运行状况。通过封锁这些信息,可以防止攻击者从中获得另一些有用信息,如 IP 地址等可能泄露的信息。

(3) 防火墙类型

如果从防火墙的软硬件形式来分的话,防火墙可以分为软件防火墙、硬件防火墙和芯片级防火墙。从防火墙结构上分,防火墙主要有单一主机防火墙、路由器集成式防火墙和分布式防火墙 3 种。

防火墙按照防护原理,可分为包过滤、应用代理、规则检查等类型。市场上较为流行的防火墙大多属于规则检查防火墙,因为防火墙对用户透明,在 OSI 最高层上加密数据,不需要修改客户端的程序,也不用对每个需要在防火墙运行的服务额外增加一个代理。

未来的防火墙将位于网络级防火墙和应用级防火墙之间。网络级防火墙将更好地识别通过的信息,而应用级防火墙在目前的功能上则向透明、底层方向发展。

3. 入侵检测

一般采用防火墙作为系统安全的第一道屏障。但随着网络技术的高速发展,攻击者技术的日趋成熟,攻击手法的日趋多样,单纯的防火墙已经不能很好地完成安全防护工作。入侵检测技术是继防火墙、数据加密等传统安全保护措施后的新一代安全保障技术。

入侵指的就是试图破坏计算机保密性、完整性、可用性或可控性的一系列活动。入侵活动包括非授权用户试图存取数据、处理数据或者妨碍计算机的正常运行。入侵检测是对入侵行为的检测,它通过收集和分析计算机网络或计算机系统中若干关键点的信息,检查网络或系统中是否存在违反安全策略的行为和被攻击的迹象。

入侵检测作为一种积极主动的安全防护技术,提供了对内部攻击、外部攻击和误操作的实时保护,在网络系统受到危害之前响应入侵并进行拦截。

从技术上划分,入侵检测有两种检测模型。

① 异常检测模型:检测与可接受行为之间的偏差。如果能定义每项可接受的行为,那么每项不可接受的行为就认为是入侵。首先总结正常操作应该具有的特征(用户轮廓),当用户活动与正常行为有重大偏离时即被认为是入侵。这种检测模型漏报率低,误报率高,因为它不需要对每种入侵行为进行定义,所以能有效地检测未知的入侵。

② 误用检测模型:检测与已知的不可接受行为之间的匹配程度。如果能定义所有的不可接受行为,那么每种能够与之匹配的行为都会引起报警。收集非正常操作的行为特征,建立相关的特征库,当监测的用户或系统行为与库中的记录相匹配时,系统就认为这种行为是入侵。这种检测模型误报率低漏报率高。对于已知的攻击,它可以详细、准确地报告出攻击类型,但是对未知攻击却效果有限,而且特征库需要必须不断更新。

按照检测对象划分,入侵检测有 3 种模型。

① 基于主机:系统分析的数据是计算机操作系统的事件日志、应用程序的事件日志、系统调用、端口调用和安全审计记录。主机型入侵检测系统保护的一般是所在的主机系统,是由代理来实现的。代理是运行在目标主机上的小的可执行程序,它们与命令控制台通信。

② 基于网络:系统分析的数据是网络上的数据包。网络型入侵检测系统担负着保护整个网段的任务,基于网络的入侵检测系统由遍及网络的传感器(Sensor)组成。传感器是一台将以太网卡置于混杂模式的计算机,用于嗅探网络上的数据包。

③ 混合型:基于网络和基于主机的入侵检测系统都有不足之处,会造成防御体系的不全面,而综合了基于网络和基于主机的混合型入侵检测系统既可以发现网络中的攻击信息,也可以从系统日志中发现异常情况。

6.6 思政篇——现代大学生正确使用计算机网络

　　网络为人们开辟了新的时空,拓展了新的视野,带来了新的生活方式。通过网络人们足不出户,便可以游览名山大川,也可及时接收最新资讯,与世界接轨。网络给人们带来了更多的便利、更多的选择,也赋予人们更多参与社会讨论的权力与机会。但与此同时,网络也是一把双刃剑,网络中浩渺的信息常常会使人们深陷其中、迷失方向,而且网络上纷繁复杂的信息也常常会使人难辨真假,盲目听信。因此,大学生如何看待网络角色,如何合理利用网络,如何面对网络不迷失现实人格,是大学生在使用网络时首先需要关注的问题。

　　大学生要正确看待网络的角色,不能仅仅将网络视为游戏平台、娱乐平台和购物平台,而是需要学会充分利用网络进行在线学习或自主学习。随着网络与教育的融合,网络在学习中充当的作用日益重要,学生通过网络可以进行各种形式的在线学习,如通过网络课堂直播,实时跟随老师进行课程学习,或是通过慕课、超星等学习平台自主进行学习。相比传统的课堂教学,在线教学给予了学生在时间和空间上更大的自由度,同时也要求学生有更强的自主学习能力,学生需要在学习过程中主动参与,包括与教师之间的交流,作业练习等任务的及时完成,避免由于缺少监督,导致学习半途而废。除此之外,网络也为学生提供了更多提升自己的空间,如学生可利用网络进行语言学习,利用丰富的网络资源进行听、说、读、写等全方位的语言提升,或可利用网络上的各种程序语言平台,进行编程语言的基础语法或项目高阶演练。通过网络,大学生可以将知识的学习进行深入延伸。

　　大学生在使用网络时要养成良好的时间管理习惯,具有明确的目标导向性。很多学生在使用网络时,经常会发生网络迷航的现象,如有的学生利用网络很可能一开始是为了查找某一个概念或是知识点,但在搜索的过程中,经常会被一些遇到的有趣链接或视频所吸引,转而去看一些无需思考或深究的网页,从而忘记自己最初上网目的,造成大量时间浪费。这就需要同学们做好时间的把控,可以在周末或假期安排适当的休闲和娱乐时间,但在学习专属时间,要严格把控网络浏览时间,只在有必要的时候,进行信息获取,并在信息获取完毕之后,及时从线上转到线下,从而避免沉迷在网络丰富多彩的信息和游戏中。另外,尽管学生可以利用网络进行在线或自主学习,但仍需要注意网络利用的时间比例,不能全部时间都沉浸在网络中,甚至占用睡眠时间,导致身体素质下降。学生也要注意网络世界和现实世界的差异,不能用虚拟的网络沟通代替与老师和同学的现实交流,校园间面对面的师生交往,不仅可以增进相互间的师生情感,同学友谊,而且也更有助于大学生锻炼现实的交往能力,对帮助学生进入社会,较早地融入工作环境大有裨益。

　　大学生要在使用网络时,需要保持正确的道德观。网络平台的隐匿性、开放性和平等性,使得参与其中的人们可以以一种更轻松的状态畅所欲言和展现自我,但网络上有些人不经调查,不经论证,不负责任地发表言论去诋毁他人,导致是非混淆,谣言丛生。大学生作为高素质群体,在面对网络上的此类信息时,要时刻保持警惕,不被误导,面对网络谣言或是不负责言论,不信谣,不传谣,不盲目跟随。网络不是法外之地,大学生在使用网络时,要恪守现实道德要求,做好现实和虚拟世界里的守法公民。

习 题

6.1 计算机网络的主要功能为哪几种?

6.2 计算机网络可从哪几方面进行分类?

6.3 局域网与广域网的主要特征是什么?

6.4 什么是计算机网络协议? 为什么需要网络协议?

6.5 常见的计算机网络拓扑有几种? 各有什么特点?

6.6 用来连接网络的几种主要介质是什么?

6.7 OSI 参考模型分为几层? 最上层和最下层分别是哪一层? 作用是什么?

6.8 TCP/IP 参考模型分为哪几层? 分别与 OSI 参考模型的哪一些相对应?

6.9 列举几种常用的网络操作系统。

6.10 Internet 的 IP 地址是如何定义的? 请举例说明。

6.11 域名系统(DNS)的基本功能是什么? 其基本原理是什么?

6.12 若子网掩码为 255.255.0.0,判断 172.16.89.3 和 172.16.88.3 是否为同一网络? 若子网掩码为 255.255.255.0,再判断这两个 IP 地址是否为同一网络?

6.13 IP 地址为 202.196.200.173,掩码为 255.255.255.192,求其子网网络号。

6.14 IPv4 到 IPv6 的过渡技术有哪几种? 请进行简单描述。

第 **7** 章 网站的设计与开发

7.1 网站概述

网站是在互联网某个固定的空间,向全世界发布消息的地方。它由域名(有些是 IP 地址)和网站空间构成。衡量一个网站的性能通常可以从网站空间大小、网站位置、网站下载速度、网站软硬件配置以及网站提供服务等几方面考虑。

7.1.1 基本概念

① 网页(Web Page):是构成网站的基本元素,也是构成万维网(World Wide Web,WWW)最主要的基石,也就是说,网站是由许多个网页组成。如果没有网页,互联网的浏览者就看不到 WWW 上五彩斑斓、信息丰富的世界了。网页可能是一个文件(静态网页),存储于某个网络存储设备上,经由网址(URL)来识别和存取。Internet 中的一“页”,需要通过 Web 浏览器来浏览。如在 WWW 上浏览的搜狐、新浪就是网页。这些网页由 HTML 编写而成,上面有图形、音乐、动画等。

② 主页(Home Page):也是一个网页,是进入一个网站的起始页面,通常也称为首页。通俗地讲,主页是一个网站的门面,要想设计出一个优秀的网站,必须在主页上有自己的特点,能吸引每一个来访者的注意力,优秀的主页是一个好网站必须具备的第一要素。

③ 超级链接(Hyperlink):是 WWW 的“神经网络”。通俗地讲,它就是向导,把用户从一个网页带到另一个网页,或者从网页的某一部分引导到另一部分。超级链接是通过给网页上的文字或者图像加上特殊的标记来实现的,而浏览者只需要单击就可使用它的功能。

④ 超文本(Hypertext):是一种文件形式,这种文件的内容可以与相关资料链接。超文本是自然语言文本与计算机交互、转移和动态显示等能力的结合,它允许用户任意构造链接,通过超链接来实现。

⑤ 超文本标记语言(HyperText Markup Language),即常说的 HTML,是制作网页、包含超级链接的超文本文件的标准语言,它由文本和标记组成。超文本文件的扩展名一般为.html 或.htm。

⑥ 程序(Program)。动态网站要用到计算机程序,一般使用 Java、Python 等程序设

计语言。

⑦ 数据库(Data Base)。动态网站一般要用到数据库,网站中常用的数据库有MySQL、Access、SQL Server 等。

7.1.2　网站的组成

网站通常由静态网页和动态网页组成。初学者对这两种方式的网页认识不太清,具体概念如下。

1. 静态网页

HTML 格式的网页通常称为静态网页。常见的静态网页以.htm、.html、.shtml 等为后缀,每个网页都是一个独立的文件。早期的网站一般都由静态网页构成的。

在静态网页中,也会出现各种动态的效果,如 gif 图片的动画、Flash、滚动字幕等,这些动态效果只是视觉上的,初学者看到这种网页上的动态效果则认为这就是动态网页。这是错误的认识,它与动态网页并无直接联系。

2. 动态网页

动态网页最大的特点就是交互性非常的强。它由服务器执行,生成静态网页发送给浏览者。因为支持数据库,所以功能比静态网页要丰富很多。常见的扩展名一般不再是.htm、.html 等静态网页的形式,而是.aspx、.jsp、.php、.cgi 等形式。

动态网页可以是纯文字内容,也可以像静态网页那样包含各种动画内容,这些只是网页具体内容的表现形式。采用动态网站技术生成的网页,就称为动态网页,即结合了HTML 以外的高级程序设计语言和数据库技术,由网页编程技术生成的网页都是动态网页。

另外网站的组成还包括了网站链接中的各种资源,包括图形图像、文字、动画、音视频、数据库等。

3. 网站服务器

网站服务器(Website Server)是指在互联网数据中心存放网站的服务器。网站服务器主要用于网站在互联网中的发布和应用,是网络应用的基础硬件设施。

网站服务器的操作系统使用最广泛的是 Linux 和 Windows Server。网站服务器可根据网站应用的需要,部署搭建 ASP/JSP/.NET/PHP 等应用环境。流行两种环境一种是 Linux ＋ Apache(Nginx)＋MySQL＋PHP,也就是 LAMP/LNMP 环境;另一种是Windows Server ＋IIS＋ASP/ASP.NET ＋ MySQL 环境。

LAMP 为现在使用最广的服务器环境,它运行在 Linux 系统下,稳定、安全,Apache是最著名的开源网页服务器,MySQL 也是最著名的开源关系型数据库,而 PHP 是一门流行的开源脚本语言,能处理用户的动态请求。

Windows＋IIS＋ASP/.NET＋MySQL 凭借其极强的易用性,也赢得了许多用户的青睐,Windows 是著名的可视化操作系统,而 IIS 是运行在 Windows 上的 Web 服务器,可使用 ASP/APS. NET 两种编程语言开发,Windows Server 中应用最广的就是 ASP.NET。

7.2 创建网站

7.2.1 创建网站的准备工作

要建立一个美观实用的网站,一般可以从以下几个步骤来考虑。

1. 确定网站主题

创建网站前,网站的主题一定要明确,这个网站有什么内容,对这些内容的选择也必须要做到层次分明,精简明了。很多人在选择内容的时候就想网站包罗万象,什么都能有,这样网站臃肿不堪,没有特点,而且网站后期的维护也不容易。

2. 确定网站风格

网站的风格说起来有点抽象,主要也是指站点的整体形象。它包括站点的标志、色彩、字体、标语、版面布局、浏览方式、交互性、文字、语气、内容价值等诸多因素,网站可以是平易近人的、生动活泼的,也可以是专业严肃的。不管是色彩、技术、文字、布局,还是交互方式,只要能由此让浏览者明确分辨出这是独有的,这就形成了网站的"风格"。

3. 掌握建网站的工具

针对网站的具体情况,选择比较合适的创建工具。网络技术的发展带动了软件业的发展,所以用于制作 Web 应用站点的工具软件也越来越丰富。从最基本的 HTML 编辑器到现在非常流行的所见即所得的互动网页制作工具和各种各样的 Web 页面制作工具。具有代表性的网页制作工具软件有 Dreamweaver、IntelliJ IDEA、NetBeans、Visual Studio、Eclipse 等。

4. 注册域名和申请购买静态服务器(有静态 IP 地址)

域名是网站在互联网上的名字。一个好的域名,容易记忆,浏览起来也方便。所以在注册域名时,域名要形象、简单、易记。当然在学习制作网站过程中,域名不是必需的。可以通过 IP 地址来完成网站的发布。

7.2.2 网站所需要的条件

1. 申请域名

在申请注册网站域名之前,用户必须先检索一下自己选择的域名是否已经被注册,最简单的方式就是上网查询。国际顶级域名可以到国际互联网络信息中心 InterNIC（http://www.internic.net）的网站上查询，国内顶级域名可以到中国互联网络信息中心 CNNIC（http://www.cnnic.net.cn）的网站上查询。

目前，申请域名有两种形式：一种是收费的，一种是免费的。实际上，大多数域名是收费的，免费的域名已经越来越少了，而且免费的域名一般会带有域名服务商的广告。

提供收费域名的 ISP（Internet Service Provider，Internet 服务提供商）很多。域名申请成功后，有的 ISP 还附加提供一定的主页空间，可以直接上传要发布的网页。采用收费域名的最大优点是服务有保障，功能比较齐全。

2. 申请网站空间

目前网站的空间一般有虚拟主机和服务器托管两种形式。

① 虚拟主机：虚拟主机是指使用特殊的技术，将一台物理服务器分为很多台"虚拟"服务器，这些虚拟服务器就是虚拟主机。它们拥有共享的 IP 地址，但可以具有自己独立的域名。

② 服务器托管：如果具有较大的访问量，或者需要很大的服务器空间，那么虚拟主机就不能满足要求，此时需要一台物理服务器，并将物理服务器存放在 ISP 网络中心机房，借用其网络通信系统接入 Internet，也可以放在云平台。这样就能避免独立机房的建设，并享有良好的网络带宽服务。

7.2.3 发布网站

网站建设好后，在发布之前还需要进行下列准备：

① 保证让主流的 Web 浏览器都能较好地显示网页。

② 注册到搜索引擎，可以增大网页的访问量。

③ 针对搜索引擎进行优化，例如，确定几个关键字和详细的页面描述。

④ 优化性能，缩小页面大小，可以提高浏览者的访问速度。

⑤ 如果没有自己的服务器和域名，还需要申请域名和网站空间。

当所有的准备工作都完成之后，就需要将程序和网站各种资源进行整合并发布内部测试版。如果网站功能测试无误，就可以正式发布网站了。

对于动态网站，发布时需要注意如下 3 点：

① 服务器是否支持网站所采用的脚本语言？

② 服务器是否支持文件的读写操作？

③ 服务器支持什么样的数据库引擎？Access、SQL Server 还是 MySQL？

最后是上传，如果是远程服务器，那么网站的上传还需要利用远程 FTP 工具或其他相关上传工具进行传输，现在使用较多和较方便的方式是使用"远程桌面"方式直接登录服务器。

7.3　HTML 与 CSS 概述

HTML(HyperText Markup Language)，即超文本标记语言，是一种专门用于创建 Web 超文本文档的编程语言，它能告诉 Web 浏览器如何显示 Web 文档(即网页)的信息，如何链接各种资源。使用 HTML 语言编写的文档可以链接其他文件，如图像、声音、视频等，从而形成超文本。

超文本文件本身并不真正含有其他的文件，它仅仅含有指向这些文件的超链接。HTML 是用来制作网页的语言，网页中的每个元素都需要用 HTML 规定的专门标记来定义。

1993 年 6 月，Tim Berners-Lee 开发了 HTML，可以用任何文本编辑器来处理，简单易用。随着 20 世纪 90 年代 Web 网络的迅速兴起，HTML 也迅速普及。

1995 年 11 月，IETF(Internet Engineering Task Force)在对浏览器标记进行整理的基础上，开发了 HTML 2.0 规范。到 1996 年，W3C 的 HTML 工作组推出了 HTML 3.2。到今天，HTML 已经发布了 HTML 5 版本，其规范更加统一，浏览器之间的统一性也日趋完善。

7.3.1　HTML 基本语法

1. 基本概念

万维网(World Wild Web，WWW)是一个庞大的信息资源网络，它之所以能够使这些信息资源为广大用户所利用，主要依靠三条基本技术：统一资源定位器(Uniform Resource Locator，URL)、超文本传送协议(Hypertext Transfer Protocol，HTTP)和超链接(HyperLink)技术。WWW 使用的标准语言是 HTML。HTML 文件是一个包含标记的文本文件，这些标记告知 Web 浏览器如何显示这个页面。另外，HTML 文件的扩展名为.htm 或.html。

2. HTML 基本结构

可以将 HTML 看成是加入了许多标记(Tag)的普通文本文件。从结构上讲，HTML 文件由元素(Element)组成，组成 HTML 的元素有许多种，分别用于组织文件的内容和指导文件的输出格式。绝大多数元素有起始标记和结束标记。元素的起始标记称为"Start Tag"，结束标记称为"End Tag"，在起始标记和结束标记中间的部分称为"元素体"。每一个元素都有名称，大部分元素都有属性，元素的名称和属性都在起始标记内标明。HTML 语言不区分大小写。例如<html>和<HTML>具有相同的含义。

下面的代码展示了 HTML 语言的结构特点。

```
<html>
    <body>
        <h1>我的第一个标题</h1>
```

```
        <p>我的第一个段落。</p>
    </body>
</html>
```

将上述代码进行保存,文件名为 html1.htm,在浏览器中的浏览效果如图 7.1 所示。

图 7.1　比较简单的 HTML 文件

从上面的例子可以看出,虽然编写了很多行代码,但产生的效果是很简单的一句话,对应的也就是"<h1>我的第一个标题</h1>"和"<p>我的第一个段落。</p>"这两条语句中的内容。Web 浏览器的作用是读取 HTML 文档,并以网页的形式显示出它们。浏览器不会显示 HTML 标签,而是使用标签来解释页面的内容。

上面的例子可以进行以下解释。

- <html>与</html> 之间的文本用来描述网页。
- <body>与</body> 之间的文本是可见的页面内容。
- <h1>与</h1> 之间的文本被显示为标题。
- <p>与</p>之间的文本被显示为段落。

<html>表示 HTML 语言的开始,对应的最后一行</html>语句,表示 HTML 语言的结束。

一般来说,HTML 元素的元素体由如下 3 部分组成。

```
头元素<head>…….</head>
体元素<body>…….</body>
注释<!-- 在此处写注释 -->
```

头元素和体元素的元素体又由其他的元素和文本及注释组成。也就是说,一个 HTML 文件具有下面的结构。

```
<html>              HTML 文件开始
    <head>          文件头开始
        文件头
    </head>         文件头结束
    <body>          文件体开始
        文件体
    </body>         文件体结束
</html>             HTML 文件结束
```

3. HTML 元素

HTML 文档是由 HTML 元素定义的,HTML 元素指的是从开始标签(start tag)到结束标签(end tag)的所有代码。

HTML 元素语法有以下特点:

- HTML 元素以开始标签起始,以结束标签终止。
- 元素的内容是开始标签与结束标签之间的内容。
- 某些 HTML 元素具有空内容(empty content),如"
"。
- 空元素在开始标签中进行关闭(以开始标签的结束而结束)。
- 大多数 HTML 元素可拥有属性。

4. HTML 元素的属性

HTML 元素可以拥有属性。属性提供了有关 HTML 元素的更多的信息。属性总是以"名称=值"的形式出现,比如 name="value"。属性总是在 HTML 元素的开始标签中规定。属性和属性值对大小写不敏感,但是,万维网联盟在其 HTML 4 推荐标准中推荐使用小写的属性/属性值,而新版本的 XHTML 要求使用小写属性。属性值应该始终被包括在引号内,双引号是最常用的,不过使用单引号也没有问题。在某些个别的情况下,比如属性值本身就含有双引号,那么必须使用单引号,例如: name='Bill "HelloWorld" Gates'。

【例 7.1】 使用属性举例。

```
<a href="http://www.neuq.edu.cn">欢迎来到东秦!</a>
<h1 align="center">此标题居中对齐。</h1>
```

在第 1 句中,a 表示超链接的标记,href 表示超链接的属性,"http://www.neuq.edu.cn"为属性值。

在第 2 句中,"h1"表示"一级标题"标记,align 表示对齐方式的属性,center 表示对齐方式的值,表示居中。

5. HTML 中的特殊符号及转义字符

在 HTML 中"<"">""&"和空格等字符具有特殊的含义,前两个字符用于标注,"<>"表示标注的开始,"</>"表示标注的结束,"&"用于转义,空格用于分隔符。如果需要在网页中显示上述字符,不能直接使用原型,而应使用它们的转义字符。

① "<"的转义字符为"<"或"<"。
② ">"的转义字符为">"或">"。
③ "&"的转义字符为"&amps;"或"&"。
④ 空格的转义字符为" "或" "。

例如,如果需要在网页中显示"<font>",那么 HTML 代码应该这样编写"<font>"。

使用转义字符时应注意以下几点。

① 转义序列各字符间不能有空格。

② 转义序列必须以";"结束。

③ 单独的 & 不被认为是转义开始。

④ 转义字符应小写。

7.3.2 HTML中的常用元素和属性

HTML文件基本元素分为三类：文档结构元素（<html>…</html>、<head>…</head>、<body>…</body>标签）；文件头部元素（包括<title>…</title>、<style>…</style>等标签）；文件正文元素（包括<p>…</p>、<hn>…</hn>、<li>…</li>等标签）。

1. 头部元素

<head>标签是所有头部元素的容器。<head>内的标签可包含脚本、指示浏览器在何处可以找到样式表、提供元信息等。

以下标签都可以添加到<head>中：<title>、<base>、<link>、<meta>、<script>以及<style>。

(1) <title>标签

<title>标签定义文档的标题，<title>标签在所有 HTML/XHTML 文档中都是必需的。<title>标签主要功能如下：

- 定义浏览器工具栏中的标题。
- 提供页面被添加到收藏夹时显示的标题。
- 显示在搜索引擎结果中的页面标题。

【例 7.2】 使用<title>标签示例。

一个简化的 HTML 文档。

```
<!DOCTYPE html>
<html>
    <head>
        <title>这是网页的标题</title>
    </head>
    <body>
        这里是网页文档的内容部分……
    </body>
</html>
```

使用<title>标签的网页浏览效果如图 7.2 所示。

(2) <base> 标签

<base> 标签为页面上的所有链接规定默认地址或默认目标（target）。

图 7.2   <title>标签的使用

有以下语句:

```
<head>
    <base href="http://www.jsjxxw.cn/" />
    <base target="_blank" />
</head>
```

其功能如下:
- 如果网页文档有相对路径,则相对路径的前缀统一加上"http://www.jsjxxw.cn/",例如"<a href="a/b.html">这是一个超链接</a>",那么这个链接将跳转至"http://www.jsjxxw.cn/a/b.html"。
- 单击链接,浏览器总在一个新打开、未命名的窗口中载入目标文档。

(3)<link> 标签

<link> 标签定义文档与外部资源之间的关系,<link> 标签最常用于链接样式表。有以下语句:

```
<head>
    <link rel="stylesheet" type="text/css" href="mystyle.css" />
</head>
```

其功能是打开网页时将表单样式文件"mystyle.css"中的内容加载进来,实现了样式与网页文件的分离。

(4)<style> 标签

<style> 标签用于为 HTML 文档定义样式信息,可以在<style>标签内规定 HTML 元素在浏览器中呈现的样式。一般将此部分内容放在样式文件中,然后使用<link>标签在网页的头部将样式信息加载进来。

关于<style>标签的使用在后面的章节中会讲到。

(5)<meta> 标签

元数据(metadata)是关于数据的信息。<meta> 标签提供关于 HTML 文档的元数据。元数据不会显示在页面上,但是对于机器是可读的。典型的情况是,<meta>标签被用于规定页面的描述、关键词、文档的作者、最后修改时间以及其他元数据。

<meta> 标签始终位于<head>标签中,元数据可用于浏览器(如何显示内容或重新加载页面),搜索引擎(关键词),或其他 Web 服务。例如针对搜索引擎的关键词,一些

搜索引擎会利用<meta>标签的 name 和 content 属性来索引页面。

<meta>标签定义页面的描述如下。

```
<meta name="关键词" content="页面描述" />
```

（6）<script> 元素

<script> 标签用于定义客户端脚本，比如 JavaScript。

2. HTML 标题

HTML 标题（Heading）是通过 <h1>～<h6> 等标签进行定义的。<h1> 定义最大的标题。<h6> 定义最小的标题。

【例 7.3】 使用<hn>标签示例。

使用 hn 标签的 HTML 代码如下。

```
<h1>标题标签 1</h1>
<h2>标题标签 2</h2>
<h3>标题标签 3</h3>
```

使用<hn>标签的网页浏览效果如图 7.3 所示。

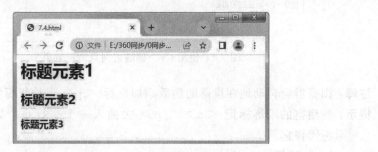

图 7.3　使用<hn>标签的网页浏览效果

3. HTML 段落与换行

（1）<p> 标签

用户在改变浏览器显示区大小的时候，浏览器将自动调整网页中文本的宽度。在 HTML 代码中将多个空格以及回车等效为一个空格，因此 HTML 页面的分段完全依赖于分段标签<p>，而不管 HTML 代码中的分段如何。

<p>标签拥有对齐属性"align="，取值分为 left、center 和 right。

【例 7.4】 使用<p>标签示例。

使用<p>标签的 HTML 代码如下。

```
<html>
    <head>
```

```
        <title>&lt;p&gt;标签的例子</title>
    </head>
    <body>
        <h1 align=center>使用 &lt;p&gt;标签</h1>
        没有
        使用 &lt;p&gt;标签
        <p align=center>使用 &lt;p&gt;标签的第 1 段</p>
        <p align=left>使用 &lt;p&gt;标签的第 2 段</p>
    </body>
</html>
```

使用<p>标签的网页浏览效果如图 7.4 所示。

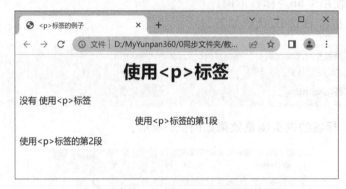

图 7.4　使用<p>标签的网页浏览效果

注释：浏览器会自动地在段落的前后添加空行(<p> 是块级标签)。

提示：使用空的段落标记 <p></p> 去插入一个空行是个坏习惯,应使用换行
 标签代替它。

(2)
标签

如果用户希望在不产生一个新段落的情况下进行换行(新行),应使用
 标签。
 标签是一个空的 HTML 元素。由于关闭标签没有任何意义,因此它没有结束标签。

在 XHTML、XML 以及未来的 HTML 版本中,不允许使用没有结束标签(闭合标签)的 HTML 元素。所以,即使
在所有浏览器中的显示都没有问题,使用
比使用
更好。

4. <font>标签

<font>标签规定文本的字体、字号大小、字体颜色。所有主流浏览器都支持<font>标签,在 HTML 4.01 中,<font>标签不被赞成使用,在 XHTML 1.0 Strict DTD 中,<font>标签不被支持。现在的主流网页设计中,一般将<font>标签实现的功能放在了<style>标签中去实现,即使用样式。

<font>标签的常用可选的属性如表 7.1 所示。

表 7.1　\<font\>标签常用的可选的属性

属　　性	值	描　　述
color	rgb(x,x,x) ♯xxxxxx colorname	规定文本的颜色 不赞成使用。请使用样式取代它
face	font_family	规定文本的字体 不赞成使用。请使用样式取代它
size	number	规定文本的大小 不赞成使用。请使用样式取代它

【例 7.5】　使用\<font\>标签示例。

```
<font size="3" color="red">这是 3 号字,颜色红色。</font><br />
<font size="2" color="blue">这是 2 号字,颜色蓝色</font><br />
<font face="verdana" color="green">这是隶书字体,颜色绿色</font><br />
```

浏览器打开\<font\>标签的网页浏览效果如图 7.5 所示。

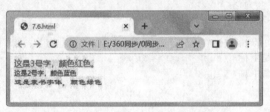

图 7.5　\<font\>标签的网页浏览效果

5. HTML 文本格式化

HTML 可定义很多供格式化输出的标签,比如粗体和斜体字等,表 7.2 列出常用文本格式化标签。

表 7.2　常用文本格式化标签

标　　签	描　　述
\<b\>	定义粗体文本
\<big\>	定义大号字
\<em\>	定义着重文字
\<i\>	定义斜体字
\<small\>	定义小号字
\<strong\>	定义加重语气
\<sub\>	定义下标字
\<sup\>	定义上标字

标　签	内　描　述
\<ins\>	定义插入字
\<del\>	定义删除字
\<s\>	不赞成使用,使用 \<del\> 代替
\<strike\>	不赞成使用,使用 \<del\> 代替
\<u\>	不赞成使用,使用样式(style)代替

【例 7.6】 文本格式化示例。

```
<html>
<body>
<b>文本加粗</b><br />
<strong>文本加重语气</strong><br />
<big>定义大号字</big><br />
<em>定义着重文字</em><br />
<i>定义斜体字</i><br />
<small>定义小号字</small><br />
定义下标<sub>这是下标</sub><br /><br />
定义上标<sup>这是上标</sup>
</body>
</html>
```

文本格式化网页浏览效果如果 7.6 所示。

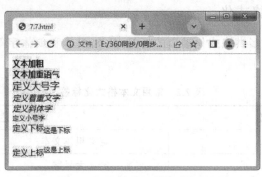

图 7.6　文本格式化网页浏览

6. HTML 列表

HTML 支持有序、无序和自定义列表。无序列表是一个项目的列表,此列项目使用粗体圆点(典型的小黑圆圈)进行标记,无序列表始于\<ul\>标签。每个列表项始于\<li\>标签。有序列表也是一列项目,列表项目使用数字进行标记,有序列表始于 \<ol\> 标签。

每个列表项始于 <li> 标签。

【例 7.7】 HTML 列表示例。

```
这是无序列表
<ul>
    <li>咖啡</li>
    <li>牛奶</li>
</ul>
这是有序列表
<ol>
    <li>Coffee</li>
    <li>Milk</li>
</ol>
```

列表网页浏览效果如果图 7.7 所示。

图 7.7　列表网页浏览效果

7. HTML 颜色

　　HTML 颜色由红色、绿色、蓝色混合而成,它由一个十六进制符号来定义,这个符号由红色、绿色和蓝色的值组成(RGB)。每种颜色的最小值是 0(十六进制为♯00),最大值是 255(十六进制为♯FF),通过 RGB 函数就能实现 1677216(256×256×256)种颜色,例如 RBG(255,0,0)表示红色。

　　HTML 颜色也可以通过颜色名来表示,大多数的浏览器都支持颜色名集合。仅仅有16 种颜色名被 W3C 的 HTML 4.0 标准所支持。它们是 aqua、black、blue、fuchsia、gray、green、lime、maroon、navy、olive、purple、red、silver、teal、white 和 yellow。

　　颜色可作为<font>或其他标签的属性来实现,也可在样式中定义颜色。

8. HTML 链接

　　超文本链接(Hypertext Link)通常称为超链接(Hyperlink)或简称为链接(Link)。链接是指将文档中的文本或者图像与另一个文档、文档的一部分或者另一幅图像链接在一起。使用超链接可以使顺序存放的文件在一定程度上具有随机访问的能力。

在 HTML 中,超链接标记是<a>,其基本格式是:

```
<a href="URL">…</a>
```

例如,在<a href="http://www.microsoft.com/index.htm">中,告诉 Web 浏览器使用 HTTP 协议,从域名为 www.microsoft.com 的服务器里取回名为 index.htm 的文件。

上述 URL 地址中采用的是绝对路径,如果链接的文档在同一目录下,HTML 可以使用相对路径链接该文档,也可以使用绝对路径来链接该文档。例如,从上述的 index.htm 文件链接到同一目录下的 index1.htm 文件,可以采用绝对路径<a href="http://www.microsoft.com/index1.htm">,也可以使用相对路径<a href="index1.htm">。使用相对路径链接比使用绝对路径链接的运行效率更高,一般在同一个网站内的链接应该采用相对路径来实现,或文档的头部使用<base>标签指定路径的绝对地址部分。

超链接可以是一个字、一个词或者一组词,也可以是一幅图像,当单击这些内容时,网页会跳转到新的文档或者当前文档中的某部分。

有两种使用<a>标签的方式:
- 通过使用 href 属性:创建指向另一个文档的链接
- 通过使用 name 属性:创建文档内的书签

(1) HTML 链接的 target 属性

使用 target 属性,可以定义被链接的文档在何处显示,如显示在当前窗口,显示到一个新的窗口,显示到框架中的某一部分等。target 属性通常可以定义为以下几种值。

① _blank:浏览器总在一个新打开、未命名的窗口中载入目标文档。

② _self:这个目标的值对所有没有指定目标的<a>标签是默认目标,它使得目标文档载入并显示在相同的框架或者窗口中作为源文档。

③ _parent:这个目标使得文档载入父窗口,或者包含超链接引用的框架的框架集。如果这个引用是在窗口或者在顶级框架中,那么它与目标 _self 等效。

④ _top:这个目标使得文档载入包含这个超链接的窗口,用 _top 目标将会清除所有被包含的框架并将文档载入整个浏览器窗口。

【例 7.8】 使用<a>标签的 target 属性示例。

```
<p>超链接入门</p>
<a href="http://www.tsinghua.edu.cn">在当前窗口中打链接</a><br />
<a href="http://www.tsinghua.edu.cn" target="_blank ">在新窗口中打链接</a>
<br />
```

(2) HTML 链接的 name 属性

name 属性规定锚(anchor)的名称,使用 name 属性创建 HTML 页面中的书签。书签不会以任何特殊方式显示,它对读者是不可见的。当使用命名锚(named anchors)时,可以创建直接跳至该命名锚(比如页面中某个小节)的链接,这样使用者就无需不停地滚动页面来寻找需要的信息了。

在 HTML 4.0 之前的版本中,只有使用<a>标签的 name 属性才能创建片段标识符。随着 HTML 4.0 中 id 属性的出现,所有 HTML 或 XHTML 元素都可以是片段标识符。这是因为 id 标识符几乎可以用在所有的标签中。<a> 标签为了能够和以前的版本相兼容而保留了 name 属性,同时也可以使用 id 属性。这些属性可以相互交换使用,可以把 id 属性看作是 name 属性的升级版本。

【例 7.9】 使用<a>标签的 name 属性示例。

```
<ul>
    <li><a href="#C1">第 1 章</a></li>
    <li><a href="#C2">第 2 章</a></li>
</ul>
<h2><a name="C1">第 1 章</a></h2>
    <p>本章讲解的内容是 ... ...</p>
<h2><a name="C2">第 2 章</a></h2>
    <p>本章讲解的内容是 ... ...</p>
```

网页浏览效果如图 7.8 所示。

图 7.8 使用超链接的 name 属性网页浏览效果

在上面的例子中,单击"第 1 章"会跳转到第 1 章标签处;单击"第 2 章"会跳转到第 2 章标签处。

上面的例子也可以使用 id 属性来代替 name 属性,显示效果是相同的。

9. HTML 图像

超文本支持的图像格式一般有 GIF、JPEG、PNG 三种,所以对图片处理后要保存为这三种格式中的任何一种,这样才可以在浏览器中看到。

插入图像的标签是<img>,它是空标签,意思是说,它只包含属性,并且没有闭合标签。其格式为:

```
<img src="图像文件地址" />
```

src 属性指明了所要链接的图像文件地址,这个图像文件可以是本地机器上的图像,也可以是位于远端主机上的图像。地址的表示方法可以用 URL 地址表示方法。

  img 标签的常用属性有 height、width 和 alt。height 和 width 分别表示图形的高和宽,通过这两个属性,可以改变图形的大小。alt 属性用来为图像定义一串预备的可替换的文本,该属性的值是用户定义的。当浏览器无法载入图像时,替换文本属性可提供失去的信息。此时,浏览器将显示这个替代性的文本而不是图像。为页面上的图像都加上替换文本属性是个好习惯,这样有助于更好地显示信息,并且对于那些使用纯文本浏览器的人来说是非常有用的。

  也可以使用图像作为网页背景,该语句格式如下:

```
<body background="ImageName">
```

  ＜body＞标记的 background 属性指定图像文件,浏览器将其平铺,布满整个网页。

【例 7.10】　使用 HTML 图像示例。

```
<body  background="images/平铺图.png">
    <img src="images/duck.png" width="304" height="265" alt="一只小黄鸭" />
</body>
```

网页浏览效果如图 7.9 所示。

图 7.9　使用 HTMTL 图像网页浏览

10. HTML 音频与视频

  在 HTML 中播放音频与视频有很多种方法,需要浏览器支持,通常要使用一些技巧。一是要确保使用的音频与视频文件是主流的格式,常见的音频格式是 MP3 格式,常见视频格式是 MP4 格式,这两种格式浏览器都支持;二是使用主要浏览器都支持的播放工具或使用第三方播放器。

  (1)播放音频

  ① 使用插件。浏览器插件是一种扩展浏览器标准功能的小型计算机程序。插件有

很多用途，如播放音乐、显示地图、验证银行账号、控制输入等。

可使用＜object＞或＜embed＞标签来将插件添加到 HTML 页面。这些标签定义资源（通常非 HTML 资源）的容器，根据类型，它们既会由浏览器显示，也会由外部插件显示。

＜embed＞ 标签定义外部（非 HTML）内容的容器。这是一个 HTML 5 标签，在 HTML 4 中是非法的，但是在所有浏览器中都有效。

下面的代码片段能够显示嵌入网页中的 MP3 文件：

```
<embed height="100" width="100" src="song.mp3" />
```

上面程序的网页浏览效果如图 7.10 所示。

图 7.10 ＜embed＞标签打开声音文件的网页浏览效果

＜object tag＞ 标签也可以定义外部（非 HTML）内容的容器。下面的代码片段能够显示嵌入网页中的 MP3 文件：

```
<object height="100" width="100" data="song.mp3"></object>
```

在 Chrome 浏览器中的显示效果与使用＜embed＞标签是完全相同的。

② 使用 HTML5＜audio＞ 标签。＜audio＞标签是一个 HTML 5 元素，在 HTML 4 中是非法的，但在所有浏览器中都有效。例如：

```
<audio controls="controls">
    <source src="song.mp3" type="audio/mp3" />
    你的浏览器不支持该音频格式！
</audio>
```

在上面的程序中，如果浏览器不支持该音频格式，则显示"你的浏览器不支持该音频格式！"信息。

上面程序的网页浏览效果如图 7.11 所示。

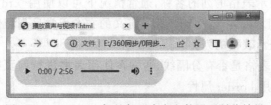

图 7.11 ＜audio＞标签打开声音文件网页浏览效果

（2）播放视频

与播放声音一样，播放视频遇到的问题与使用的方法基本相同，可以使用＜embed＞、＜object＞和＜video＞标签来视频，笔者经过多个主流浏览器测试，发现使用＜video＞标签支持较好。例如：

```
<video width="160" height="120" controls="controls">
    <source src="video.mp4" type="video/mp4" />
    你的浏览器不支持这种格式的视频！
</video>
```

在上面的程序中，如果浏览器不支持该视频格式，则显示"你的浏览器不支持这种格式的视频！"信息。

上面程序的网页浏览效果如图 7.12 所示。

图 7.12　＜video＞标签打开视频文件的网页浏览效果

11. HTML 表格

HTML 表格由＜table＞标签来定义。每个表格均有若干行（由 ＜tr＞ 标签定义），每行被分割为若干单元格（由 ＜td＞ 标签定义）。＜td＞标签表示表格数据（table data），即数据单元格的内容。数据单元格可以包含文本、图片、列表、段落、表单、水平线、表格等。

表格在网页中主要有如下两个作用：既可以在网页中运用表格的形式显示查询结果，也可以使用表格进行版面设计，将网页划分为不同的区域。

（1）表格的基本形式

一个表格由＜table＞开始，＜/table＞结束，表格的内容由＜tr＞标签、＜th＞标签和＜td＞标签定义。

- ＜tr＞标签表示表格的行。
- ＜th＞标签表示表格的列的名称，通常情况下可以使用＜td＞标签代替＜th＞标签。二者不同之处在于，＜th＞标签定义的文本通常呈现粗体。
- ＜td＞标签表示表格的列。

border 属性说明表格是否有分隔线，通常在使用表格进行网页区域划分时将 border 属性设为零或者不使用 border 属性。

更改表格属性常用代码如下。

① 更改表格宽度和高度：

```
<table border width=# height=#>
```

② 设置表格边框宽度：

```
<table border=#>
```

③ 设置表格格线间宽度：

```
<table cellspacing= #>
```

④ 设置文本属性。文本和边框的距离：

```
<table border cellpadding=#>
```

文本在表格中的位置：

```
<tr align=#>      <th align=#>      <td align=#>
<tr valign=#>    <th valign=#>     <td valign=#>
```

⑤ 设置表格位置：

```
<table align=left>     <table align=right>
```

【例 7.11】 设置表格示例。
设置表格的 HTML 代码如下。

```
<html>
    <head>
        <title>设置表格</title>
    </head>
    <body>
        <h1 align=center>设置表格的例子</h1>
        <p></p>
        <table border>
            <tr>
                <th>第 1 列</th>   <th>第 2 列</th>   <th>第 3 列</th>
            </tr>
            <tr>
                <td>A</td>   <td>B</td>   <td>C</td>
            </tr>
        </table>
    </body>
</html>
```

需要注意的是,代码中的缩进只是为了使代码更容易阅读,读者完全可以根据自己的习惯编写代码,不使用缩进的效果和使用缩进的效果是完全一样的。

设置表格的网页浏览效果如图 7.13 所示。

图 7.13　表格的网页浏览效果

(2) 宽度和高度

表格的宽度可以使用 width 属性表示,表格的高度可以使用 height 属性表示,其格式如下:

```
<table border width=# height=#>
```

其中"#"表示表格宽度和高度的像素值。

【例 7.12】　设置表格宽度和高度示例。

设置表格宽度和高度的 HTML 代码如下。

```
<html>
    <head>
        <title>设定表格的宽度和高度</title>
    </head>
    <body >
        <h1 align=center>设定表格的宽度和高度</h1>
        <p></p>
        <table border width=300 height=150>
            <tr>
                <td>第 1 列</td>　<td>第 2 列</td>　<td>第 3 列</td>
            </tr>
            <tr>
                <td>A</td>　<td>B</td>　<td>C</td>
            </tr>
        </table>
    </body>
</html>
```

设置表格宽度和高度的网页浏览效果如图 7.14 所示。

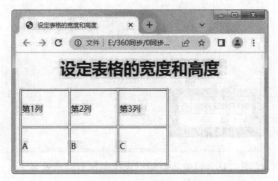

图 7.14 设置表格宽度和高度的网页浏览效果

（3）表格边框宽度

表格的边框宽度由 border 属性表示，其格式如下。

```
<table border=#>
```

其中"#"为宽度值，单位是像素。

【例 7.13】 设置表格边框宽度示例。

设置表格边框宽度的 HTML 代码如下。

```
<html>
    <head>
        <title>设置表格边框宽度</title>
    </head>
    <body>
        <h1 align=center>设置表格边框宽度的例子</h1>
        <p></p>
        <table border=20>
            <tr>
                <td>第 1 列</td>   <td>第 2 列</td>   <td>第 3 列</td>
            </tr>
            <tr>
                <td>A</td>   <td>B</td>   <td>C</td>
            </tr>
        </table>
    </body>
</html>
```

设置表格边框宽度的网页浏览效果如图 7.15 所示。

（4）格间线宽度

格与格之间的线为格间线，它的宽度可以使用＜table＞标签中的 cellspacing 属性加以调节。格式如下：

图 7.15　设置表格边框宽度的网页浏览效果

```
<table cellspacing=#>              #表示要取用的像素值
```

【例 7.14】　设置表格格间线宽度示例。

```
<html>
    <head>
        <title>设置表格边框宽度</title>
    </head>
    <body>
        <table border=3 cellspacing=5>
            <caption>设置格间线宽度的例子</caption>
            <tr>
                <th>第一列</th>   <th>第二列</th>   <th>第三列</th>
            </tr>
            <tr>
                <td>200公斤</td>   <td>200公斤</td>   <td>100公斤</td>
            </tr>
        </table>
    </body>
</html>
```

设置表格格间线宽度的网页浏览效果如图 7.16 所示。

图 7.16　设置表格间线宽度的网页浏览效果

（5）表格中的文本和图像

表格中的文本和图像的设置方法是相同的。下面以文本的设置方法为例进行介绍。

文本与边框的距离使用 cellpadding＝# 说明，其格式如下：

```
<table border cellpadding=#>
```

文本在表格中的横向位置使用 align＝# 说明，align 属性可修饰<tr>、<th>和<td>等标签，其格式如下：

```
<tr align=#>
<th align=#>
<td align=#>
```

其中"#"代表 left、center 或 right 三者之一，分别表示左对齐、居中和右对齐。

文本在表格中的纵向位置使用 valign＝# 说明，valign 属性可修饰<tr>、<th>和<td>等标签，其格式如下：

```
<tr valign=#>
<th valign=#>
<td valign=#>
```

其中"#"代表 top、middle 或 bottom 三者之一，分别表示上对齐、居中和下对齐。

【例 7.15】 设置文本在表格中的位置示例。

设置文本在表格中的位置的 HTML 代码如下。

```
<html>
    <head>
        <title>设置文本在表格中的位置</title>
    </head>
    <body>
        <h1 align=center>设置文本在表格中的位置的例子</h1>
        <p></p>
        <table border width=260 height=200>
            <tr>
                <td align=left>左对齐</td>
                <td align=center>居中</td>
                <td align=right>右对齐</td>
            </tr>
            <tr>
                <td valign=top>上对齐</td>
                <td valign=middle>居中</td>
                <td valign=bottom>下对齐</td>
            </tr>
        </table>
    </body>
</html>
```

设置文本在表格中的位置的网页浏览效果如图 7.17 所示。

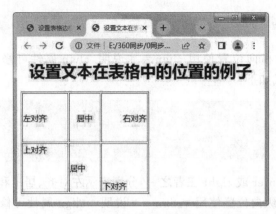

图 7.17　设置文本在表格中的位置的网页浏览效果

（6）表格位置

表格在网页中的位置由 align＝left、center 或 right 指定，其格式如下：

```
<table align="left">
<table align="right">
<table align="center">
```

12. HTML 块

大多数 HTML 元素均被定义为块级元素（block level element）或内联元素（inline element）。块级元素在浏览器显示时，通常会以新行来开始和结束，如＜h1＞、＜p＞、＜ul＞、＜table＞等为块级元素。内联元素在显示时通常不会以新行开始和结束，如＜b＞、＜td＞、＜a＞、＜img＞等为内联元素。

一般地，可以通过＜div＞和＜span＞将 HTML 元素组合起来实现 HTML 块。

（1）＜div＞标签

＜div＞标签是块级标签，它是可用于组合其他 HTML 元素的容器。该标签没有特定的含义。除此之外，由于它属于块级标签，浏览器会在其前后显示折行。

＜div＞标签一般与 CSS 一同使用，此时，＜div＞标签可用于对大的内容块设置样式属性。

＜div＞标签的另一个常见的用途是文档布局。它取代了使用表格定义布局的老式方法。使用＜table＞标签进行文档布局不是表格的正确用法。＜table＞标签的作用是显示表格化的数据。

（2）＜span＞标签

＜span＞标签是内联标签，可用作文本的容器，该标签也没有特定的含义。＜span＞标签与 CSS 一同使用时，可用于为部分文本设置样式属性。

13. HTML 框架

通过使用框架,可以在同一个浏览器窗口中显示不止一个页面,每份 HTML 文档称为一个框架,并且每个框架都独立于其他的框架。实现框架的方法有多种,最常用的方法是使用框架集标签<frameset>。

使用<frameset>标签时,通常要用到 rows/cols 属性和<frmae>标签。下面是对这些标签与属性功能的说明。

框架结构标签<frameset>:定义如何将窗口分割为框架,每个<frameset>标签定义了一系列行或列。

框架标签<frame>:定义了放置在每个框架中的 HTML 文档。

rows/cols 属性:其值规定了每行或每列占据屏幕的面积

【例 7.16】 实现垂直框架示例。

```
<frameset cols="25%,50%,25%">
    <frame src="frame_a.html">
    <frame src="frame_b.html">
    <frame src="frame_c.html">
</frameset>
```

上面程序的网页浏览效果如图 7.18 所示。

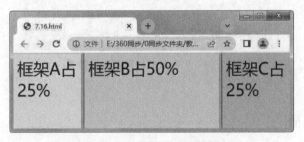

图 7.18　垂直框架的网页浏览效果

在本例中,框架结构由三个框架组成,分别是 frame_a、frame_b 和 frame_c 组成,所占列宽分别为 25%、50%和 25%。三个框架分别对应三个独立的 HTML 文件,这三个 HTML 文件的内容如下。

```
<!-- frame_a.html -->
<body bgcolor="#F0F8FF">
    <font size="6">框架 A 占 25%</font>
</body>
<!-- frame_b.html -->
<body bgcolor="#FAEBD7">
    <font size="6">框架 B 占 50%</font>
</body>
```

```
<!-- frame_c.html -->
<body bgcolor="#7FFFD4">
    <font size="6">框架 C 占 25%</font>
</body>
```

【例 7.17】 实现水平框架示例。

```
<frameset rows="25%,50%,25%">
    <frame src="frame_a.html">
    <frame src="frame_b.html">
    <frame src="frame_c.html">
</frameset>
```

上面程序的网页浏览效果如图 7.19 所示。

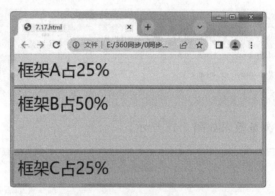

图 7.19　水平框架的网页浏览效果

7.3.3　CSS 基础

CSS 是 Cascading Style Sheets 的缩写,意为"层叠样式表"或"级联样式表"。CSS 定义如何显示 HTML 的标签样式,用于设计网页的外观效果。通过使用 CSS,实现页面的内容与表现形式分离,极大地提高了工作高效率与代码的复用率。

1. CSS 基本用法

样式是 CSS 最小的语法单元,每个样式包含两部分内容:选择器和声明(规则),声明包含属性和属性值,CSS 样式基本结构如图 7.20 所示。

图 7.20　CSS 样式基本结构

选择器可以是某个标签、所有网页对象、指定的 class 或 id 值等。浏览器在解析这个样式时,根据选择器来渲染对象的显示效果。

声明可以有无数个,声明告诉浏览器如何去渲染选择器指定的对象。声明必须包括两部分:属性和属性值,并用分号来标识一个声明的结束,最后一个声明可以省略分号。所有声明被放置在一对大括号内,然后整体紧邻在选择器的后面。

属性是 CSS 提供的设置好的样式选项。

属性值是用来显示属性效果的参数。

【例 7.18】 使用样式来渲染文本块示例。

```
<style>
.c1{
    color: blue;                 /*颜色*/
    font-size: 35px;             /*字号大小*/
    text-align: center;          /*对齐方式*/
    padding-top:10px;            /*顶边距*/
}
.c2{
    color: crimson;
    margin-top:40px;
    padding-top: 10px;
    font-size: 25px;
}
</style>
<body>
    <div class=c1>
        文本块一
    </div>
    <div class=c2>
        文本块二
    </div>
</body>
```

上面程序的网页浏览效果如图 7.21 所示。

图 7.21　使用 CSS 样式渲染文本块的网页浏览效果

在上面示例中,<style>标签为 CSS 样式部分,在网页设计中,为了实现代码的重用,一般将样式标签内容储存为扩展名为.css 的文件中,然后在网页的头部用<link>标签等形式将样式链接进来。c1 和 c2 为两个选择器。网页的主体部分有两个用<div>标识的文本块,文本块的格式分别对应样式中的 c1 和 c2 选择器。

2. CSS 应用

CSS 代码也可以放在网页内<style>标签中,或者放在 HTML 标签的 style 属性中。CSS 样式应用的方法主要包括 4 种:行内样式、内嵌样式、链接样式和导入样式。

（1）行内样式

行内样式就是把 CSS 样式直接放在代码行内的标签中,一般都放入到标签的 style 属性中。这种方式是最简单的方式,也是修改最不方便的方式,不可代码重用,如果样式需要应用到多处,建议不要使用该方式。

【例 7.19】 使用行内样式来浸染文本块示例。

```
< div style ="color: blue; font - size: 35px; text - align: center; padding - top:
10px;">
    文本块一
</div>
</div style=" color:crimson;margin-top:40px;padding-top:10px;">
    文本块二
</div>
```

上面程序的网页浏览效果与例 7.18 完全一样。

（2）内嵌样式

内嵌样式是通过将 CSS 写在网页的头部(<head>标签内),通过使用<style>标签将其包括,此样式只能在本网页中使用,不能在其他网页中使用。例 7.18 使用的是内嵌样式。

（3）链接样式

链接样式是通过<link>标签将外部样式文件链接到 HTML 文档中,这也是许多网站使用最多的 CSS 应用方式。这种方式将 HTML 文档和 CSS 文件完全分离,实现结构层和表示层的分离,增强了网页结构的扩展性和 CSS 样式的可维护性,也可实现代码的重用。

【例 7.20】 使用链接样式来浸染文本块示例。

7_20.css 文件代码如下:

```
.c1{
    color: blue;                    /*颜色*/
    font-size: 35px;               /*字号大小*/
    text-align: center;            /*对齐方式*/
    padding-top:10px;              /*顶边距*/
}
.c2{
    color: crimson;
```

```
    margin-top:40px;
    padding-top: 10px;
    font-size: 25px;
}
```

7_20.html 文件代码如下：

```
<head>
    <link href="css/7_20.css" type="text/css" rel="stylesheet" />
</head>
<body>
    <div class=c1>
        文本块一
    </div>
    <div class=c2>
        文本块二
    </div>
</body>
```

用浏览器打开 7_20.html，效果与例 7.18 完全一样。

CSS 文件可以供不同的 HTML 文件使用，使网站所有页面样式统一。当修改 CSS 文件后，所有应用此 CSS 文件的 HTML 文件都将有效，而不必修改相关的 HTML 文件。

（4）导入样式

导入样式使用 @import 命令导入外部样式文件，使用方法与链接样式类似。导入样式有以下 6 种书写格式。

① import 样式文件。

② import '样式文件'。

③ import"样式文件"。

④ import url(样式文件)。

⑤ import url('样式文件')。

⑥ import url("样式文件")。

某些浏览器不支持第①种方式，建议使用最后两种方式。

在例 7.20 中，将语句"＜link href＝"css/7_20.css" type＝"text/css" rel＝"stylesheet"/＞"改为以下语句：

```
<style type="text/css">
    @import url("css/7_20.css");
</style>
```

用浏览器打开后，效果是一样的。

7.3.4 CSS 选择器

根据所获取页面中元素的不同,CSS 选择器分为多种,可以把 CSS 选择器分为 5 类:基本选择器、组合选择器、伪类选择器、伪元素和属性选择器,本节主要介绍前两种选择器。

1. 基本选择器

基本选择器有标签选择器、类选择器、ID 选择器和通配选择器。

(1) 标签选择器

标签选择器直接引用 HTML 标签名称,又称为类型选择器。该选择器规定了网页元素在页面中默认的显示样式。所以,标签选择器可以快速地控制页面标签的默认显示效果。

【例 7.21】 使用标签选择器示例。

```
<head>
    <style type="text/css">
    p{
        font-size:14px;              /*字号为 14 像素*/
        color:red;                   /*颜色为红色*/
    }
    </style>
<body>
<p>P 标签的默认字号与颜色已改</p>
```

上面程序的网页浏览效果如图 7.22 所示。

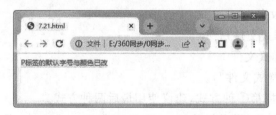

图 7.22　使用标签选择器的网页浏览效果

(2) 类选择器

类选择器以一个点(.)为前缀开头,然后跟随一个自定义的类名。类选择器能够为对象定义不同的样式,实现不同元素拥有相同的样式,相同元素的不同对象拥有不同的样式。

应用类样式可以使用 class 属性来实现,HTML 所有元素都支持该属性,只要在标签中定义 class 属性,然后把该属性设置为事先定义好的类选择器名称即可。

例 7.18 中使用的是类选择器。如果代码中有标签选择器与类选择器同时作用于

HTML 中的对象,则类选择器会覆盖标签选择器中的属性,即类选择器中的属性优先。

【例 7.22】 同时使用标签选择器和类选择器示例。

```
<head>
    <style type="text/css">
    p{/*标签选择器*/
        font-size:14px;            /*字号为 14 像素*/
        color:red;                 /*颜色为红色*/
    }
    .c1{/*类选择器*/
        font-size:20px;
    }
    </style>
<body>
    <p class=c1>P 标签颜色使用标签选择器,字号用类选择器</p>
```

上面程序的网页浏览效果如图 7.23 所示。

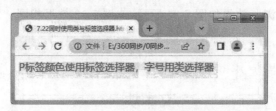

图 7.23　同时使用标签选择器和类选择器的网页浏览效果

在上面示例中,<p>标签的颜色使用标签选择器 p,字号选择器使用类选择器 c1,尽管标签选择 p 也定义了字号。

定义类选择器时,使用了前缀".",而标签选择器没有前缀。

(3) ID 选择器

ID 选择器以井号(♯)作为前缀,其后是一个自定义的 ID 名。应用 ID 选择器可以使用 id 属性来实现,HTML 所有元素都支持该属性,把该属性值设置为事先定义好的 ID 选择器的名称即可。

同一个类名可以由多个 HTML 元素使用,而一个 id 名称只能由页面中的一个 HTML 元素使用。

【例 7.23】 使用 ID 选择器示例。

```
<style>
    #c1{
        color: blue;               /*颜色*/
        font-size: 35px;           /*字号大小*/
        text-align: center;        /*对齐方式*/
        padding-top:10px;          /*顶边距*/
```

```
    }
    #c2{
        color: crimson;
        margin-top:40px;
        padding-top: 10px;
        font-size: 25px;
    }
</style>
<body>
    <div id="c1">
        文本块一
    </div>
    <div id="c2">
        文本块二
    </div>
</body>
```

上面程序的网页浏览效果如图 7.24 所示,与例 7.18 效果相同。

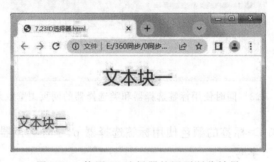

图 7.24　使用 ID 选择器的网页浏览效果

ID 选择器与类选择器的主要区别如下:

① 类选择器的定义是用前缀"."加名称来定义,ID 选择器是用前缀"♯"加名称来定义。

② 在同一网页文件的<body>标签中,同一类名可用于多处,而 ID 名是唯一的。

(4) 通配选择器

如果 HTML 所有元素都需要定义相同的样式,可以使用通配选择器。通配选择器中定义的格式对整个网页中的所有元素均有效。通配选择器是固定的,用星号" * "来表示,格式如下:

```
* {
    属性名:值;
    ......
}
```

2. 组合选择器

当把两个或多个基本选择器组合在一起，就形成了一个较复杂的组合选择器。通过组合选择器可以精确匹配页面元素。

组合选择器分为包含选择器、子选择器、相邻选择器、兄弟选择器和分组选择器5种。

（1）包含选择器

包含选择器又称为后代选择器，它是通过空格标识符来表示，前面的一个选择器表示包含框对象的选择，后面的选择器表示被包含的选择器，格式如下：

```
#header p{
    属性:属性值;
    ……
}
```

在上面的结构中，heaader p 是一个包含选择器。其中，header 是包含选择器，p 是被包含选择器。

【例7.24】 使用包含选择器为不同层次下的标签定义样式示例。

```
<style>
    #header p{font-size:16px;}
    #main p{font-size:12px;}
</style>
<div id="header">
    <p>头部区域第1段文本</p>
    <p>头部区域第2段文本</p>
</div>
<div id="main">
    <p>主体区域第1段文本</p>
    <p>主体区域第2段文本</p>
</div>
```

上面程序的网页浏览效果如图7.25所示。

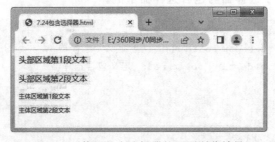

图7.25 使用包含选择器的网页浏览效果

（2）子选择器

子选择器是指定父元素所包含的子元素。子选择器用尖括号"＞"表示。在上面的例子中，将＜style＞标签改为下面的代码：

```
<style>
    #header>p{font-size:16px;}
    #main>p{font-size:12px;}
</style>
```

效果与例7.24是一样的。

包含选择器与子选择器的区别：

① 分隔符不一样：包含选择器用空格分隔，子选择器用"＞"分隔。

② 作用的后代不一样：子选择器用于选择指定标签的第一代子标签；包含选择器用于选择指定标签下的后辈标签。

关于"后代"结构，如图7.26所示。

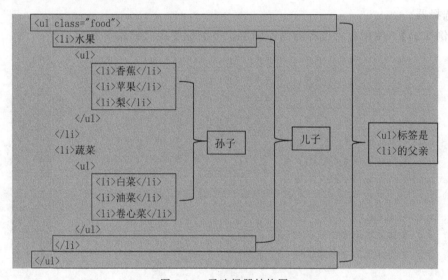

图7.26　子选择器结构图

【例7.25】　使用子选择器与包含选择器示例。

```
<style type="text/css">
    .food>li{border:1px solid red;} /* 定义子选择器 */
    /* .food li{border:1px solid red;} 定义包含选择器 */
</style>
</head>
    <body>
        <h1>食物</h1>
        <ul class="food">
```

```
            <li>水果
        <ul>
            <li>香蕉</li>
            <li>苹果</li>
            <li>梨</li>
        </ul>
    </li>
    <li>蔬菜
        <ul>
            <li>白菜</li>
            <li>油菜</li>
            <li>卷心菜</li>
        </ul>
    </li>
</ul>
</body>
```

如果使用子选择器,网页浏览显示效果如图 7.27 所示。

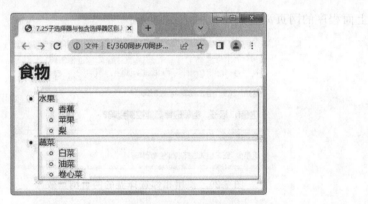

图 7.27　使用子选择器的网页浏览效果

如果将上面程序改成使用包含选择器,网页浏览效果如图 7.28 所示。

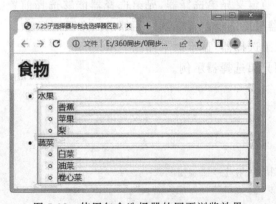

图 7.28　使用包含选择器的网页浏览效果

从显示效果可以看出,当使用子选择器时,网页只会对 food 的下一级"水果"和"蔬菜"有效;如果使用包含选择器,网面会对 food 的所有下级有效。

(3) 相邻选择器

通过加号(＋)分隔符定义相邻选择器。其基本结构是第一个选择器指定前面相邻标签,后面的选择器指定相邻标签。当指定的这两个选择器相邻时,相邻选择器起作用。

在 HTML 结构中,前后选择符的关系是兄弟关系,两个标签前为兄,后为弟。

【例 7.26】 使用相邻选择器示例。

```
<style>
    h3+p{border:1px solid red;} /*定义相邻选择器*/
</style>
<body>
    <p>这是 p 标签,相邻选择器能控制我吗?</p>
    <h3>这是 h3 标签,相邻选择器能控制我吗?</h2>
    <p>这是 p 标签,相邻选择器能控制我吗?</h2>
    <p>这是 p 标签,相邻选择器能控制我吗?</h2>
</body>
```

上面程序的网页浏览效果如图 7.29 所示。

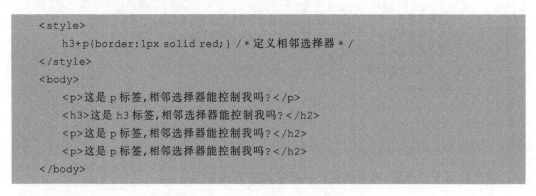

图 7.29　使用相邻选择器的网页浏览效果

从上图显示效果可以看出,只有当指定的两个选择器相邻时,相邻选择器才起作用。

(4) 兄弟选择器

通过波浪符号(～)定义兄弟选择器,兄弟选择器能够选择前置标签后同级的所有匹配标签,而相邻选择器只能选择前置标签后相邻的一个匹配标签。

上面示例改成兄弟选择器,显示效果如图 7.30 所示。

【例 7.27】 使用兄弟选择器示例。

```
<style>
    h3~p{border:1px solid red;} /*定义兄弟选择器*/
</style>
<body>
    <p>这是 p 标签,兄弟选择器能控制我吗?</p>
    <h3>这是 h3 标签,兄弟选择器能控制我吗?</h2>
```

```
    <p>这是 p 标签,兄弟选择器能控制我吗?</h2>
    <p>这是 p 标签,兄弟选择器能控制我吗?</h2>
</body>
```

上面程序的网页浏览效果如图 7.30 所示。

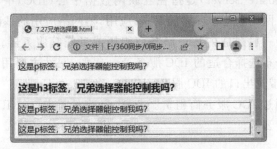

图 7.30　使用兄弟选择器的网页浏览效果

(5) 分组选择器

分组选择器通过逗号(,)分隔符进行定义。分组选择器中属性渲染的效果对分组中的所有标签均有效。

【例 7.28】　使用分组选择器示例。

```
<style>
    h2,h3,p{border:1px solid red;font-size:14;} /* 定义分组选择器 */
</style>
<body>
    <p>这是<p>标签,分组选择器能控制我吗?</p>
    <h3>这是<h3>标签,分组选择器能控制我吗?</h2>
    <h2>这是<h2>标签,分组选择器能控制我吗?</h2>
    <h4>这是<h4>标签,分组选择器能控制我吗?</h2>
</body>
```

上面程序的网页浏览效果如图 7.31 所示。

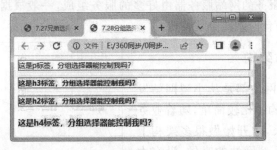

图 7.31　使用分组选择器的网页浏览效果

从上图显示效果可以看出,分组显示器定义了边框和字号两个属性,对分组中的<h2>、<h3>和<p>标签均有效<h4>不是分组选择器中的标签,定义的这两个属性无效。

7.4　网站服务器

网站服务器(Website Server)是指在互联网数据中心(IDC)中存放网站的服务器。网站服务器主要用于网站在互联网中的发布、应用,是网络应用的基础硬件设施。

部署网站服务器一般都是在 IDC 服务商租用或者托管服务器。部署网站服务器根据使用用户的地域分布选择合适的 IDC 服务商。比如,网站主要用作国际贸易,网上下单,那就选择有国际带宽出口的 IDC 服务商。

用户一般都是通过 IDC 服务商租赁服务器,目前我国主要的 IDC 服务商有阿里云、腾讯云、百度云、华为云等。

7.4.1　服务器应用环境

服务器应用环境是指网站服务器的操作系统、提供 Web 服务的系统软件、应用服务器和数据库管理系统等。

- 服务器操作系统主要有 Linux 和 Windows Server。
- 提供 Web 服务的软件主要有 Apache Tomcat 和 IIS。
- 应用服务器主要有 Java、PHP、JSP、ASP/ASP.NET、Python 等。
- 数据库管理系统主要使用 MySQL、SQL Server、Oracle、Access 等。

网站服务器应用环境可以使用上面几种应用服务的组合来进行搭建。一般有 Linux＋Apache(Nginx)＋MySQL＋PHP,也就是 LAMP/LNMP 环境;另一种是 Windows Server＋IIS＋ASP/ASP.NET＋MySQL 环境。在 Windows Server 中可以使用 IIS 或Apache Tomcat 服务来搭建 Web 服务,而 Linux 中不可以使用 IIS 来搭建 Web 服务。

7.4.2　网站服务器架构

一个提供 Web 服务的网站服务器由好多的服务组成,一般根据网站的应用、访问量的多少来决定怎样设计网站服务器架构。

1. 简单的网站架构

一般来讲,大型网站都是从小型网站发展而来,一开始的架构都比较简单,随着业务复杂和用户量的增长,才开始做很多架构上的改进。当它还是小型网站的时候,没有太多访客,一般来讲只需要一台服务器就够了,这时应用程序、数据库、文件等所有资源都在一台服务器上,网站架构如图 7.32 所示。

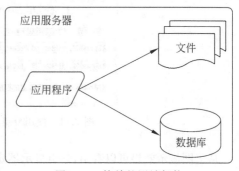

图 7.32　简单的网站架构

2. 应用服务与数据服务分离

随着网站业务的发展和用户量的增长,一台服务器就无法再满足需求了。大量用户访问导致访问速度越来越慢,而逐渐增加的数据量使读写慢、效率低,这时就需要将应用与数据库分离。同时大量用户对磁盘的读写,导致 I/O 访问量的增加和磁盘空间不够用,这时就需要将应用与文件服务分离。这样,整个网站使用 3 台服务器:应用服务器、文件服务器和数据库服务器。这 3 台服务器对硬件资源的要求各不相同。

- 应用服务器业务逻辑,需要强大的 CPU。
- 数据库服务器对磁盘读写操作很多,需要更快的磁盘和更大的内存。
- 文件服务器存储用户上传的文件,因此需要更大的磁盘空间和网络带宽。

此时,网站系统的架构如图 7.33 所示。

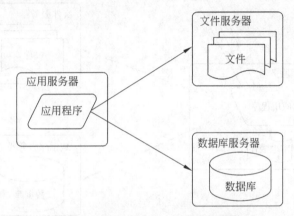

图 7.33　使用 3 台服务器的网站架构

文件服务器与数据库服务器也可以使用专门的服务器应用,而不用架设专门的服务器,如提供文件服务器功能的有阿里云的对象存储服务(OSS),提供数据库管理系统功能的有阿里云的关系数据库系统(RDS)。

在设计一个网站时,可以将经常访问的网页文件、CSS 样式表,以及占用空间较大的声音、图片、视频文件放到 OSS 中,这样针对这些网页、多媒体文件的访问就不会占用应用服务器的存储与网络带宽。

数据库管理系统也可以租用专门的 RDS,这样会少一些服务器的日常维护,扩容也方便,最主要的是数据库中大量的计算与查询可以交给 RDS 去完成。

3. 使用缓存改善网站性能

随着用户量再增加,网站又会面临一次挑战:数据库压力太大导致整站访问效率再次下降,用户体验受到影响。一个网站,往往 80% 的业务访问集中在 20% 的数据上,比如微博请求量最多的肯定是那些千万级粉丝的微博,而几乎没有人关注的普通用户的首页,除了自己想起来之外根本不会被打开。既然大部分业务访问集中在一小部分数据上,那就把这一小部分数据先提前缓存在内存中,而不是每次都去数据库读取,这样就可以减少数据库的访问压力,从而提高整个网站的访问速度。

网站使用的缓存一般分为缓存到应用服务器或者缓存在专门的远程分布式缓存服务器。缓存到应用服务器的访问速度快很多,但是受自身内存限制,往往不太适用。远程分布式缓存使用一个集群专门负责缓存服务,当内存不够还可以轻松地动态扩容。

使用缓存服务的架构如图 7.34 所示。

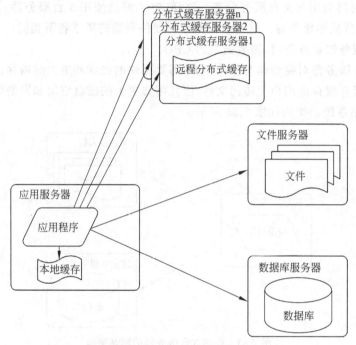

图 7.34　使用缓存服务架构

7.4.3　Web 服务器目录结构

不同的 Web 服务器目录结构往往不一样,Web 服务器用得最多的 Apache Tomcat 和 IIS,本节主要介绍这两种服务器的目录结构。

1. Tomcat 目录结构

以下是对 Tomcat 服务器中的主要文件夹及文件的介绍。

① bin:该目录下存放的是二进制可执行文件,如果是安装版,那么这个目录下会有两个 exe 文件:tomcatn.exe 和 tomcatnw.exe(这里的 n 为版本号,如果是 8.0 版本,则 n 为 8),前者是在控制台下启动 Tomcat,后者是弹出 UGI 窗口启动 Tomcat 服务;如果是解压版,那么会有 startup.bat 和 shutdown.bat 文件,startup.bat 用来启动 Tomcat,但需要先配置 JAVA_HOME 环境变量才能启动,shutdown.bat 用来停止 Tomcat 服务。

② conf:这是一个配置文件夹,这个文件夹下有四个最为重要的文件。

• server.xml:配置整个服务器信息。例如,修改端口号、添加虚拟主机等。

- tomcatusers.xml：存储 Tomcat 用户的文件，这里保存的是 Tomcat 用户名及密码，以及用户的角色信息。可以根据该文件中的注释信息添加 Tomcat 用户，然后就可以在 Tomcat 主页中进入 Tomcat Manager 页面。
- web.xml：部署描述符文件，这个文件中注册了很多 MIME 类型，即文档类型。如用户请求一个 HTML 网页，那么服务器还会告诉客户端浏览器响应的文档是 text/html 类型，这就是一个 MIME 类型。客户端浏览器通过这个 MIME 类型就知道如何处理它，即在浏览器中显示这个 HTML 文件。如果服务器响应的是一个 exe 文件，那么浏览器就不可能显示它，而是应该弹出下载窗口。
- context.xml：对所有应用的统一配置，通常我们不用去配置它。

③ lib：Tomcat 中的类库，里面是许多 jar 文件。如果需要添加 Tomcat 依赖的 jar 文件，可以把它放到这个目录中。

④ logs：这个目录中存放日志文件，记录了 Tomcat 运行时的日志信息，该文件夹中的全部文件可以删除。

⑤ temp：存放 Tomcat 的临时文件，这个文件夹中的文件可以在停止 Tomcat 后删除。

⑥ webapps：Web 应用项目一般存放在此文件夹中。

⑦ work：运行时生成的文件，最终运行的文件都在这里，是通过 webapps 中的项目生成的。可以把这个目录下的内容删除，Tomcat 再次运行时相关文件会再生成并存放到 work 目录中。当客户端用户访问一个 JSP 文件时，Tomcat 会通过 JSP 生成 Java 文件，然后再编译 Java 文件生成 class 文件，生成的 java 和 class 文件都会存放到这个目录中。

2. IIS 目录结构

① inetpub：IIS 的主目录。以下目录，均是在 inetpub 目录中。
- custerr：这个目录下存放各种语言的网站错误页面，比如中文的，就是 C:\inetpub\custerr\zh-CN。
- ftproot：该目录是启用 FTP 后，FTP 的根目录。只有添加 ftp 组件才有该目录。
- history：存放 IIS 历史配置文件的备份。
- logs：该目录是存放日志文件的。其下还有两个子文件夹，分别是 FailedReqLogfiles（存放失败请求跟踪日志文件）和 logfiles（存放 IIS 日志文件）文件夹。
- temp：该目录是存放临时缓存文件的。它有三个子文件夹，分别是 appPools（存放应用程序池配置文件）、ASP Compiled Templates（经典 ASP 码编译的默认缓存）和 IIS Temporary Compressed Files（IIS 对响应进行压缩的文件缓存）。

② wwwroot：Web 服务及应用一般存放于该文件夹中，访问一个 IIS 网站通常是访问该文件夹中的文件。

7.4.4 网站网页文件命名规则

通常情况下，Web 服务器中默认页面的名称为 index.htm 或 default.htm，这与具体的 Web 服务器设置有关。习惯上将一个网站的首页文件设置为 index.htm 或 index.html，这样在浏览网站时,不必输入文件名,浏览器便会自动取回默认的首页文件。

考虑到许多服务器不支持含有中文的路径,文件及文件夹在命名时应尽量采取有意义的英文名称。

对于有大量文件的网站,为了便于文件的管理,需要规划文件的目录结构。目录结构的好坏对浏览者来说没有什么太大的影响,但对于站点本身的上传维护、站点内容的扩充与移植有着重要的影响。规划目录结构时应遵循以下几个原则:

① 如果使用相关设计工具(如 IntelliJ IDEA、Eclipse、HBuilderX、Dreamweaver 等)设计网站应用,建议使用该工具的默认路径与主要默认文件名。

② 不要将所有文件都存放在根目录下,否则会造成文件管理混乱。

③ 按站点内容栏目分别创建子目录,便于维护管理。

④ 在每个子目录下创建 images 子目录,专门存放相应栏目中的图像等文件,便于文件管理。

⑤ 不要使用过长的目录名和用中文命名的目录,尽量使用意义明确的目录名。

习　题

7.1 创建网站一般要做哪些准备工作?

7.2 创建网站的步骤有哪些?

7.3 超链接和图像的标记分别是什么?

7.4 创建超链接时使用绝对路径和相对路径的区别?

7.5 如何设置网页的背景图像?背景图像与插入网页中的图像有什么区别?

7.6 HTML 中头部元素主要包含哪几种标签?

7.7 HTML 中的超链接标签<a>的 target 属性有哪些?

7.8 HTML 中播放音频有哪几种形式?

7.9 HTML 中播放视频有哪几种形式?

7.10 使用 HTML 设计一个表格。

7.11 简述 HTML 中块标签<div>的功能与使用方法。

7.12 简述 HTML 中框架的概念。定义框架一般使用哪种标签?怎样使用?

7.13 CSS 标签选择器有哪几种?

7.14 简述 CSS 标签选择器和类选择器的区别。

7.15 简述 CSS 类选择器和 ID 选择器的区别。

7.16 以"我的班级"为主题构建一个网站,合理规划各个板块,链接页面不少于 5 个。

7.17 尝试制作一个具有音乐、图像、动画、视频等多媒体元素的网站,要求页面美观、布局合理。

参 考 文 献

[1]　胡耀文. Windows 8 权威指南[M]. 北京：人民邮电出版社,2013.

[2]　任东陕. Web 开发技术[M]. 西安：西安电子科技大学出版社, 2009.

[3]　孙钟秀,费翔林,骆斌. 操作系统教程[M]. 4 版. 北京：高等教育出版社,2008.

[4]　王建珍,刘飞正. 计算机网络应用基础[M]. 北京：人民邮电出版社,2013.

[5]　王娟. 计算机基础教程[M]. 2 版. 沈阳：东北大学出版社,2011.

[6]　王世江,盖索林. Google Android 开发入门指南[M]. 2 版. 北京：人民邮电出版社,2009.

[7]　王宣,吴万军. Windows 8 使用详解[M]. 北京：电子工业出版社,2013.

[8]　杨章伟. Office 2013 应用大全[M]. 北京：机械工业出版社,2013.

[9]　BLACK U. 网络技术入门经典[M]. 邓郑祥,译. 北京：人民邮电出版社,2009.

[10]　祝群喜,李飞,张阳. 数据库基础教程[M]. 北京：清华大学出版社, 2017.

[11]　https://baike.baidu.com/item/中国超级计算机行业/7176196? fr＝aladdin

[12]　https://www.chinastor.com/hpc-top500/111USS2020.html

[13]　http://baike.baidu.com/view/38725.htm? fr＝aladdin

[14]　http://windows.microsoft.com/zh-cn/windows/home

[15]　http://www.adobe.com

[16]　http://www.w3.org

[17]　https://baike.baidu.com/item/IPv6/172297?fr＝aladdin

[18]　https://wiki.mbalib.com/wiki/计算机网络安全

[19]　https://baike.baidu.com/item/网站服务器/8156379?fr＝aladdin

[20]　https://www.w3school.com.cn/html/html_css.asp

[21]　https://baike.baidu.com/item/网站服务器/8156379?fr＝aladdin

图书资源支持

感谢您一直以来对清华版图书的支持和爱护。为了配合本书的使用，本书提供配套的资源，有需求的读者请扫描下方的"书圈"微信公众号二维码，在图书专区下载，也可以拨打电话或发送电子邮件咨询。

如果您在使用本书的过程中遇到了什么问题，或者有相关图书出版计划，也请您发邮件告诉我们，以便我们更好地为您服务。

我们的联系方式：

地　　址：北京市海淀区双清路学研大厦 A 座 714

邮　　编：100084

电　　话：010-83470236　　010-83470237

客服邮箱：2301891038@qq.com

QQ：2301891038（请写明您的单位和姓名）

资源下载：关注公众号"书圈"下载配套资源。

资源下载、样书申请

书圈

图书案例

清华计算机学堂

观看课程直播